江苏省科技期刊发展报告

(2011—2015)

主　编　苏新宁

副主编　邓三鸿　钱向东　唐　萌

科学技术文献出版社

SCIENTIFIC AND TECHNICAL DOCUMENTATION PRESS

·北京·

图书在版编目（CIP）数据

江苏省科技期刊发展报告：2011—2015 / 苏新宁主编. —北京：科学技术文献出版社，2017.8

ISBN 978-7-5189-3141-5

Ⅰ.①江… Ⅱ.①苏… Ⅲ.①科技期刊—出版工作—研究报告—江苏—2011-2015 Ⅳ.① G237.5

中国版本图书馆 CIP 数据核字（2017）第 182809 号

江苏省科技期刊发展报告(2011—2015)

策划编辑：孙江莉　张丽艳　责任编辑：宋红梅　责任校对：张吲哚　责任出版：张志平

出 版 者	科学技术文献出版社
地　　址	北京市复兴路15号　　邮编 100038
编 务 部	(010) 58882938，58882087（传真）
发 行 部	(010) 58882868，58882874（传真）
邮 购 部	(010) 58882873
官方网址	www.stdp.com.cn
发 行 者	科学技术文献出版社发行　全国各地新华书店经销
印 刷 者	虎彩印艺股份有限公司
版　　次	2017年8月第1版　2017年8月第1次印刷
开　　本	710×1000　1/16
字　　数	306千
印　　张	18
书　　号	ISBN 978-7-5189-3141-5
定　　价	78.00元

前　言

　　科技期刊是承载科技成果展示、科学知识传播、学术研究交流的重要平台，一个地区、一个国家的科技期刊水平和学术影响力也是该地区或国家科技水平的重要体现。作为科技大省、强省的江苏省，科技期刊是否有与之相匹配的地位，一直是我们关心和迫切希望了解的问题。因此，当 2015 年我带着我的团队完成了江苏省新闻出版广电局委托的《江苏省科技期刊评估报告》项目后，就萌生了以此为基础撰写《江苏省科技期刊发展报告》的念头，并于 2015 年底组织团队开始了《江苏省科技期刊发展报告（2011—2015)》的启动工作。

　　为了完成该课题，我们从多角度，用多数据源及多种对比分析方法，考察了江苏省科技期刊"十二五"期间发展状况，并选择了与江苏省相近或比较重视科技期刊的省市进行了对比分析，撰写了《江苏省科技期刊发展报告（2011—2015)》。《报告》体现了如下几个方面的特点：

　　其一，借助江苏省新闻出版广电局对期刊年检数据，对江苏省科技期刊的出版发行、编辑部人才结构、运营机制、数字化建设等状况进行了多层面、多角度、深入细致的分析。借助中国科学技术信息研究所、中国科学文献情报中心、《中国学术期刊（光盘版)》电子杂志社有限公司等提供的有关数据，对江苏省科技期刊的学术影响力、国际化水平和国际影响力进行了深入分析。

　　其二，《报告》在学术影响力、国际化水平、国际影响力及优势学科与期刊的发展协调性对比等方面进行了跨省市比较，这种对比更加清晰地展示了江苏省科技期刊的优势所在和存在的问题，为江苏省科技期刊的未来发展和定位提供了非常有价值的分析数据，另外，这种跨省市的专项指标对比也为各省市期刊研究提供了新的途径。

　　其三，《报告》专门设立了章节对江苏省科技期刊集群建设成果进行了展示，介绍了集群建设进展、成功经验、显示效果与未来计划和展望，为他省开展期刊集群建设提供了宝贵的经验。也专门对江苏省科技期刊数字化发展、科普期刊发展进行了深入探讨，为有关决策部门了解江苏省期刊数字化与数字期刊出版、江苏省科普期刊的发展状况提供了详尽的分析数据。

其四，《报告》以科学技术发展的眼光及其影响当今期刊出版之因素观察了未来科技期刊发展走势，展望了科技期刊未来趋势，分析了江苏省科技期刊发展存在的问题，并结合未来趋势和存在问题，提出了江苏省科技期刊发展对策与建议，相信这些对策与建议不仅对江苏省有关职能部门和科技期刊界有参考价值，对其他省份发展科技期刊也会有一定的借鉴作用。

最重要的一点是，《报告》团队成员包括若干具有数十年主办期刊经历、十余年科学计量学研究经历，撰写了大量的科学研究发展和分析报告的学者和专家。团队的互补与综合经验为《报告》奠定了厚实的基础，确保了《报告》将数据、专业、方法融为一体，相互渗透，体现了《报告》的专业性、科学性和决策性。我们相信，《报告》一定会成为有关行政部门、期刊杂志社的好帮手。

在《报告》团队成员的共同努力下，经过 20 个月的深入研究和辛勤耕耘，《报告》日趋完善，这是一本集体智慧产生的报告，成就归功于《报告》撰写者的每一位学者。具体章节撰写如下：第一章（王腾飞）；第二章（姚吟月、华智睿）；第三章（钱爱兵）；第四章（钱向东、钱玲飞）；第五章（唐萌）；第六章（李品）；第七章（杨国立）；第八章（苏新宁、杨国立）。除此以外，苏新宁构筑了全书框架和设计了写作思路，并对全书进行了审阅修改，邓三鸿处理、审核了全书数据，并对书稿的数据进行了全面的校对和文字审校。

在《报告》出版之际，我由衷地感谢为《报告》完成做出贡献的每一位领导和朋友，首先感谢每一位《报告》团队成员，没有你们的辛勤劳作、讨论中的思想碰撞，就没有今天令人满意的《报告》；其次，还要感谢江苏省新闻出版广电局报刊处朱峰处长、覃阳主任、中国科学技术信息研究所马峥研究员、中科院文献情报中心刘筱敏研究员、中国知网伍军红主任、北京大学图书馆蔡蓉华研究员，没有你们为本书提供各类数据，本书将成为"无米之炊"，更谈不上用数据说话。感谢你们对江苏省科技期刊发展奉上解决实际问题的对策与建议。总之，谢谢大家，在此表达对大家最诚挚的谢意。

《报告》是江苏省期刊协会创建江苏省科技期刊发展智库的重要起步，我们会以此为契机，进一步深入探寻江苏省科技期刊发展之路，为江苏省科技期刊走在全国前列、走向广阔的世界科技舞台贡献我们的绵薄之力。

苏新宁

于南京大学和园

2017 年 4 月

目　　录

第一章 江苏省科技期刊发展概况

作为一个科技大省，江苏省拥有良好的科技期刊发展环境，在江苏省各类机构主办的 440 余种期刊中①，有 250 余种为科技期刊，其中涉及类别为：N（自然科学总论）、O（数理科学和化学）、P（天文学、地理科学）、Q（生物科学）、R（医学、卫生）、S（农业科学）、T（工业技术）、U（交通运输）、V（航空、航天）、X（环境科学、安全科学）。需要说明的是，部分期刊的内容和创刊时的类别有变化，如《华人时刊》（CN 32-0001/Q），类别为 Q（生物科学），在综合类（Z）和自然科学总论（N）的高校学报中，有部分高校学报，如《常熟理工学院学报》（CN 32-1749/Z）、《江苏工程职业技术学院学报》（CN 32-1855/TB）、《江苏理工学院学报》（CN 32-1847/N）等，刊发论文文理兼收或文理版间隔发行，却分在不同类别，而《科技与经济》（CN 32-1276/N）归属自然科学总论类，但其曾经也入选中国人文社会科学（CSSCI）来源期刊，等等。本报告主要是讨论江苏省科技期刊的发展概况，不讨论具体期刊的分类，因此，为处理统计方便，本报告主要根据期刊 CN 号，选择上述的 N、O、P、Q 等 10 个类别。

为了对江苏省科技期刊的发展状况有一个全面了解，我们利用江苏省新闻出版广电局对江苏省期刊年检数据，中国科学技术信息研究所（以下简称"中信所"）、中国科学院《中国科学引文数据库》（Chinese Science Citation Database，CSCD）、中国知网（CNKI）等统计数据，对江苏省"十二五"期间科技期刊的发展情况进行了全面梳理，并对江苏省科技期刊的出版情况、编辑队伍人才建设、期刊运作机制与管理等方面进行总结分析，以期对江苏省科技期刊的未来发展规划提供数据支撑。

第一节 江苏省科技期刊基本概况分析

"十二五"期间，江苏省科技期刊发展基本维持在一个较为稳定的发展

---

① 2011—2015 年江苏省参加年检的期刊总数依次为 441 种、441 种、442 种、442 种、441 种。

状况，科技期刊数量基本在 250 余种，每年刊载科技论文超过 5 万篇，但也有一些变化，这些变化体现了江苏省科技期刊走向更加学术化、更加国际化，人员结构更加合理，运营管理水平在不断提高，运作机制和编辑制度在不断完善。

一、科技期刊的出版情况

1. 期刊数量

江苏省出版的科技期刊总量在"十二五"期间基本处于一个稳定状态，只发生了一些微小的变化，这些变化主要发生在期刊类别的变更上。其中，在 2014 年有 2 种期刊从科技类期刊变更为社会科学类期刊，另有 1 种综合类期刊变更为科技类期刊，2015 年又有 1 种期刊由科技类转为社科类，但也有 1 种社科类期刊转为科技类期刊，同时有 1 种科技期刊停刊。表 1-1 给出了江苏省 2011—2015 年每年出版的科技期刊的数量统计。

表 1-1　江苏省 2011—2015 年出版的科技期刊数量统计

年份	2011	2012	2013	2014	2015
期刊总量/种	253	253	253	252	251

通过表 1-1 可以看出，"十二五"期间江苏省的科技期刊不仅没有增加新的科技期刊，反而有 3 种科技期刊流失，变更为社科类期刊，虽有 2 种社科类期刊变更为科技类期刊，但有 1 种科技期刊（《电池工业》）在 2015 年停刊。这些变化使得"十二五"期间，江苏省科技期刊在数量上减少了 2 种。这一情况，对于一个科技大省，又在科技发展如此迅速的时代及国家正在努力推动营造"大众创业，万众创新"环境这样一种背景下，急需扩展提升的江苏省科技期刊平台不增反减，与江苏省这样的科技大省是不匹配的，必须在"十三五"期间迎头赶上。

2. 刊名变更

江苏省科技期刊虽然在数量上变化不大，但在学术性、国际化及办刊主导思想上均有了不小的变化，从形式上表现为期刊的更名。比对了江苏省"十二五"期间 250 余种科技期刊，有 17 种期刊进行了更名，详见表 1-2 所示。

表 1-2 江苏省 2011—2015 年出版的科技期刊的变化情况

序号	更名年度	原期刊名称	更名后期刊名称	备注
1	2012	中华核医学杂志	中华核医学与分子影像杂志	
2	2012	徐州师范大学学报（自然科学版）	江苏师范大学学报（自然科学版）	
3	2012	矿业科学技术	矿业科学技术学报	
4	2013	中国农机化	中国农机化学报	
5	2013	铁道机车车辆工人	轨道交通装备与技术	
6	2014	苏州大学学报（医学版）	苏州大学学报（法学版）	由科技类转为社科类
7	2014	苏州大学学报（工科版）	苏州大学学报（教育版）	由科技类转为社科类
8	2014	扬州大学烹饪学报	美食研究	由综合类转为科技类
9	2014	苏盐科技	现代盐化工	
10	2014	江苏纺织	纺织报告	
11	2014	化学工业与工程技术	能源化工	
12	2014	江苏技术师范学院学报	江苏理工学院学报	
13	2014	中国天然药物	Chinese Journal of Natural Medicines	
14	2015	苏州大学学报（自然科学版）	Language and Semiotic Studies（语言与符号学研究）	由科技类转为社科类
15	2015	南通纺织职业技术学院学报	江苏工程职业技术学院学报	由社科类期刊转为工业技术类期刊
16	2015	江苏实用心电学杂志	实用心电学杂志	
17	2015	水电自动化与大坝监测	水电与抽水蓄能	

表 1-2 的期刊更名信息给了我们这样一些信息：

其一，主办机构（主要是高校）的名称变化带来期刊名称的变化。如《徐州师范大学学报（自然科学版)》更名为《江苏师范大学学报（自然科学版)》，还有《江苏技术师范学院学报》《南通纺织职业技术学院学报》也是同样原因进行了更名。

其二，提升学术性的更名。如《矿业科学技术》《中国农机化》都将刊名增加了"学报"二字，为这些期刊吸纳更多学术性较强的论文打下基础。

其三，突破期刊区域化限制。如《江苏纺织》《江苏实用心电学杂志》《苏盐科技》均去除了含有"江苏"二字信息，有利于期刊走出江苏省，拓展全国。

其四，刊名确保内容更加明晰或更贴近现代科学技术的发展。如《中华核医学杂志》更名为《中华核医学与分子影像杂志》，《铁道机车车辆工人》更名为《轨道交通装备与技术》，《化学工业与工程技术》更名为《能源化工》，《水电自动化与大坝监测》更名为《水电与抽水蓄能》。这些更名使得期刊涉及领域更加明确，也保证了一些期刊的学术化。

其五，期刊所属类别发生了变化。如有的科技类期刊转变为社科类期刊，有的社科类期刊转变为科技类，参见表 1-2 中备注。

其六，期刊国际化的发展。如《中国天然药物》更改为英文期刊《Chinese Journal of Natural Medicines》，而且该刊经过短短的几年发展，已经进入了 SCI 等国际知名期刊数据库。

以上分析表明，江苏省科技期刊的更名顺应了时代的发展及科学技术相关领域的进步，提升了期刊的学术性，拓展了期刊地域范围，为江苏省期刊的国际化进程迈出了很好的一步。

3. 出版频率

江苏省科技期刊的出版频率从周刊到季刊共有 6 种，我们对 2011—2015 年间每年科技期刊的出版频率进行统计。统计发现，江苏省科技期刊出版周期以双月刊为主，并占半数以上，其次是月刊。具体统计数据参见表 1-3。

表 1-3　江苏省 2011—2015 年出版的科技期刊的出版周期

出版频率	2011 年		2012 年		2013 年		2014 年		2015 年	
	数量/种	占比	数量/种	占比	数量/种	占比	数量/种	占比	数量/种	占比
周刊	0	0	0	0	0	0	1	0.4%	1	0.4%
旬刊	6	2.4%	6	2.4%	6	2.4%	5	2.0%	4	1.6%

出版频率	2011 年		2012 年		2013 年		2014 年		2015 年	
	数量/种	占比	数量/种	占比	数量/种	占比	数量/种	占比	数量/种	占比
半月刊	9	3.6%	10	4.0%	10	4.0%	11	4.4%	12	4.8%
月刊	53	21.0%	54	21.4%	56	22.2%	56	22.2%	56	22.2%
双月刊	130	51.6%	132	52.4%	130	51.6%	131	52.0%	130	51.6%
季刊	55	21.8%	51	20.2%	51	20.2%	48	19.0%	48	19.0%

从表1-3中数据可以看出，出版频率为月刊至季刊的期刊占据江苏省科技期刊数量的90%以上，只有16种左右的期刊出版频率较为频繁。经查阅，出版频率为周刊、旬刊和半月刊的期刊基本为科普类或教辅类期刊。这和国内科技期刊出版频率的特征是相符合的。

4. 期刊语种

期刊如何成为国际性期刊，出版国际科技期刊主流语种的英文期刊是江苏省期刊走向世界的重要一步。"十二五"期间，江苏省科技期刊中英文出版的期刊达到11种，从江苏省科技期刊总体规模来看，英文刊占比不到5%，英文期刊尚显偏少，"十二五"期间英文刊的增速也较缓慢。表1-4给出了江苏省"十二五"期间各年度英文期刊数量统计。

表1-4　江苏省2011—2015年出版的科技期刊的语种分布

语种 \ 年份	2011	2012	2013	2014	2015
中文/种	243	243	242	241	240
英文/种	10	10	10	11	11

需要说明的是，表1-4中英文期刊数量是对纯英文科技期刊的统计数据，在"十二五"期间，江苏省也有些中文科技期刊发表了部分英文论文，还有些英文科技期刊注册有国际标准刊号ISSN号，但不具有CN号，在这张统计表中我们并没有把它们计入。然而，这些期刊在为自己成为全英文科技期刊及在国内注册CN号打下了基础。

对比相关省市，虽然江苏省在英文科技期刊的数量上排在较前的位置，但根据中信所2016年统计（仅统计了具有CN号的、正常出版的英文科技期刊），除了北京以主办 157 种英文科技期刊而遥遥领先于江苏省之外，上海也以 32 种英文科技期刊大幅领先江苏省，排在第 3 位的湖北省也以主办 13 种英文科技期刊超过江苏省。这些都给我们江苏省科技期刊界带来压力，我们必须迎头赶上。

表 1-5 给出了江苏省"十二五"期间正式出版的英文科技期刊列表。

表 1-5　江苏省 2011—2015 年出版的英文期刊

序号	期刊名称	主办机构	主管部门	备注
1	Water Science and Engineering（水科学与水工程）	河海大学	教育部	
2	International Journal of Mining Science and Technology（矿业科学技术学报）	中国矿业大学	教育部	
3	Journal of Southeast University (English Edition)（东南大学学报：英文版）	东南大学	教育部	
4	Numerical Mathematics: A Journal of Chinese Universities, English Series（高等学校计算数学学报：英文版）	南京大学	教育部	
5	Analysis in Theory and Applications（分析、理论与应用）	南京大学	教育部	
6	Pedosphere（土壤圈）	中科院南京土壤研究所	中国科学院	
7	China Ocean Engineering（中国海洋工程）	中国海洋学会、南京水利科学研究院	中国科学技术协会	
8	China Medical Abstracts (Internal Medicine)（中国医学文摘内科学分册）	东南大学	卫生部	
9	Journal of Biomedical Research（生物医学研究杂志）	南京医科大学	江苏省教育厅	
10	Transactions of Nanjing University of Aeronautics & Astronautics（南京航空航天大学学报）	南京航空航天大学	工业与信息化部	
11	Chinese Journal of Natural Medicines（中国天然药物）	中国药科大学、中国药学会	教育部	2014 年转为英文刊

通过表1-5可以看出，江苏省英文科技期刊主办机构主要还是来自于高等院校，11种期刊中，9种为高校主办，特别是两所985高校，各主办了2种英文科技期刊，其他几所高校主办单位分别是：河海大学、中国矿业大学、南京航空航天大学、南京医科大学和中国药科大学。另外2种期刊的主办单位分别来自于中科院南京土壤所和南京水利科学研究院。11种英文期刊的主管部门主要为主办机构的上级主管部门，如教育部、中科院，中国科学技术协会、江苏省教育厅及工业与信息化部等。也有从行业角度跨域主管的部门，如东南大学主办的《中国医学文摘内科学分册》的主管部门为卫生部[①]。

5. 主办机构与主管部门

期刊主办机构在很大程度上反映了期刊的质量和学术影响力，一般而言，在期刊所属研究领域中具有较强优势的机构主办期刊通常具有较大的学术影响。通过对江苏省科技期刊所有主办单位统计，我们将主办机构归纳了六大类型：高等院校、行业协会学会、科研院所、企业、医院、政府部门。表1-6列出了这几类机构主办期刊的数量。

表1-6　江苏省2011—2015年各种类型机构主办期刊数量统计

机构类型＼年份	2011	2012	2013	2014	2015
高等院校	88	88	88	87	87
协会、学会	53	53	53	53	53
企业	48	48	48	48	48
科研院所	47	47	47	47	46
政府机构	11	11	11	11	11
医院	6	6	6	6	6
合计	253	253	253	252	251

通过表1-6可以看到，"十二五"期间，江苏省科技期刊的主办机构基本没有什么变化，除了2014年和2015年分别有2种期刊有科技类期刊变更到社科类期刊及1种期刊停刊以外，其他期刊的主办机构都没有发生变化。

---

① 卫生部、人口计生委于2013年整合组建国家卫生和计划生育委员会，但本书中仍然采用的是2012年的期刊信息，下同。

细分表 1-6 中数据，其中高校主办的 88（87）种期刊，70（69）种由高等院校独立主办，18 种期刊由高校和另外机构（学会等）联合主办；53 种由行业协会主办的期刊，其中，25 种期刊由行业协会、学会独立主办，另 28 种由学会（协会）和其他机构联合主办；48 种企业主办的期刊基本由企业联合其他机构联合主办；科研院所主办的 47（46）种期刊也大多是和其他机构联合主办；政府及相关机构主办了 11 种期刊，分别为江苏省轻工科技情报总站、江苏省农业机械试验鉴定站、江苏南京节能技术服务中心、江苏省人民政府侨务办公室、江苏省地震局、江苏省环境监测中心、江苏省疾病预防控制中心、江苏省安全生产宣教中心等机构；另外，医院系统主办了 6 种期刊。

　　江苏省科技期刊的主管部门通常是主办机构的直属管理部门，也有些为行业政府管理部门。本报告统计了江苏省科技期刊的所有主管部门，主要分为六大类。

　　（1）国务院下属部门：教育部、工业和信息化部、国土资源部、水利部、公安部、卫生部、农业部、交通运输部、环境保护部、国家林业局、国家卫生和计划生育委员会、中华全国供销合作总社。

　　（2）省市政府下属部门：江苏省教育厅、卫生厅、科学技术厅、交通运输厅、环境保护厅、住房和城乡建设厅、水利厅、国土资源厅、江苏省人民政府侨务办公室、江苏省国防科学技术工业办公室、江苏省卫生和计划生育委员会、江苏省农业委员会、江苏省爱国卫生运动委员会、江苏省经济和信息化委员会、江苏省食品药品监督管理局、江苏省海洋与渔业局、江苏省林业局、江苏省农业机械管理局、江苏省安全生产监督管理局、江苏煤矿安全监察局、江苏省通信管理局、江苏省粮食局、江苏省气象局、江苏省地震局、江苏省测绘地理信息局，南京市科学技术委员会、南京市教育局、南京市城乡建设委员会、南京市卫生局。

　　（3）科研院所：中国科学院、江苏省农业科学院。

　　（4）企业研究机构：南化集团研究院、苏州非金属矿工业设计研究院、苏州混凝土水泥制品研究院、徐州北矿金属循环利用研究院、南京燃气轮机研究所、中蓝连海设计研究院、苏州电加工机床研究所、无锡油泵油嘴研究所。

　　（5）社会团体：中国科学技术协会、江苏省科学技术协会、江苏省调味副食品行业协会、江苏省机械工业联合会、中国农业机械学会排灌机械分会。

（6）主办单位主管机构[①]：东南大学、南京医科大学、中国南车集团公司[②]、国家电网公司、江苏省苏豪控股集团有限公司等。

表1-7给出了2011—2015年间期刊的主管单位分类统计结果。

表1-7　江苏省2011—2015年出版的科技期刊的主管单位分布

主管部门类型	2011 年	2012 年	2013 年	2014 年	2015 年
国务院有关部门	54	54	54	54	54
省市级政府有关部门	101	101	101	100	100
科研院所	13	13	13	13	13
企业研究机构	8	8	8	8	8
社会团体	22	22	22	22	21
主办单位主管机构	55	55	55	55	55

6. 精品期刊

"十二五"期间，江苏省十分重视精品期刊的建设，并取得了丰硕成果。江苏省期刊协会、江苏省科技期刊学会为提升江苏省期刊科技影响力，提高江苏省科技期刊的水平和质量，"十二五"期间举办编辑培训班、主编培训班十余次，江苏省科技期刊学会还特别邀请国内外著名期刊专家、期刊评价专家前来为江苏省期刊编辑进行学术讲座，得到了编辑们的好评，也提升了他们办好期刊、创精品期刊的信心，也因此取得了很大的成绩。在"十二五"期间，江苏省科技期刊被国内外重要数据库收录的期刊逐年增加。表1-8给出了江苏省"十二五"期间被国内外重要数据库收录的统计数据。

表1-8　"十二五"末期江苏省科技期刊被国内外重要数据库收录情况

数据库名称	期刊数量/种	占江苏省科技期刊的比例	备注
中科院：CSCD	54	21.4%	另有19种为扩展版期刊
中信所：CSTPCD	122	48.41%	

---

① 期刊的主办单位实际为主管机构的一个部门。如，东南大学出版社有限公司主办的一种期刊，其主管单位为东南大学；江苏苏豪传媒有限公司主办的几种期刊，主管机构为江苏省苏豪控股集团有限公司。

② 《轨道交通装备与技术》《国外机车车辆工艺》《机车车辆工艺》3刊主管单位中国南方机车车辆工业集团公司、主办单位中国南车集团戚墅堰机车车辆厂已于2016年分别更改为中国中车集团公司、中车戚墅堰机车车辆工艺研究所有限公司。本书中，仍然采用2015年的期刊信息，下同。

数据库名称	期刊数量/种	占江苏省科技期刊的比例	备注
北京大学中文核心期刊目录	86	34.1%	根据2014版目录
EI/MED	22	8.7%	
SCI	5	2.0%	

由表1-8可以看出，国内外各重要数据库中，江苏省入选的科技期刊数量之多，与相关省份相比，江苏省占有优势，尤其江苏省科技期刊入选国内重要数据库比例均在20%以上，这个比例不仅超过了核心期刊选取比例（15%~20%），而且，这个比例计算的总数还包括了江苏省的科普期刊及英文期刊。对比江苏省英文科技期刊总数（11种），江苏省英文期刊入选SCI的比例超过了45%，这些成绩均为江苏省科技期刊在"十三五"期间更快速发展奠定了良好的基础。

二、编辑队伍人才建设

1. 期刊编辑部人员结构

人才是出品高质量期刊的保证，编辑水平的高低决定了期刊的水平与质量。江苏省科技期刊取得良好的成绩，与"十二五"期间各期刊杂志社重视人才，不断提升编辑业务水平，加强编辑队伍建设是分不开的。正如上文提到的，江苏省科技期刊学会为了提升采编人员的业务水平和科学视野，保证学术期刊旺盛、持久的生命力，经常开展采编人员的培训，锤炼内功，提升编辑业务技能。各编辑部也注重人员的配备，建设了一支结构合理、人员齐整、素质优良的编辑队伍。表1-9为江苏省"十二五"期间科技期刊编辑部人员的统计数据。

表1-9　江苏省2011—2015年科技期刊的编辑部人员统计

人数及比例	2011年	2012年	2013年	2014年	2015年
采编人员/人	1079	1104	1086	1076	1071
总人数/人	1689	1794	1688	1611	1595
采编人员占比	64%	62%	64%	67%	67%
平均采编人数/人	4.26	4.36	4.29	4.27	4.27

一个期刊杂志社的工作人员有多方面人员构成，如采编人员、行政服务人员、广告工作人员、发行工作人员、新媒体工作人员。其中，采编人员是保证杂志质量和学术影响的中坚力量，也是杂志获得健康发展的重要保证。因此，表1-9中的数据也告诉我们，江苏省科技期刊的人员结构是以采编人员为核心的，即便在"十二五"期间工作人员的总量从1689人减少到1595人，采编人员的数量基本保持不变，比重还有所增加，并突破2/3的比例。平均每种期刊采编人员约为4.3人。

2. 人员结构与期刊出版频率的关系

作为不同出版周期的期刊，其工作人员也随着出版周期的缩短而增加，由于出版周期短，给期刊带来的发行、服务和其他行政工作的增多，必然会增加非采编人员的数量，为了清晰地了解科技期刊的出版频率与人员结构的关系，我们根据江苏省期刊年检数据对2015年不同出版周期期刊的编辑部人员构成进行了统计，参见表1-10。

表1-10　江苏省科技期刊不同出版周期人员结构（2015年）

出版频率	期刊数量/种	平均采编人员数/人	总平均人员数/人	采编人员占比
季刊	48	3.39	4.33	78.29%
双月刊	130	3.95	5.60	70.54%
月刊	56	4.95	7.89	62.74%
半月刊	12	7.67	13.25	57.89%
旬刊	4	3.75	8.25	45.45%
周刊	1	10	25	40.00%

从表1-10可以看出，江苏省科技期刊的出版周期越长，采编人员数量占编辑部人员总量的比重就越高。反之，出版周期短的期刊编辑部，其采编人员数量所占比例逐步减少，如周刊的采编人员仅是编辑部人员数量的40%。因此，对期刊编辑部人员结构的配置不能用一种统一的比例来限制，可根据出版频率做适当的调整，但有一点是肯定的，就是期刊杂志社的中坚是采编人员，有关采编人员的比例与期刊质量和水平的关系我们将会在以后的章节（第二章）中探讨。

3. 期刊人员学历层次

科技期刊是学术型、技术型知识载体，为其工作的人员需要具有较高的学历层次，具有一定的专业知识和编辑出版知识。分析杂志社采编人员的学历层次，能够从一个角度窥视编辑部的人才结构，以及对期刊学术质量的影响程度。表1-11给出了2011—2015年江苏省科技期刊的工作人员的学历结构。

表1-11　江苏省2011—2015年科技期刊工作人员学历层次分析

学历层次	2011年	2012年	2013年	2014年	2015年
本科及以上/人	1309	1440	1394	1366	1373
大专/人	243	264	227	198	179
中专及以下/人	137	90	67	47	43
本科及以上的比例	77.50%	80.27%	82.58%	84.79%	86.08%

表1-11显示出，江苏省科技期刊工作人员本科及以上学历的人才的比例逐年增加，大专、中专学历的人员比例逐年减少，本科及以上学历的工作人员已经由"十二五"初期的77.50%上升到末期的86.08%。可见，江苏省科技期刊界普遍注重科技期刊队伍建设，重视高学历人员的引进，编辑队伍整体文化素质、业务水平得到大大提升。

4. 业务培训

"十二五"期间，江苏省科技期刊各编辑部除了注重引进高学历人员外，还很重视期刊编辑部在职人员的业务培训，提升业务水平，把外引（引进人才）内训（业务培训）结合起来，使江苏省科技期刊编辑队伍的业务素质得到全面提升。表1-12给出了"十二五"期间，江苏省科技期刊人员业务培训的相关统计数据。

表1-12　江苏省2011—2015年科技期刊人员培训相关统计

年度	参与人员培训的期刊数量及比例		人员培训支出	
	期刊数量/种	比例	总额/万元	平均/万元
2011	197	77.87%	376.97	1.91
2012	197	77.87%	412.39	2.09
2013	195	77.08%	417.45	2.14
2014	197	78.17%	430.92	2.19
2015	210	83.67%	426.70	2.03

我们对2011—2015年的年检数据进行了统计，几乎所有的科技期刊在人员培训上都进行了大量投入，费用总额每年都在400万元左右，最高的是2014年，超过了430万元，参与培训的期刊编辑部，人员培训费用的平均

值从 2011 年的 1.91 万元增加到 2014 年的 2.19 万元，2015 年，虽然参与培训的期刊编辑部数量大大增加，其平均培训费用依然达到 2.03 万元。可见，江苏省科技期刊界在"十二五"期间取得的成绩与相关期刊编辑部重视人员的培训，提升编辑人员的业务素质是分不开的。

5. 编委会组成分析

期刊的编辑委员会是期刊编辑出版工作的学术指导机构，把关稿件的学术质量，对期刊的编辑、出版起指导、监督和咨询作用。编委会职责重大，对期刊的定位和未来发展起到至关重要的作用。编委会一般由相关学科领域的专家学者组成，部分期刊会邀请国外权威人士担任编委，以提升期刊的国际影响力，增强期刊的学术视野。通过对江苏省科技期刊的编委会组成分析，能够看出江苏省科技期刊非常重视编委会成员的学术影响力。

为了采集江苏省科技期刊编委会的相关数据，我们查阅了江苏省科技期刊的所有网站，最终得到 109 种期刊的编委会信息，我们根据已得到的编委会信息，分析了江苏省科技期刊编委会的构成和相关信息，以此为代表来了解江苏省科技期刊编委会概貌。表 1-13 为所统计的 109 种江苏省科技期刊编委会的情况。

表 1-13　江苏省部分科技期刊的编委会人员数量统计（2015 年）

编委会人数/人	(0, 50]	(50, 100]	(100, 153]
期刊数量/种	61	40	8
平均人数/人	33.5	72.8	126

从表 1-13 看出，超过 100 名编委的期刊有 8 种，均为医学类期刊，分别是《中国临床研究》《中国生化药物杂志》《江苏医药》《口腔生物医学》《药学进展》《中国天然药物（英文版）》《临床检验杂志》《临床神经外科杂志》。另外，排在第 9 位也是医学期刊《中华核医学与分子影像杂志》，该刊共有 98 位编委。

分析编委会中的国际编委情况，有 22 种期刊的编委会中至少包含一名国外专家，占所查期刊的 20.18%。这些国外编委中既有外国人士，也有在国外工作的华人。整体来看这 22 种期刊，国外专家比较少，有 10 种期刊国外专家不超过 5 人。国外专家最多的 3 种期刊分别是《水科学与水工程（英文版）》《中国天然药物（英文版）》《土壤圈（英文版）》，国外专家分别有 25 人、56 人和 78 人，这 3 种期刊都是全英文期刊。详细的数据参见表 1-14。

表1-14　江苏省部分科技期刊编委会国外编委数量统计

序号	期刊名称	编委会总人数/人	编委会国外成员人数/人	占比
1	物理学进展	40	1	2.5%
2	河海大学学报（自然科学版）	41	1	2.44%
3	临床皮肤科杂志	81	1	1.23%
4	中华皮肤科杂志	84	1	1.19%
5	南京工业大学学报（自然科学版）	41	3	7.32%
6	微波学报	51	3	5.88%
7	石油物探	97	3	3.09%
8	石油实验地质	79	4	5.06%
9	江苏大学学报（自然科学版）	63	5	7.94%
10	湖泊科学	67	5	7.46%
11	药物生物技术	86	6	6.98%
12	现代雷达	43	7	16.28%
13	船舶力学	56	11	19.64%
14	气象科学	60	11	18.33%
15	水科学进展	72	11	15.28%
16	中华核医学与分子影像杂志	98	12	12.24%
17	水利水运工程学报	72	14	19.44%
18	临床麻醉学杂志	91	14	15.38%
19	排灌机械工程学报	80	16	20.00%
20	水科学与水工程（英文版）	43	25	58.14%
21	中国天然药物（英文版）	122	56	45.90%
22	土壤圈（英文版）	96	78	81.25%

三、期刊运作机制与运营管理

期刊的运作机制与运营管理涉及期刊编委会的组成、编辑部的责任、稿件的处理、审稿机制及发行策略等。有计划、有针对性地组织稿件，对拓宽稿源，提高稿件质量，扩大期刊的学术影响力意义重大。约稿不仅向作者告知期刊办刊主旨、期刊关注的学术领域，也可以将相关研究领域最新成果、知名专家的研究成果及时在期刊上发表出来，以提升期刊的学术影响力。使期刊能够把握相关研究领域的发展趋势和新的研究动态。

1. 期刊的采稿（约稿）制度

针对江苏省科技期刊年检数据，我们对"十二五"期间江苏省科技期刊的稿件来源情况进行了统计，特别统计和计算了具有约稿期刊的数量和比例。具体数据参见表1-15。

表1-15　江苏省2011—2015年出版的科技期刊的采稿制度统计

年度	有采稿约稿制度的期刊数量与比例		无采稿约稿制度的期刊数量与比例	
	数量/种	比例	数量/种	比例
2011	217	85.77%	36	14.23%
2012	219	86.56%	34	13.44%
2013	224	88.54%	29	11.46%
2014	230	91.27%	22	8.73%
2015	234	93.23%	17	6.77%

"十二五"期间，江苏省科技期刊绝大部分具有采集稿件和专家约稿制度，从统计数据来看，这类期刊在不断地增加。2011年，85.77%的期刊有采稿、约稿制度，2012年为86.56%，2013年为88.54%，2014年达到91.27%，2015年更是达到最高的93.23%。可见，对于江苏省科技期刊整体质量和学术影响力的不断上升，采稿约稿制度的实施也是有一定贡献的。

2. 国内发行

期刊发行是期刊生存与发展的重要环节，发行量大，产生的经济效益大，对期刊的生存与发展是极大的支持。图1-1显示了"十二五"期间江苏省科技期刊整体发行量的变化，可以看出，2015年总发行量下降明显，这可能代表了目前纸质期刊的一个困境：数字化浪潮和数据库服务商的发展严重挤压纸质期刊的发行。表1-16为江苏省科技期刊"十二五"期间年度发行量的区间统计。

图1-1 "十二五"期间江苏省科技期刊总发行量

表1-16 江苏省2011—2015年出版的科技期刊的年发行量统计

年发行量（万份）与比例 / 年度	(0, 0.5]		(0.5, 1]		(1, 2]		(2, 10]		(10, 100]		(100, 2000)	
	数量	比例	数量	比例	数量	比例	数量	比例	数量	比例	数量	比例
2011	55	21.7%	69	27.3%	52	20.6%	55	21.7%	18	7.1%	4	1.6%
2012	59	23.3%	64	25.3%	53	20.9%	54	21.3%	18	7.1%	5	2.0%
2013	60	23.7%	61	24.1%	56	22.1%	52	20.6%	20	7.9%	4	1.6%
2014	65	25.8%	63	25.0%	54	21.4%	44	17.5%	22	8.7%	4	1.6%
2015	62	24.7%	66	26.3%	51	20.3%	50	19.9%	18	7.2%	4	1.6%

从表1-16可以看出，江苏省科技期刊的年发行量集中在2万份以下，可见江苏省科技期刊的发行受到了很大制约，超过60%的期刊年发行量不到2万，而且，更多的是集中在1万份以下。有4种期刊在2011年、2013年、2014年、2015年的年发行量在100万份以上，分别是《祝您健康》《未来科学家》《农家致富》和《科学大众》，2012年有5种期刊年发行量在100万份以上。这一数据给了我们这样的信息：科普类期刊的发行量要远远大于学术类期刊，学术期刊的发行量在当今网络环境下，几大期刊数据库（CNKI、万方、维普）运营商的迅速发展，对学术期刊印刷版的发行造成了很大的冲击。

发行量的减少直接影响着科技期刊的经济收入。江苏省2011—2015年期刊的发行收入详见表1-17。

表1-17　江苏省2011—2015年出版的科技期刊的年发行收入统计

数量/种　期刊收入/万元　年度	(0, 2]	(2, 10]	(10, 20]	(20,100]	(100, 500]	(500, 3000)
2011	89	90	27	31	13	3
2012	88	89	26	37	10	3
2013	86	91	29	35	9	3
2014	90	89	28	32	10	3
2015	82	99	25	31	10	4

　　表1-17显示，大约有1/3的期刊发行收入低于2万元，其中1/3左右的期刊没有发行收入，这些期刊基本为高校学报，可见许多高等院校把期刊当作科学交流的有力平台，而非考虑经济利益，期刊的运作完全由高校自己投资。期刊的年发行收入集中在20万以下，约有80%以上期刊年发行收入在20万元以下。年发行收入在20万元以上的期刊所占比例不到20%，其中有4种期刊的年发行收入超过500万元，它们分别是科普期刊：《未来科学家》《农家致富》《科学大众》，以及2015年新增的发行收入在500万元以上的企业安全科普类期刊《江苏安全生产》。

　　江苏省科技期刊的发行方式大多数采取邮局发行的方式，但真正完全邮发的期刊则不到15%，有50%左右的期刊采取邮局发行和自办发行双轨制运作，完全自办发行的期刊在1/3左右。详细数据参见表1-18。

表1-18　江苏省2011—2015年出版的科技期刊发行方式统计

年度	邮局发行＋自办发行		邮局发行		自办发行		未知	
	数量/种	比例	数量/种	比例	数量/种	比例	数量/种	比例
2011	128	50.59%	38	15.02%	83	32.81%	4	1.58%
2012	132	52.17%	34	13.44%	82	32.41%	5	1.98%
2013	122	48.22%	36	14.23%	90	35.57%	5	1.98%
2014	130	51.58%	34	13.49%	84	33.33%	4	1.58%
2015	134	53.39%	33	13.15%	81	32.27%	3	1.20%

3. 海外出版

　　江苏省科技期刊海外出版发行不是很多，在"十二五"期间，只有

10%～15% 的期刊向海外发行，由此可见，江苏省科技走向世界还有很长的路，表 1-19 给出了江苏省"十二五"期间，科技期刊向海外发行的数量与比例。

表 1-19　江苏省科技期刊海外发行数量与比例（2011—2015 年）

内容 ＼ 年份	2011	2012	2013	2014	2015
海外发行期刊/种	32	28	30	34	38
比例	12.6%	11.1%	11.9%	13.5%	15.1%

表 1-19 让我们感到，科技期刊走向海外还有许多工作要做，科技是无国界的，而江苏省目前只有 15% 的科技期刊向海外发行，我们的期刊如何与国际接轨，如何将成果向海外同行推介，值得探究。期刊编辑部门和管理部门必须要加大期刊对海外的发行，不仅仅要吸收国外的先进技术、理念和方法，更要把我们的科技成果向世界展示，让世界了解我们，只有这样的交流，才能实现更多的合作与共赢。但表 1-19 的数据已经反映出，江苏省科技期刊海外发行的数量和比例正在逐年增加，这值得欣慰。

4. 不同出版周期期刊的发行与收入

在期刊发行和收入中，不同的出版周期发行量和经营收入是不一样的，通常周期越短，发行量越大，即使是按期平均发行对比也是如此。江苏省科技期刊的发行周期与收入是否存在这样的关系，我们特别按期刊出版周期统计了期刊发行与收入的关系。详细数据参见表 1-20。

表 1-20　江苏省科技期刊出版频率与发行的关系统计（2011—2015 年）

年度	出版频率	期刊数量/种	平均期发行量/万份	平均发行收入/万元
2011	季刊	55	0.13	3.26
	双月刊	130	0.24	10.05
	月刊	53	0.61	46.36
	半月刊	9	3.19	237.02
	旬刊	6	6.31	410.5
2012	季刊	51	0.14	4.46
	双月刊	132	0.24	9.98
	月刊	54	0.6	50.82

续表

年度	出版频率	期刊数量/种	平均期发行量/万份	平均发行收入/万元
2012	半月刊	10	3.03	202.64
	旬刊	6	6.99	409.8
2013	季刊	51	0.13	4.12
	双月刊	130	0.22	7.32
	月刊	56	0.59	49.42
	半月刊	10	2.81	215.3
	旬刊	6	5.7	396.32
2014	季刊	48	0.12	2.57
	双月刊	131	0.2	8.49
	月刊	56	0.64	44.21
	半月刊	11	2.89	188.15
	旬刊	5	2.71	333.84
	周刊	1	18.22	1558
2015	季刊	48	0.11	1.95
	双月刊	130	0.20	8.51
	月刊	56	0.54	51.28
	半月刊	12	2.33	180.23
	旬刊	4	3.42	296.38
	周刊	1	18.22	1295

　　由表1-20可以看出，江苏省科技期刊的发行量在逐年缓慢下降，发行收入也在逐年减少，这与目前网络期刊数据库的普及与发展有很大的关系。根据出版周期比较，周期越短发行数量越大，收入也越高。以2015年为例，周刊的发行每期可达18万多份，旬刊、半月刊也分别达到了3万多份和2万多份，而季刊每期的发行平均只有1000多份，其收入差距也非常显著。

　　发行量除了和出版周期有关，和本身期刊的性质也有很大关系，学术类期刊发行量相对较小，科普类期刊发行量相对较大。表1-21是江苏省部分科普类期刊的发行量和发行收入统计。

表1-21 江苏省部分科普类期刊2015年发行与收入

期刊名称	刊期	平均期发行量/份	发行收入/万元	总收入/万元
电动自行车	月刊	2500	3	66.0
江苏安全生产	月刊	36 500	714.24	720.37
科学养鱼	月刊	27 000	79	342.0
物理教师	月刊	7130	57.31	93.02
物理之友	月刊	4300	27	30.0
中学生物学	月刊	5150	35.03	35.03
中学数学月刊	月刊	3940	20.37	20.37
华人时刊	半月刊	10 500	136.0	238.0
美食	半月刊	10 000	60.0	120.0
农家致富	半月刊	190 000	1095.5	1112.45
中国禽业导刊	半月刊	15 000	55.87	399.74
未来科学家	旬刊	77 300	722.17	822.57
祝您健康	旬刊	54 700	450.37	520.77
科学大众	周刊	182 200	1295	1698.0

四、江苏省与其他六省市出版情况对比

江苏省作为一个科教大省，科技期刊数量众多。为了清楚地了解江苏省科技期刊出版的优势与不足，更快更好地促进江苏省科技期刊的发展，我们采集了与江苏省相近的、期刊发展较好的同时也是非常重视期刊发展的省市期刊数据，以此来对比几个省市的期刊发展状况，并直观地显示江苏省科技期刊布局的优势和不足。

表1-22为江苏、上海、浙江、广东、湖北、重庆、陕西等省市出版的科技期刊学科分布，需要说明的是，表1-22的江苏省科技期刊数量少于江苏省所拥有期刊的实际数量，这是由于中信所根据一定的采集标准，剔除了一些科普类期刊，而这一选择标准对各省都是相同的，所以这一数据差异不影响地区之间的对比分析。

从表1-22可以看出，就科技期刊总量而言，江苏省科技期刊的总量低于上海，少了60多种，但多于其他5个省市，比临近的浙江省和直辖市重庆

表1-22 七省市科技期刊总量与学科分布

地区及数量	学科类别	自然科学总论 N	数理科学和化学 O	天文学、地理科学 P	生物科学 Q	医学、卫生 R	农业科学 S	工业技术 T	交通运输 U	航空、航天 V	环境科学、安全科学 X	总计
上海	数量	14	13	5	11	83	17	141	26	2	3	315
上海	比例	4.44%	4.13%	1.59%	3.49%	26.35%	5.40%	44.76%	8.25%	0.63%	0.95%	100%
江苏	数量	27	6	15	9	51	26	102	7	3	5	251
江苏	比例	10.76%	2.39%	5.98%	3.59%	20.32%	10.36%	40.64%	2.79%	1.20%	1.99%	100%
湖北	数量	20	13	11	6	59	12	63	14	0	6	204
湖北	比例	9.80%	6.37%	5.39%	2.94%	28.92%	5.88%	30.88%	6.86%		2.94%	100%
陕西	数量	13	7	10	2	33	14	71	3	5	1	159
陕西	比例	8.18%	4.40%	6.29%	1.26%	20.75%	8.81%	44.65%	1.89%	3.14%	0.63%	100%
广东	数量	15	1	6	3	54	15	51	5	0	3	153
广东	比例	9.80%	0.65%	3.92%	1.96%	35.29%	9.80%	33.33%	3.27%		1.96%	100%
浙江	数量	11	3	6	2	25	18	38	0	0	2	105
浙江	比例	10.48%	2.86%	5.71%	1.90%	23.81%	17.14%	36.19%			1.90%	100%
重庆	数量	8	1	0	0	19	7	26	5	0	2	68
重庆	比例	11.76%	1.47%			27.94%	10.29%	38.24%	7.35%		2.94%	100%

更是多了百余种。从全国范围看，除了北京、上海以外，江苏省的科技期刊数量是最多的，这与江苏省科教大省的地位是相匹配的。

考虑各个类别的期刊数量，江苏省 N（自然科学总论）类期刊、P（天文学、地理科学）类期刊、S（农业科学）类期刊的数量远多于其他地区。N 类期刊主要由高校学报组成，这与江苏省高校云集，高等院校积极创办期刊，建立自己的科研展示平台密不可分。此外，江苏省科技期刊在天文学、地理科学，农业科学等领域具有显著的优势，也与江苏省在这些学科的优势有着密切关系。Q（生物科学）、T（工业技术）、U（交通运输）、V（航空、航天）、X（环境科学、安全科学）类期刊的数量居于前列，反映出江苏省科技期刊在这些领域有一定的优势。但是 O（数理科学和化学）、R（医学、卫生）两类下，江苏省的期刊数量在全部 7 个地区排名中居于中等位置，考虑到广东、浙江、重庆的科技期刊总量远少于江苏省，可以看出江苏省这两个领域的期刊还有很大的发展空间。

第二节　数字化与网络平台建设

期刊数字化是期刊发展的必然，网络的普及为期刊数字出版和发行提供了有力的保证，为了评估江苏省科技期刊数字化发展，我们将从期刊与重要期刊数据库的合作、期刊的网络平台的建设等方面考察。

一、全文数据库收录情况

网络全文数据库为读者提供了一个高效、便捷的获取和阅读平台，是广大学者阅读、下载论文的首选途径，所以期刊被重要全文数据库收录是期刊数字化的重要方式。国内收录科技期刊的大型全文数据库主要有 3 家：中国知网（CNKI）、万方数据、重庆维普。表 1-23 是江苏省科技期刊在 2015 年被这三大数据库收录情况的统计。

表 1-23　江苏省科技期刊被数据库收录统计

数据库	收录的期刊数/种	收录的期刊比例
中国知网（CNKI）	237	94%
重庆维普	230	91%
万方数据	210	83%

可以看出江苏省科技期刊被收录到中国知网的期刊最多，达237种，占94%，其次是重庆维普，有230种期刊被收录其中，最少的是万方数据，只有210种，仅占江苏省科技期刊的83%左右。表1-24为江苏省科技期刊被数据库收录布局统计。

表1-24 江苏省科技期刊数据库收录布局统计

期刊被收录的情况	期刊数量/种	期刊比例
被3种数据库同时收录	191	76.10%
被2种数据库收录	49	19.52%
被1种数据库收录	9	3.58%
未被数据库收录	2	0.80%

如表1-24所示，被3个数据库收录的期刊有191种，被2个数据库收录的期刊有49种，被1个数据库收录的期刊有9种，未被数据库收录的有2种，分别是《高等学校计算数学学报（英文版）》和《未来科学家》，这两种期刊一个是英文期刊，该刊从2011年起就退出了国内三大全文数据库，但从2008年起就被美国EBSCO公司的学术期刊全文数据库（Academic Search Premier，ASP）收录；另一种期刊是科普期刊，该刊更重视印刷版的发行，发行数量和发行收入在江苏省科技期刊界也是名列前茅的。

由此可见，江苏省科技期刊界非常重视期刊成为期刊全文数据库的一员，特别是非常重视各类数据库的收录，由数据可见，有3/4以上的期刊同时被三大数据库收录，影响科学交流与科学传播的"独家协议"在江苏省影响面还不是很大，这点应该令江苏省科技期刊界感到欣慰。表1-25为江苏省科技期刊被某数据库独家收录的调查数据。

表1-25 被独家收录的期刊统计

刊名	万方	知网	维普
中国禽业导刊	无	无	有
江苏安全生产	无	无	有
物理之友	无	有	无
汽车维护与修理	无	有	无
生物进化	无	有	无
中华皮肤科杂志	有	无	无

刊名	万方	知网	维普
中华消化内镜杂志	有	无	无
国际麻醉学与复苏杂志	有	无	无
国际皮肤性病学杂志	有	无	无

二、期刊网络平台建设状况

为了掌握江苏省科技期刊网络化的状况及全文发布情况，我们在网上对江苏省所有科技期刊进行了搜索，统计了期刊自建的发布平台，了解期刊网络化运作平台，以此对江苏省科技期刊网络化数字化做一全面分析。

1. 网络全文发布平台

网络全文发布平台是指期刊将文章全文发布到网上，供读者免费阅读和下载。为了对江苏省科技期刊的网络建设进行全面的了解，我们对江苏省251种科技期刊逐一查询统计，发现江苏省251种科技期刊中，只有72种期刊在期刊网站中提供了全文阅读和下载的功能。也许出于营利的目的，有70%以上的期刊没有提供全文免费阅读和下载的服务，但这其中部分期刊在网站中列出全文链接，读者可根据链接到全文数据库中付费阅读和下载。

2. 网络稿件收审系统

网络稿件收审系统是指作者投稿、专家审稿、编辑审稿等一系列流程的网络化，工作人员实现网上办公，作者可以网上查询工作进度，及时收到期刊的反馈。这种方式极大地改善了用户体验，是期刊信息化建设的重要组成部分。

2015年江苏省科技期刊有251种，其中建立了网络稿件收审系统的期刊有142种，这说明江苏省科技期刊中尚有超过40%的期刊，其网络平台的建设亟待加强。在下一个五年计划期间，这些期刊必须要跟上信息化时代建设的步伐，建立健全网络运作平台。

为了深入考察江苏省科技期刊网络运用具体状况，对数据进行了具体的统计，主要针对期刊的网络发布、期刊编辑运作网络化进行了细致统计，具体数据参见表1-26。

表1-26 2015年江苏省科技期刊的网络平台建设情况

建立网站	网络全文发布平台	网络稿件收审系统	期刊数量/种	期刊比例
无	无	无	55	21.91%
有	无	无	51	20.32%
有	无	有	73	29.08%
有	有	无	3	1.20%
有	有	有	69	27.49%

从表1-26可以看出，江苏省251种科技期刊中，尚有55种期刊没有建立网站；还有51种期刊，虽建立了网站，但是也没有网络全文发布平台和稿件收审系统；有73种期刊建立了网站，设计了网络稿件收审系统，但无全文发布系统；有3种期刊有网站和网络全文发布系统，但无网络稿件收审系统；只有69种期刊不仅建立网站，而且既有全文发布平台，也有网络稿件收审系统。综上，江苏省科技期刊的网络化、数字化比较完善的仅有69种，约占全部期刊数量的27.49%。因此，在"十三五"期间，江苏省科技期刊的信息化建设必须努力跟上时代的步伐，促进江苏省科技期刊数字化建设全面发展。

第三节 "十二五"期间江苏省精品科技期刊建设

精品期刊建设是国家、各部委、各省市有关部门十分重视的工作，江苏省科协、江苏省科技期刊学会也十分重视江苏省精品科技期刊的建设，"十二五"期间，在精品科技期刊建设方面进行了大量投入，取得了优异成绩。为了展示江苏省所取得的成绩，我们借助于中信所、CSCD、北京大学核心期刊要目总览等数据，将江苏省与其他相关省市进行精品科技期刊建设成果对比分析，为今后江苏省科技期刊发展提供数据参考。

一、精品期刊建设成绩

1. 国内重要数据库收录

如上文所述，江苏省精品科技期刊建设取得了很大成绩，那么在与兄弟省市对比中，江苏省处于什么位置，具有什么优势或不足，我们采集并统计了中国科学院文献情报中心的CSCD、北京大学核心期刊要目总览、中信所的 CSTPCD 等所收录的江苏、上海、浙江等 7 个省市的科技期刊数量，具体统计数据参见表 1-27。

表 1-27　七省市各类核心期刊统计

核心集	上海	江苏	湖北	陕西	广东	浙江	重庆
中国科学院文献情报中心：CSCD	73	54	33	30	26	23	14
北京大学核心期刊要目总览	91	86	59	64	36	28	29
中信所：CSTPCD	166	122	108	89	63	46	38

从表 1-27 中的数据可以看出，江苏省在这 7 个省市的精品科技期刊建设成果对比中，处于较前列的位置，在国内 3 个最重要的科技期刊评价体系中，均仅次于上海，并大幅领先于其他 5 个省市。但我们必须看到，江苏省在有的评价体系中，与上海市还有一定差距，而与其后的湖北省相比，领先的优势并不是很大，所以，我们不能掉以轻心，必须努力，加快精品期刊建设步伐，缩小与上海的差距，为江苏省培育出更多更强的精品期刊。

2. 国际重要数据库收录

江苏省科技期刊在建设国际精品期刊的过程中，也取得了不小的成绩。有 5 种期刊进入 SCI，16 种期刊被 EI 收录，表 1-28 给出了 SCI 和 EI 收录期刊的列表和相关信息。

表 1-28　江苏省 SCI 和 EI 期刊列表

序号	刊名	EI 收录	SCI 收录	SCI 分区
1	Advances in Water Science	EI		
2	电力系统自动化	EI		
3	China Ocean Engineering	EI	SCI	工程技术Ⅳ区
4	岩土工程学报	EI		
5	无机化学学报		SCI	化学Ⅳ区
6	Chinese Journal of Natural Medicines		SCI	医学Ⅳ区
7	Electric Power Automation Equipment	EI		
8	采矿与安全工程学报	EI		
9	中国矿业大学学报	EI		
10	湖泊科学	EI		
11	Journal of Mining & Safety Engineering	EI		

续表

序号	刊名	EI 收录	SCI 收录	SCI 分区
12	船舶力学	EI		
13	Journal of Southeast University (English Edition)	EI		
14	东南大学学报（自然科学版）	EI		
15	振动工程学报	EI		
16	振动测试与诊断	EI		
17	Numerical Mathematics：Theory，Methods and Applications		SCI	数学Ⅲ区
18	Pedosphere		SCI	农林科学Ⅲ区
19	Transactions of Nanjing University of Aeronautics & Astronautics	EI		
20	Water Science and Engineering	EI		

从表1-28中我们看到，江苏省被国际重要检索工具收录的科技期刊涉及20种，有一种期刊（《China Ocean Engineering》）同时被SCI和EI收录，其他期刊都只被一个检索工具收录。从表中最后一列数据可以看出，江苏省被收入SCI的期刊最高分区（中国科学院分区）只有2种期刊在各自的学科领域处在3区，其他3种在其相关学科领域均在最后一个分区4区。这个数据又从另一个角度证明了江苏省高精尖期刊的缺乏，这和前文提到的江苏省在最具国际影响力的期刊及高被引论文期刊建设中，与一些省市相比并没有优势，我们必须在此方面加倍努力。

3. 国际影响力期刊

为了考察江苏省科技期刊的国际影响力，我们希望通过与相关省市的对比，来更准确地定位。我们根据中国学术期刊（光盘版）电子杂志社、中国科学文献计量评价研究中心与清华大学图书馆发布的"中国最具国际影响力学术期刊和中国国际影响力优秀学术期刊"进行了省市归属统计，由于该发布始于2012年，因此本统计范围为2012—2016年，分别得到7个省市最具国际影响力科技期刊分布（表1-29）和7个省市国际影响力优秀科技期刊分布（表1-30）。

表1-29 2012—2016年七省市最具国际影响力科技期刊数量分布

地区	2012年	2013年	2014年	2015年	2016年	平均/种
上海	19	17	17	16	18	17.4
湖北	9	10	8	8	9	8.8
江苏	9	8	7	8	6	7.6
广东	2	3	3	4	2	2.8
浙江	3	2	3	4	5	3.4
陕西	2	1	1	2	1	1.4
重庆	1	0	0	0	0	0.2

表1-30 2012—2016年七省市国际影响力优秀科技期刊数量分布

地区	2012年	2013年	2014年	2015年	2016年	平均/种
江苏	13	11	12	11	13	12
上海	5	8	9	10	8	8
广东	8	9	5	5	7	6.8
湖北	5	5	6	6	7	5.8
陕西	4	6	6	4	0	4
重庆	1	5	4	4	4	3.6
浙江	5	2	2	2	1	2.4

从表1-29中可以看出，在最具国际影响力的科技期刊中，江苏省并不占优势，和上海的差距越来越大，甚至在有些年份还低于湖北省，最高时也只和湖北持平。表1-30则反映出另一种情况，江苏省在国际影响力优秀科技期刊的榜单上居领先于其他省市位置，甚至每年都超过上海市，并且有的年份领先数量还很多。但结合这两张表单分析，江苏省在国内最具国际影响力科技期刊并不具备优势，也就是说，江苏省在国内具有国际影响的顶级期刊的方阵中所处的地位，与江苏省科技水平及江苏省科技期刊整体水平不完全相符，表1-30中江苏省的国际影响力优秀科技期刊远远多于其他地区，恰恰说明江苏省有很多优秀的科技期刊，但这些期刊还达不到顶尖的水平。这是江苏省科技期刊需要努力的方向，争取把优秀科技期刊建设成顶尖水平的期刊。

二、学术产出与学术影响力

江苏省在精品科技期刊建设过程中，不仅注重期刊的质量管理和学术产出，更强调期刊学术影响力的提升。有关学术产出和学术影响力指标数据由中信所提供，2011—2014年报告有收录238种江苏省科技期刊数据，2015年报告收录251种江苏省科技期刊数据。

1. 学术质量与学术影响

江苏省科技期刊在"十二五"期间的建设成果首先体现在期刊的学术质量上。通过分析江苏省科技期刊的学术质量在这期间的变化趋势，可以为过去的期刊建设总结经验，并为将来的期刊发展指明方向。期刊的学术质量有多方面的反映，有主观指标和客观指标，我们从中信所的中国科技期刊引证数据中挑选出能够从某一个角度反映论文质量和学术影响的指标：基金论文比、海外论文，以及期刊的被引指标等。详细数据参见表1-31。

表1-31　江苏省2011—2015年科技期刊的学术质量统计

期刊的指标	2011 年	2012 年	2013 年	2014 年	2015 年
平均每本期刊的基金论文比	0.41	0.42	0.40	0.45	0.49
刊登海外论文的期刊数量/种	84	94	121	57	61
平均每本期刊的总被引频次/次	845	944	1057	1175	1239
平均每本期刊的影响因子	0.47	0.50	0.53	0.59	0.59
平均每本期刊的即年指标	0.057	0.067	0.067	0.087	0.092
平均每本期刊的他引率	0.87	0.86	0.89	0.90	0.90

根据中信所提供的2011—2015年江苏省科技期刊的引证数据，可归纳出如下特征：几乎所有指标都是呈单调上升或波动上升的趋势；随着论文数量的增加，论文的质量和学术影响并没有下降，所有的引证指标都在逐年增长；他引率逐年增加，说明江苏省科技期刊始终注重学术规范；但刊载海外论文的期刊数量，近2年反而有所降低，表明江苏省科技期刊对海外成果的吸引不够，值得我们重视。

2. 论文产出对比

论文产出和期刊数量并不是完全正相关的，也就是说，期刊数量多省份不能绝对说期刊产出的论文就一定比期刊少的省份产出的论文多。为了分析江苏省科技期刊论文产出能力，我们根据中信所提供的数据，统计了7个省市科技期刊2015年的论文产出量。具体数据参见表1-32。

表 1-32　七省市科技期刊发表的论文数统计表（2015 年）

地区	期刊数量/种	论文数/篇	平均每种期刊的论文数/篇
湖北	204	74 231	364
上海	315	64 326	204
江苏	251	58 208	232
陕西	159	82 195	517
广东	153	46 314	303
重庆	68	35 567	523
浙江	105	25 429	242

从表 1-32 可以看出，虽然江苏省比湖北省多 40 多种科技期刊，但论文产出量却不如湖北，究其原因，主要是江苏省科技期刊平均发表论文数量远低于湖北，江苏省科技期刊年平均发表论文 232 篇，而湖北则高达 364 篇。虽然江苏省期刊的年均发表量高于上海，但总的发文量还是少 6000 多篇。其他省份虽然总量上少于江苏，但每本期刊的年均发文量均高于江苏，尤其是重庆和陕西，平均每种期刊的年发表论文数均是江苏的 2 倍多，不过陕西出版的医药短讯期刊《医药信息》一年发文达 3 万余篇，显著提高了陕西籍期刊的刊均载文量。

3. 高被引论文

高被引论文是指在一定范围内被引用频次达到一定数量，并且排名位于前茅的论文。根据 CSCD 提供的"十二五"期间我国高被引论文目录，并根据论文所属期刊进行了分地区统计，表 1-33 给出了江苏、上海、湖北等 7 个地区的高被引论文数量及刊载了高被引论文的期刊数量。

表 1-33　七省市科技期刊刊载高被引论文数量统计（2015 年）

地区	高被引论文数量/篇	刊载高被引论文期刊数/种	刊载期刊的平均刊载数/篇
上海	1622	82	19.8
湖北	1541	40	38.5
江苏	1345	61	22
广东	692	30	23
陕西	607	43	14
重庆	561	20	28
浙江	92	16	5.75

由表 1-33 可以看出，江苏省的科技期刊论文中高被引论文只排在 7 个省市的第 3 位，从另一个角度分析，江苏省刊载高被引论文的期刊数量达到 61 种，排在第 2 位，在期刊数量上甚至超过了第 2 名湖北省的 52.5%，这一数据同样也显示了在入选期刊平均刊载高被引论文的数量上，江苏远低于湖北。深思这一数据，它反映出前文分析江苏省国际影响力期刊所出现的问题，即：江苏省科技期刊在核心期刊区域相对较多，但在顶级期刊区域尚需努力。在 7 个省市对比中，不仅与上海有差距，与湖北也存在一定差距。这一结论与 CNKI 发布的中国最具国际学术影响力期刊的分析判断，是比较吻合的。

4. 高被引论文学科分布

为更进一步了解江苏省各学科期刊高被引论文与其他省市的优势与差距，我们对 CSCD 发布的高被引论文进行了学科统计，以推出江苏省各学科精品期刊与其他省份在精品期刊建设方面的优势与差距。详细数据见表 1-34。

表 1-34　七省市高被引论文的学科分布统计表（2015 年）

学科		上海	江苏	陕西	湖北	广东	重庆	浙江
自然科学总论 N	期刊数量/种				2			
	平均论文数/篇				3			
数理科学和化学 O	期刊数量/种	9	5	5	7		1	
	平均论文数/篇	62.4	23.8	11	82.4		150	
天文学、地理科学 P	期刊数量/种	2	10	5	2	4		3
	平均论文数/篇	1.5	16	12	7.5	5.8		1.33
生物科学 Q	期刊数量/种	8	2	1	2	3		
	平均论文数/篇	11.1	2	27	15.5	3.7		
医学、卫生 R	期刊数量/种	32	11	5	12	15	7	1
	平均论文数/篇	14.1	18.5	6.2	34.8	31.2	23	9
农业科学 S	期刊数量/种	5	5	4	3	3		5
	平均论文数/篇	9.8	7.2	22.8	8	8.3		9
工业技术 T	期刊数量/种	22	22	18	8	4	12	7
	平均论文数/篇	20.2	35.6	14.4	54.4	34.3	20.7	4.86

续表

学科		上海	江苏	陕西	湖北	广东	重庆	浙江
交通运输 U	期刊数量/种	3	1	2	1			
	平均论文数/篇	7	1	31	26			
航空、航天 V	期刊数量/种		3	2				
	平均论文数/篇		4.3	6				
环境科学、安全科学 X	期刊数量/种	1	2	1	3	1		
	平均论文数/篇	3	12	8	3.3	28		

从表 1-34 可以看出，江苏省、陕西省、湖北省的高被引论文的学科分布最为广泛，几乎遍及所有学科，也就是说，江苏省科技精品期刊或高被引论文在学科的分布上比较均匀，只是在自然科学总论的分类上，江苏省没有高被引论文期刊进入，而在自然科学总论这一类别中，只有湖北有 3 篇文章入选，涉及 2 种期刊。当然，不仅在高被引论文学科分布上具有优势，在一些学科上也体现了优势，如在 P（天文学、地理科学）、S（农业科学）、T（工业技术）、V（航空、航天）、X（环境科学、安全科学）等类下，江苏省出现高被引论文及期刊的数量都处在较为领先的位置。

本章对 2011—2015 年期间江苏省科技期刊的各项数据进行了概况分析，数据显示江苏省科技期刊在 2011—2015 年取得了一定的进步，期刊数量总体保持稳定，人才学历层次逐渐提高，网络化和数字化建设日益完善，发表论文的数量和质量都在提高，期刊的国际影响力建设成果显著。但是我们也发现了重要的问题，如期刊的网络化水平较低：21% 的期刊没有建立网站，20% 的期刊虽然有网站，但是网站只展示期刊的基本信息，不提供任何功能。网站功能比较完善的期刊只有 27.5%。另外，江苏省科技期刊目前仍然是"多而不强"。与相关省市相比，江苏省科技期刊数量众多，学科分布广泛，有很多学术质量高、具有一定国际影响力的优秀科技期刊。但是，有多方面的数据反映江苏省顶尖的科技期刊很少，如江苏省的 SCI 期刊只有 5 种，且都位于 3 区或 4 区。英文期刊也只有 11 种，英文期刊的比例较低。在后续章节中，我们将对具体内容展开详细展示和讨论。

第二章　出版队伍建设与出版经营管理

一流的办刊队伍才能打造一流的科技期刊，期刊编辑是期刊生存发展的基础动力，经营管理人才培养也是新时期科技期刊建设亟待解决的问题。以提高期刊质量水平为核心的主管、主办和出版三级管理体系，为科技期刊发展提供了基本的环境资源。本章主要依据江苏省新闻出版广电局2011—2015年期刊年检数据，对江苏省科技期刊的人才结构、管理与运营情况及出版质量规范进行描述，并试图总结、分析、预测江苏省科技期刊发展趋势。

第一节　江苏省科技期刊人力资源分析

科技期刊的办刊队伍主要包括学科编辑，行政服务、广告发行等编务人员。总体来看，2011—2015年，江苏省科技期刊办刊队伍结构不断优化、素质不断提高，为科技期刊的稳步发展提供了人才保障。

一、采编人员配备

在第一章中，我们提到，"十二五"期间全省科技期刊工作人员数量从1689人减少到1595人，但采编人员的数量基本保持不变。本章我们将深化到人员结构、层次等方面统计分析，从不同的视角来考察江苏省科技期刊编辑队伍的人员分布情况。表2-1统计了"十二五"期间江苏省科技期刊采编人员数量分布。需要说明的一点是，本表中统计的数据为各期刊杂志社的专职采编人员，兼职人员没有统计其中。

从表2-1中数据可以看出，2011—2015年，全省科技期刊的采编人数分布较为稳定。采编人数在3～4人的编辑部最多，基本维持在46%左右，2015年达49.4%；5～8人的次之，基本在34%左右，但2015年最少，仅为31.08%；还有约17%的编辑部仅有0～2名采编人员；约3%的编辑部采编人员超过8人，编辑部人数最多杂志为《中国工作犬业》，共有15人。

表 2-1 "十二五"期间江苏省科技期刊采编人员数量分布情况

期刊数量（种）与比例 \ 人数 \ 年份	2 人及以下		3～4 人		5～8 人		9 人及以上	
	数量	比例	数量	比例	数量	比例	数量	比例
2011	45	17.79%	112	44.27%	88	34.78%	8	3.16%
2012	40	15.81%	115	45.45%	89	35.18%	9	3.57%
2013	43	17.00%	112	44.27%	90	35.57%	8	3.16%
2014	42	16.67%	117	46.43%	86	34.13%	7	2.78%
2015	39	15.54%	124	49.40%	78	31.08%	10	3.98%

细分表 2-1 中数据，以 2015 年为例，在采编人员为 2 人及以下的编辑部中，有 6 种期刊采编人数为 0，也就是这些期刊的采编人员全部都是兼职人员，从出版周期来看，10 种为季刊，20 种为双月刊，8 种为月刊，出版周期普遍较长。采编人员 9 人以上（含 9 人）的 10 个编辑部分别为《淮阴师范学院学报（自然科学版）》《徐州医学院学报》《汽车维护与修理》《科学大众》《江苏理工学院学报》《江苏农业科学》《中国禽业导刊》《电力系统自动化》《中国工作犬业》《中国家禽》。这些期刊中，包括 1 种周刊、3 种半月刊、4 种月刊。可以看出，采编人员较多的期刊，其出版周期普遍较短，这也是符合期刊出版规律的。

为了细致地考察各编辑部的人员构成比例，我们专门对各编辑部的全部成员和采编人员分别做了统计，得到 2011—2015 年江苏省各科技期刊编辑部的采编人员占编辑部人员的比例数据，参见表 2-2。其中：百分比区间是编辑部中采编人员所占本编辑部人员比例的区间；数量是指所在比例区间的期刊种数；比例是指所在比例区间的期刊数量占江苏省科技期刊总数的比例。

表 2-2 2011—2015 年江苏省各科技期刊采编人员占编辑部人员总数的比例分布情况

期刊数量（种）与比例 \ 比例分布 \ 年份	(0，20%)		[20%，40%)		[40%，60%)		[60%，80%)		[80%，100%)	
	数量	比例	数量	比例	数量	比例	数量	比例	数量	比例
2011	9	3.56%	16	6.32%	51	20.16%	81	32.02%	96	37.94%
2012	11	4.35%	15	5.93%	43	17.00%	85	33.60%	99	39.13%
2013	9	3.56%	12	4.74%	38	15.02%	92	36.36%	102	40.32%

续表

期刊数量（种）与比例 年份	（0，20%）		[20%，40%）		[40%，60%）		[60%，80%）		[80%，100%）	
	数量	比例	数量	比例	数量	比例	数量	比例	数量	比例
2014	7	2.78%	15	5.95%	35	13.89%	91	36.11%	104	41.27%
2015	8	3.19%	11	4.38%	41	16.33%	85	33.86%	106	42.23%

在第一章中提到，2011—2015年，江苏省科技期刊的采编人员数量基本不变，比重还有所增加，并突破2/3的比例。通过详细计算每个编辑部的采编人员比例我们可以看出，与采编人员总数比重增加相呼应的是，各个期刊编辑部中采编人员也占了相当大的比重。从比例分布情况来看，采编人员占80%以上（含80%）的期刊数量和比例都逐年上升，其他比重的期刊数量没有明显变化趋势，基本保持平衡。超过75%的期刊配备了60%以上（含60%）的采编人员，可以看出，江苏省科技期刊的人员结构是以采编人员为核心的。

细分表2-2中的数据，以2015年为例，采编人员占本编辑部人员比例不足20%的8种期刊分别为《物理学进展》《现代雷达》《江苏卫生事业管理》《现代测绘》《生态与农村环境学报》《中国临床研究》《中国资源综合利用》《机电信息》，其中，前6家编辑部采编人数为0，即这些期刊的采编人员全部为兼职人员。从出版频率上看，4种为双月刊，3种为月刊，还有1种为旬刊，没有一定规律。但从发行量分析，可以看到一些端倪。在上一章我们提到，江苏省超过60%的科技期刊年发行量不到2万，而这8本期刊虽然均为科技类期刊，但平均年发行量为3.21万份。可见，这些期刊把更多专职人员放在了发行岗位，而采编人员多采用兼职岗位。从主办机构考察，8种期刊中，4种为协会学会主办，3种为科研院所主办，还有1种由企业主办，也没有呈现某种规律。

为了更细致地了解不同学科期刊之间的人员组成结构是否存在差异，以便我们在考察人员结构组成时因科而异，我们针对不同学科期刊的人员组成及人员结构进行了统计，表2-3是根据江苏省2015年年检数据统计出的不同学科期刊的编辑部人员构成及比例。

根据中国图书分类法，我们对江苏省2015年251本科技期刊进行了分类，并根据国务院学位委员会划分的哲学、经济学、法学、教育学、文学、历史学、理学、工学、农学、医学、军事学、管理学、艺术学13大类学

表2-3　江苏省科技期刊不同学科分类人员结构（2015年）

学科门类	学科类别	期刊数量/种	平均采编人员/人	总平均人员/人	采编人员占比
理学	自然科学总论 N	27	4.52	6.33	71.35%
	数理科学和化学 O	9	3.78	5.89	64.15%
	天文学、地理科学 P	15	3.47	4.53	76.47%
	生物科学 Q	8	4.50	6.38	70.59%
	小计	59	4.14	5.81	71.14%
工学	工业技术 T	104	4.20	6.55	64.17%
	交通运输 U	7	3.86	7.57	50.94%
	航空、航天 V	3	6.00	6.33	94.74%
	环境科学、安全科学 X	6	3.00	6.00	50%
	小计	120	4.17	6.58	63.37%
农学	农业科学 S	27	4.81	6.85	70.27%
医学	医学、卫生 R	45	4.38	6.18	70.86%

科门类对期刊进行了学科对应。通过比较可以看出，对理论要求较高的理学、医学、农学学科门类中，期刊采编人员所占比例较高，均在70%以上，分别为71.14%、70.86%、70.27%，工学只有63.37%，低于2015年全省科技期刊采编人员占总人数的比例（67.15%）；如果细致到具体学科，则比例最高和最低者均在工学门类中，如最高的航空类期刊的采编人员比例达到了94.74%，而最低的环境科学类只有50%。

从人数来看，平均采编人员最多的为农业科学类（S）期刊，刊均有4.81名采编人员；高于2015年全省科技期刊刊均采编人数的4.27人。如果细致到学科，则刊均人数较高的学科有：自然科学总论（N）4.52人、生物科学（Q）4.50人和医学、卫生（R）4.38人。人员结构配备与期刊类型也有一定关系，我们对比统计了2015年科普类、学术类科技期刊的人员结构，并设计了两者人员结构对比表，参见表2-4。

表2-4　江苏省科普类、学术类科技期刊人员结构对比（2015年）

期刊类型	期刊数量/种	平均采编人员/人	平均总人员/人	采编人员占比
科普类	18	5.33	9.39	56.80%
学术类	233	4.18	6.12	68.37%

可以看出，科普类期刊平均总人数和采编人员数量都高于学术类期刊，但是采编人员比例远低于学术类期刊，这是由于科普类期刊面广量大，出版频率更加频繁，在发行及后勤管理上需要更多的人力，势必在非采编人员配备上有所侧重，这也是科普期刊特征所决定的。

从期刊主办机构方面来考察杂志社的人员配备，也可以看出某种端倪。根据主办机构类型，我们将其归纳为：高等院校、各级学会与协会、企业、科研院所、政府机构及医院等，并统计了各类机构主办的期刊数量、采编人员数量及比例等，具体数据参见表2-5。

表2-5　江苏省科技期刊不同主办单位人员结构（2015年）

机构类型	期刊数量/种	平均采编人员/人	平均总人员/人	采编人员占比
高等院校	87	4.45	5.67	78.50%
协会、学会	53	4.53	6.98	64.86%
企业	48	3.98	7.13	55.85%
科研院所	46	3.89	6.07	64.16%
政府机构	11	4.45	6.73	66.22%
医院	6	4.17	6.17	67.57%

由表2-5可以看出，高等院校主办的期刊采编人员所占比例最高，达到78.50%，之后依次为医院（67.57%）、政府机构（66.22%）、协会或学会（64.86%）和科研院所（64.16%），企业主办的期刊采编人员占比最低，为55.85%。究其原因，一方面，高校更偏重理论研究且大多为综合类科技期刊，需要的编辑涉及多个学科，一位编辑难以涉足众多学科，所以相对而言配备的专业编辑较多；另一方面，高等院校所办期刊在发行上投入较少，主要以邮局发行为主，所以，采编人员的比例较高也在情理之中。科研院所和学会主办的期刊一般集中在某一领域研究，相对在编辑专业上较为集中，虽然也需要大量专业编辑人员，但由于专业相对集中，在编辑上易于统筹，所以采编人员的比例相对少于高等院校主办的期刊。而企业所办的期刊强调自负盈亏，需要花费大量的精力在期刊的发行推广上，甚至还会派生出大量与期刊发行推广相关的工作，则势必在经营管理人员配备上有所重视，这也符合企业期刊办刊规律。

二、人才层次结构分析

科技期刊需要具备与期刊所属学科相关的专业人才，不仅需要他们具有一定专业背景，也需要他们对学科专业具有较深认识和对学科发展具有一定洞察力，只有大量高学历、高职称的人才进入编辑部，才能提高期刊的办刊水平。这也是我们考察江苏省科技期刊队伍人才层次的目的，并借此从多角度了解江苏省科技期刊人才队伍，促进江苏省科技期刊人才队伍建设的发展。

本节主要考察各个期刊编辑部的专业技术性人才，也就是专业编辑的配备情况。除了从数量上考察以外，我们还要进一步分析期刊工作人员的学历、职称情况，以对江苏省期刊人才水平做出进一步判断。表 2-6 列出了 2011—2015 年全省科技期刊工作人员的学历情况。

表 2-6　江苏省科技期刊工作人员学历结构统计（2011—2015 年）

人数（人）及比例　年份　学历	2011		2012		2013		2014		2015	
	人数	比例	人数	比例	人数	比例	人数	比例	人数	比例
本科及以上	1309	77.50%	1440	80.27%	1394	82.58%	1366	84.79%	1373	86.08%
大专	243	14.39%	264	14.72%	227	13.45%	198	12.29%	179	11.22%
中专及以下	137	8.11%	90	5.01%	67	3.97%	47	2.92%	43	2.70%
合计	1689	100%	1794	100%	1688	100%	1611	100%	1595	100%

从表 2-6 可以看出，尽管从 2011 年到 2015 年，期刊工作人员总人数有所减少，但是本科以上学历人数基本保持在 1300 人以上，且比例逐年增加，从 2011 年的 77.50% 增加到 2015 年的 86.08%。大专、中专及以下人员数量和比重都有所减少，大专学历人员从 2011 年占比 14.39% 下降到 11.22%，中专及以下学历更是从 8.11% 下降到 2.70%。这种状况反映了各编辑部对新进人员的学历有了极为严格的把握，促进了江苏省科技期刊高学历人才的引进，学历层次不断优化。

江苏省科技期刊界，除了学历层次在不断提升，高级职称数量和比例也得到了缓慢提升。虽然"十二五"期间，江苏省许多高级职称的工作人员到了退休年龄离开了编辑岗位，但新鲜血液补充了这些空缺，不论正高还是副高职称，在数量上都没有出现下滑，比例上还呈现出缓慢上升的趋势。众所周知，编辑出版专业初、中级职称要在一定学历、工作年限及一定的科研成果的基础上，并通过统一考试才能获得。而高级职称更需要经过严格的业绩成果、学术水平评判等综合评审才能得以任职。因此，期刊工作人员的职称情况反映了科技期刊的人才发展和综合实力水平。表 2-7 给出了 2011—

2015 年江苏省科技期刊工作人员职称统计情况。

表 2-7　江苏省科技期刊工作人员职称结构统计（2011—2015 年）

人数（人）及比例 / 年份 职称	2011		2012		2013		2014		2015	
	人数	比例	人数	比例	人数	比例	人数	比例	人数	比例
正高级职称	323	19.12%	339	18.90%	336	19.90%	337	20.92%	338	21.19%
副高级职称	424	25.10%	431	24.02%	414	24.53%	410	25.45%	411	25.77%
中级职称	485	28.72%	505	28.15%	485	28.73%	489	30.35%	487	30.53%
初级及无职称	457	27.06%	519	28.93%	453	26.84%	375	23.28%	359	22.51%
合计	1689	100%	1794	100%	1688	100%	1611	100%	1595	100%

　　从表 2-7 中的数据可以看出，在 2011—2015 年期刊工作人员总数减少的情况下，中级以上职称人数均无明显变化比重，反而略有增加，初级及无职称人员数量和比例均下降明显，不仅人员数量从 2011 年的 457 人下降到 2015 年的 359 人，比重也从 27.06% 下降到 22.51%，除去总人数减少的大环境外，说明一部分人员获得了职称晋升。高级职称评审年限往往需要 3 ~ 5 年工作经历，因此 5 年来没有明显变化，但是高级职称人员基本保持在 45% 左右的比例，说明江苏省科技期刊队伍具有较高的专业水准。

　　为了考察不同学科科技期刊在人员配备上是否有特别要求，以及对学历、职称等人才结构上是否显示了特别的信息，我们对 2015 年的江苏省科技期刊在不同学科分类下的学历、职称人才结构进行了统计，详细数据参见表 2-8。

表 2-8　江苏省科技期刊不同学科分类人才结构统计（2015 年）

学科门类	学科分类	期刊数量/种	本科及以上人员		高级职称人员	
			刊均/人	占比	刊均/人	占比
理学	自然科学总论 N	27	5.22	82.46%	3.11	49.12%
	数理科学和化学 O	9	4.78	81.13%	3.00	50.94%
	天文学、地理科学 P	15	4.07	89.71%	2.93	64.71%
	生物科学 Q	8	5.00	78.43%	2.50	39.22%
	小计	59	4.83	83.09%	2.97	51.02%

学科门类	学科分类	期刊数量/种	本科及以上人员		高级职称人员	
			刊均/人	占比	刊均/人	占比
工学	工业技术 T	104	5.75	87.81%	2.89	44.20%
	交通运输 U	7	4.71	62.26%	2.71	35.85%
	航空、航天 V	3	6.00	94.74%	1.00	31.58%
	环境科学、安全科学 X	6	5.33	88.89%	2.67	44.44%
	小计	120	5.68	86.31%	2.85	43.35%
农学	农业科学 S	27	6.15	89.73%	3.63	52.97%
医学	医学、卫生 R	45	5.36	86.69%	2.98	48.20%

由表 2-8 可见，农学类期刊编辑的学历层次最高，89.73% 人员为本科以上学历，其次是医学类期刊为 86.69%、工学类期刊 86.31%，理学类期刊反而学历层次相对偏低，本科以上学历人员占 83.09%，低于江苏省科技期刊的平均水平 86.08%。之所以农学、医学类期刊学历层次更高一些，是因为从事两个学科门类的期刊编辑必须要具备相关专业知识，而具有这类专业知识的人员基本都具有本科以上学历。从职称结构来看，农学类期刊所拥有的高级职称人员比例最高，为 52.97%，其次是理学类 51.02%、医学类 48.20%，而工学类期刊最低为 43.35%，低于整个科技期刊的平均水平 46.96%。虽然工学类期刊编辑的高级职称人员比例较低，但我们通过对五年的数据分析，该门类期刊的高级职称人员比例在逐步上升。

由于科普类期刊和学术类期刊对编辑的学术水平和学历层次要求的重点不完全相同，为此我们分别统计了科普类期刊和学术类期刊人才结构，表 2-9 为江苏省 2015 年科普类、学术类科技期刊的人才结构对比数据。

表 2-9　江苏省科普类、学术类科技期刊人才结构对比（2015 年）

期刊类型	期刊数量/种	本科及以上人员		高级职称人员	
		刊均/人	占比	刊均/人	占比
科普类期刊	18	7.33	78.11%	3.22	34.32%
学术类期刊	233	5.33	87.03%	2.97	48.46%

从表 2-9 中的数据可以看出，在刊均高学历、高级职称人数上，科普类期刊高于学术类期刊，这是由于科普类期刊编辑部平均人员远多于学术类

期刊，其所占比重就反映出这个问题，学术类期刊本科以上学历人员所占比重高于科普类期刊近 10 个百分点。在高级职称人员比例上，学术类期刊更是高出科普类期刊 14 个百分点。这一对比告诉我们，学术类期刊对人才层次有着更高要求。

通常而言，期刊主办机构对期刊编辑人才的重视也不尽相同，因此统计科技期刊不同主办机构人员学历、职称构成，可为江苏省未来科技期刊人才建设、人才规划提供有力数据，表 2-10 统计了 2015 年江苏省科技期刊不同类型主办机构的人才结构情况。

表 2-10　江苏省科技期刊不同主办单位人才结构统计（2015 年）

机构类型	期刊数量/种	本科及以上人员		高级职称人员	
		刊均/人	占比	刊均/人	占比
高等院校	87	5.15	90.87%	3.09	54.46%
协会、学会	53	5.32	76.22%	2.96	42.43%
企业	48	6.23	87.43%	2.88	40.35%
科研院所	46	5.30	87.46%	2.91	48.03%
政府机构	11	6.18	91.89%	3.09	45.95%
医院	6	5.33	86.49%	2.83	45.95%

从表 2-10 可以看出，政府机构和高校主办的期刊学历层次较高，本科及以上人员分别为 91.89%、90.87%，协会学会的学历层次相对较低，本科及以上人员占 76.22%，低于江苏省科技期刊平均水平 86.08%，这和主办单位本身的准入门槛有关，同样反映到编辑部上。从职称情况来看，高校主办的期刊取得高级职称人数最多，占 54.46%，其次是科研院所，占 48.03%，其余四类均低于平均水平，最低的为企业，取得高级职称的人员仅占 40.35%，这和主办单位本身的学术氛围和对科研的重视程度息息相关。

2012 年 7 月，原新闻出版总署正式印发《关于报刊编辑部体制改革的实施办法》，科技期刊出版管理体制改革拉开了帷幕。去行政化就是改革的重点之一。我们对 2011—2015 年江苏省科技期刊编辑部人员编制情况进行了统计，详细数据参见表 2-11。

表 2-11　"十二五"期间江苏省科技期刊编辑部人员编制分布情况

人员类型	2011 年		2012 年		2013 年		2014 年		2015 年	
	人数	比例	人数	比例	人数	比例	人数	比例	人数	比例
在编人员	1364	80.76%	1446	80.60%	1349	79.92%	1259	78.15%	1258	78.87%
聘用人员	325	19.24%	348	19.40%	339	20.08%	352	21.85%	337	21.13%
合计	1689	100%	1794	100%	1688	100%	1611	100%	1595	100%

从表 2-11 中的数据可以看出，"十二五"期间，江苏省科技期刊在编人员比例缓慢下降，聘用人员比例略有提升，特别是 2012 年以后，在编人数明显下降，充分显现出科技期刊办刊队伍的社会化趋势。为此，我们进一步对 2015 年不同主办机构类型的科技期刊在编人员情况进行了统计，详细数据参见表 2-12。

表 2-12　江苏省科技期刊不同主办单位在编人员统计（2015 年）

机构类型	期刊数量/种	平均在编人员/人	总平均人员/人	在编人员占比
高等院校	87	4.71	5.67	83.16%
协会、学会	53	5.08	6.98	72.70%
企业	48	6.02	7.13	84.50%
科研院所	46	4.63	6.07	76.34%
政府机构	11	4.36	6.73	64.86%
医院	6	4.83	6.17	78.38%

从统计数据来看：2015 年，除企业主办的期刊在编人员比较高以外，其他类型机构主办的期刊在编人员数相差都不大，如果考虑到聘用人员，则企业、协会与学会主办的期刊人员较多；如果比较在编人员比例的话，政府机构主办的期刊在编人员比例最低，为 64.86%，平均在编人数最少，为刊均 4.36 人。企业主办期刊的人员不仅总人数最多，在编人员的比例也是最高的，当然，企业的在编人员与事业单位的在编恐怕是有一定区别的。通过人员编制的统计分析，可以看出，期刊杂志社的企业化是市场和改革的要求，同时也反映了期刊杂志社在用人方面的规范意识较高。

由于在编人员分析对政府机构主办的期刊更具敏感性，因此我们特别对江苏省政府机构主办的期刊在编人员进行了统计分析，表 2-13 给出了江苏省政府机构主办的 10 种期刊编辑部在编人员情况。

表 2-13   政府机构主办的科技期刊在编人员统计（2011—2015 年）

在编人员（人）及比例 \ 年份 期刊名称	2011		2012		2013		2014		2015	
	人数	比例	人数	比例	人数	比例	人数	比例	人数	比例
能源研究与利用	5	100%	5	100%	5	71.43%	5	71.43%	5	71.43%
江苏农机化	5	83.33%	5	83.33%	3	75.00%	3	75.00%	3	75.00%
环境监测管理与技术	5	100%	5	100%	3	60.00%	3	60.00%	2	50.00%
江苏预防医学	5	83.33%	5	83.33%	8	100%	8	100%	6	85.71%
江苏卫生保健	7	87.50%	9	90.00%	9	90.00%	9	90.00%	5	83.33%
未来科学家	4	36.36%	5	41.67%	4	36.36%	4	40.00%	4	40.00%
防灾减灾工程学报	4	100%	4	100%	4	100%	4	100%	5	100%
江苏安全生产	7	77.78%	7	77.78%	6	75.00%	6	75.00%	7	70.00%
环境科技	5	100%	4	80.00%	4	40.00%	5	50.00%	4	80.00%
环境监控与预警	5	55.56%	5	57.14%	5	55.56%	4	44.44%	3	37.50%
合计	57	67.06%	58	74.36%	54	68.35%	52	68.42%	48	64.86%

表 2-13 给了我们这样的信息，无论从单本期刊还是汇总情况来看，2012 年以后，江苏省 10 种由政府机构主办的科技期刊在编人员的数量和比例都有明显下降，再一次验证了科技期刊编辑部改革的实践。同时，我们还应该看到，这一方面顺应了国家新闻出版体制改革的趋势，但也对办刊队伍在人事管理方面提出了新的要求。

三、编务人员配备

期刊的编辑、出版、发行涉及各类人员，也就是说支持期刊的运作编务队伍除了采编人员以外，还要包括行政服务人员、广告工作人员和发行工作人员等，近年来又增添新媒体工作人员等其他工作人员。由于期刊年检数据主要记录了前三类。所以，我们主要考察这三类人员的情况。表 2-14 统计了江苏省"十二五"期间科技期刊的编务人员数量状况。

从表 2-14 中数据可以看出，从人数上看，行政服务人员和广告工作人员经历了 2011 年到 2012 年的一个急剧增加以后，开始呈现出人员下降趋势，而发行工作人员则从 2011 年开始，人员逐年减少，并在后两年趋于稳

表 2-14　"十二五"期间江苏省科技期刊编务人员数量统计

人数（人）及比例 / 人员类型	2011		2012		2013		2014		2015	
	人数	比例	人数	比例	人数	比例	人数	比例	人数	比例
行政服务人员	199	11.78%	238	13.3%	228	13.51%	189	11.73%	190	11.91%
广告工作人员	112	6.63%	126	7.04%	110	6.52%	102	6.33%	86	5.92%
发行工作人员	149	8.82%	144	8.05%	133	7.88%	129	8.02%	130	8.15%

定；从比例上看，这三类人员都呈现出波动减少的趋势。从具体数据上看，2012 年是一个拐点，期刊编务人员数量在经历上升以后，开始逐步减少。究其原因，2011 年 5 月，《中央办公厅、国务院办公厅关于深化非时政类报刊出版单位体制改革的意见》（中办发〔2011〕19 号）正式颁布，报刊业体制改革的号角正式吹响。《意见》中指出，"非时政类报刊出版单位中不具有独立法人资格的报刊编辑部原则上不单独转制，区别不同情况，并入其他新闻出版传媒企业或予以撤销。"但是《意见》对"科研部门和高等学校主管主办的非独立法人科技期刊、学术期刊编辑部"尚没有明确规定，"另行制定具体改革办法"。这似乎导致了相关出版单位在不能"一步到位"转制的情况下，"暂时"分流部分人员到科技期刊编辑部，为下一步转制做好准备，从而造成了 2012 年编务人数的上升。到了 2012 年 7 月，《实施办法》正式印发，对科技期刊和学术期刊编辑部体制改革做了明确规定，科技期刊出版管理体制改革正式拉开帷幕，整合资源、转企改制正是主要原则和方向，自此以后，编务人员开始逐步减少，正式接受市场的考验和筛选。

　　对期刊编务人员的细致考察，可以发现期刊运作的重点所在。因此，我们对江苏省 2015 年科技期刊编务人员的分布情况进行了统计，详见表 2-15。

表 2-15　江苏省科技期刊在编编务人员分布情况统计（2015 年）

期刊数量（种）及比例 / 人员类型	0		1		2		3 人及以上	
	数量	比例	数量	比例	数量	比例	数量	比例
行政服务人员	109	43.43%	110	43.83%	24	9.56%	8	3.19%
广告工作人员	188	74.90%	45	17.93%	15	5.98%	3	1.20%
发行工作人员	149	59.36%	82	32.67%	17	6.77%	3	1.20%

　　需要说明的是，表格顶行的 0、1、2 等，是指期刊在编编务人员的数量，"0"表示没有编务人员的杂志社数量与比例，"1"表示有一位编务人员的杂志社的数量与比例，依次类推。可以看出，目前江苏省仍有 74.90% 和 59.36% 的科技期刊还没有配备广告和发行工作人员，均超过一半以上，还有四成的科技期刊没有配备行政服务人员。配备了相关编务人员的期刊中，大部分期刊也仅配备了 1 人。可以看出，目前江苏省科技期刊界对于期刊的运作和经营管理重视尚不够，对期刊的推广发行及服务方面尚有待加强。

　　第一章分析中指出，期刊工作人员会随着出版周期的缩短而增加，出版周期越短，期刊的发行、服务和其他行政工作越多，会增加非采编人员的数量。为了考察各类编务人员配备情况与期刊出版周期的关系，我们统计了 2015 年江苏省科技期刊不同出版周期的人员结构分布情况，详细数据参见表 2-16。

表 2-16　江苏省科技期刊不同出版周期编务人员结构（2015 年）

出版频率	期刊数量/种	总平均人员/人	行政服务人员		广告工作人员		发行工作人员	
			刊均/人	占比	刊均/人	占比	刊均/人	占比
季刊	48	4.33	0.5	12.5%	0.06	1.44%	0.17	3.85%
双月刊	130	5.6	0.69	12.36%	0.22	3.85%	0.46	8.24%
月刊	56	7.89	0.79	9.95%	0.68	8.60%	0.63	7.92%
半月刊	12	13.25	1.67	12.58%	1.17	8.81%	1	7.55%
旬刊	4	8.25	0.75	9.09%	0.75	9.09%	1.75	21.21%
周刊	1	25	7	28%	0	0	8	32%

　　从表 2-16 中的数据可以看出，发行工作人员和出版频率的关系最为密切，无论是刊均人数还是人员比重都会随着出版周期的缩短显著增多。行政服务人员的比重没有明显变化趋势，不过刊均配备人数基本呈现出与出版周期、发行量为正相关，也就是出版频率越高、发行量越大，刊均行政服务人数会相对增多。在广告工作人员的情况上，年检数据显示周刊的广告工作人员为 0，通过调查我们发现，省内唯一为周刊的科技期刊是《科学大众》，由于它的发行都是进学校，所以实际工作中发行人员同时兼任广告人员。这样一来，广告人员的比重也同样呈现出与出版频率的正相关关系，即出版频率越高，广告工作人员的比重也越高。

　　通过对比发现，科普类期刊采编人员比例远低于学术类期刊，也就是说科普类期刊的编务人员配备要高于学术类期刊，为了具体分析编务人员结构，我们统计了2015年科普类、学术类科技期刊各类编务人员情况，详细数据见表2-17。

表2-17 江苏省科普类、学术类科技期刊编务人员结构对比（2015年）

期刊类型	期刊数量/种	总平均人员/人	行政服务人员		广告工作人员		发行工作人员	
			刊均/人	占比	刊均/人	占比	刊均/人	占比
科普类期刊	18	9.39	1.44	15.38%	0.56	5.92%	1.28	13.61%
学术类期刊	233	6.12	0.70	11.50%	0.33	5.33%	0.46	7.50%

从表2-17可以看出，无论是刊均人数数量，还是编务人员所占比重上，江苏省科普期刊的行政服务人员、广告工作人员及发行工作人员等各类编务人员都要远高于学术类期刊，科普期刊在行政服务人员、发行工作人员的刊均人数上都是学术期刊的1倍以上，广告人员数量也接近1倍。不仅在数量上的绝对高出，就是这些人员占期刊人员的比重，也都高出不少，足以说明科普类期刊对期刊运作管理和发行的重视。

为了考察不同主办单位对于编务人员的重视程度，我们统计了2015年江苏省不同类型主办机构的科技期刊编务人员结构，详见表2-18。

表2-18 江苏省科技期刊不同主办单位编务人员结构（2015年）

机构类型	期刊数量/种	总平均人员/人	行政服务人员		广告工作人员		发行工作人员	
			刊均/人	占比	刊均/人	占比	刊均/人	占比
高等院校	87	5.67	0.62	10.95%	0.11	2.03%	0.26	4.67%
协会、学会	53	6.98	0.81	11.62%	0.42	5.95%	0.64	9.19%
企业	48	7.13	0.94	13.16%	0.75	10.53%	0.77	10.82%
科研院所	46	6.07	0.70	11.47%	0.30	5.02%	0.50	8.24%
政府机构	11	6.73	0.91	13.51%	0.18	2.70%	0.91	13.51%
医院	6	6.17	1.00	16.22%	0.33	5.41%	0.50	8.11%

通过分析表2-18中数据可以看出，企业较为重视编务人员，其行政服务、广告、发行工作人员数量和比重都较高。细分来看，医院、政府机构主办的期刊最为重视行政服务人员，这和机构自身重视行政管理有关；高校、政府机构相对忽视期刊广告的作用，在广告人员的配备上较为薄弱；政府机

构主办的期刊最为重视发行工作人员，人员占比远高于其他类型单位主办的期刊，而高等院校却往往不太重视期刊的发行。

第二节　江苏省科技期刊办刊资源与管理机制

科技期刊的质量高低，学术影响力大小，并不仅仅是发表几篇有影响的文章，也不是单纯学术影响指标高低指标所确定了的，而是涉及期刊的办刊资源，以及期刊的运营管理机制等多个方面。例如，期刊的主管机构的权威性，主办机构的学术地位和学术环境，期刊编委会的构成及期刊制度建设和管理机制等，都可能影响到期刊的影响力。

一、办刊资源

由中华人民共和国国务院颁布的《出版管理条例》规定，我国期刊实行主管主办制度。江苏省科技期刊界完全按照国家《出版管理条例》的要求，采取了主管、主办和出版三级管理体系，期刊出版已步入规范化和制度化的轨道。

1. 主办单位分析

科技期刊主办机构的学术氛围在很大程度上反映了科技期刊的学术质量和学术影响力，为了细致了解不同类型的主办机构所主办期刊的质量和影响，这里我们专门考察各类机构主办期刊的情况。第一章我们将主办机构归纳了六大类型：高等院校、行业协会与学会、科研院所、企业、医院和政府部门，我们将首先了解这几类机构主办期刊的基本情况。由于"十二五"期间，江苏省科技期刊的主办机构基本没有什么变化，为了清晰显示江苏省科技期刊主办机构的状况，我们仅对 2015 年的数据进行了统计，表 2-19 给出了江苏省科技期刊的不同机构类型主办单位数量及其多机构合作主办的统计。需要说明的是，对于多机构合作主办的期刊，我们主要以第一主办机构归类。

表 2-19　江苏省科技期刊主办单位多元化情况（2015 年）

主办机构类型及期刊数量（种）		一个主办机构		两个主办机构		三个主办机构		四个及以上机构	
机构类型	期刊数量	数量	比例	数量	比例	数量	比例	数量	比例
高等院校	87	72	82.76%	13	14.94%	1	1.15%	1	1.15%
协会、学会	53	27	50.94%	14	26.42%	10	18.87%	2	3.77%

续表

主办机构类型及 期刊数量（种）		一个主办机构		两个主办机构		三个主办机构		四个及 以上机构	
机构类型	期刊数量	数量	比例	数量	比例	数量	比例	数量	比例
企业	48	31	64.58%	17	35.42%	0	0	0	0
科研院所	46	33	71.74%	12	26.09%	1	2.17%	0	0
政府机构	11	3	27.27%	7	63.64%	1	9.09%	0	0
医院	6	6	100%	0	0	0	0	0	0
合计	251	172	68.53%	63	25.10%	13	5.18%	3	1.20%

科技期刊具有非营利的属性，长远发展离不开学术资源与资金支持。近三成科技期刊选择联合主办，将学术资源和社会力量办刊有机结合，增强实力。特别是政府机构中有七成以上为联合办刊，说明江苏省在科技期刊办刊的过程中，注重资源互补、优势互补、强强联合，为科技期刊改革提供了现实依据。具体分析了联合办刊模式，主要为来自企业、科研院所、行业协会的合作。当然，虽然联合办刊，使得办刊资源增加了，但同时也可能带来其他问题，如办刊的目标可能会分散，各自为自己的利益打算，可能会影响期刊主体地位的重塑。

2. 主管部门分析

期刊的主管部门通常是主办机构的直属管理部门，也有些为行业政府管理部门，第一章统计了"十二五"期间江苏省科技期刊的所有主管部门，将其分为国务院有关部门、省市级政府有关部门、科研院所、企业研究机构、社会团体和主办单位主管机构六大类，由于"十二五"期间，江苏省科技期刊主管单位几乎没有发生什么变化，所以我们仅对2015年江苏省科技期刊的主管部门进行了有关统计，详细数据参见表2-20。

表2-20　江苏省科技期刊主管、主办单位分布情况（2015 年）

主管主办\主办单位 期刊数量/种 主管单位	期刊 数量	高等 院校	协会、 学会	企业	科研 院所	政府 机构	医院
国务院有关部门	54	35	7	0	12	0	0
省市级政府有关部门	100	48	19	4	15	10	4

续表

主管主办 主办单位 期刊数量/种 主管单位	期刊数量	高等院校	协会、学会	企业	科研院所	政府机构	医院
科研院所	13	1	6	0	6	0	0
企业研究机构	8	0	0	1	7	0	0
社会团体	21	2	18	1	0	0	0
主办单位主管机构	55	1	3	42	6	1	2
合计	251	87	53	48	46	11	6

考察表 2-20 中的数据，高校独立主办或作为第一主办单位主办了 87 种期刊，有 83 种由各级教育部门主管，占总数的 95.40%，有 2 种为中国科协主管，另各有 1 种为本校或本校科研院所主管。各类协会、学会主办的 53 种期刊中，有 26 种主管单位仍为行业协会的业务主管行政部门，占总数的近一半，有 6 种为中科院等科研院所主管，有 18 种为中国科协等社会团体主管，还有 3 种为协会挂靠企业主管。企业主办的 48 种期刊中，有 4 种为企业所属政府部门主管，1 种为行业协会主管，其他近九成均为所在企业集团或企业研究机构主管。科研院所主办的 46 种期刊中，有 27 种、近六成为相关政府部门主管，有 13 种为中科院或企业科研机构主管，还有 6 种为所在企业集团主管。政府机构主办的 11 种期刊中，10 种为所属政府部门主管，还有 1 种出省教育厅和省教育台联合主办的科技期刊为省广电总台主管。医院主办的 6 种期刊中，4 种为卫生部门主管，2 种为所在高校主管。

横向分析可以看到，国务院有关部门主管了江苏省科技期刊 53 种，主办单位涉及高等院校（35 种）、协会与学会（7 种）、科研院所（12 种）；省市有关部门作为主管单位，主管了江苏省科技期刊 100 种，涉及所有类型的主办单位；科研院所作为主管部门主管了 13 种期刊；企业研究机构主管了 8 种期刊；社会团体主管了 21 种期刊；主办单位的主管机构主管了 55 种期刊，也涉及每一类主办单位。

从以上分析可以看出，占总数六成以上的期刊主管机构仍为政府机关，主要集中在高校、政府机构和医院主办的期刊，表现出出版资源行政化配置的历史遗留问题。此外，企业主办的期刊主管单位也相对一致，体现出一定的独立性。另外，协会学会和科研院所主办的期刊体现出主管单位多元化现象，这会导致主办单位对其期刊进行管理、服务的同时要面临多个主管单位的管理。随着国家文化体制改革的不断深入，特别是行业协会、科研院所的规范化管理，这种状况将会逐步得到改善，也将进一步推动科技期刊出版管理制度的完善。

3. 出版单位分析

根据《出版管理规定》，法人出版期刊不设立期刊社的，其设立的期刊编辑部视为期刊出版单位。而2012年7月原新闻出版总署发布的《实施办法》提到"原则上不再保留报刊编辑部体制，对现有报刊编辑部，区别不同情况实施不同改革办法"。但从总体上看，目前江苏省科技期刊的出版单位仍多以非法人编辑部为主，共有200多种期刊，而具备市场主体地位的只有30多种期刊，涉及出版单位20多家。

例如，事业法人性质的出版单位有：《中国校医》杂志社、《临床皮肤科杂志》编辑部、《江苏医药》编辑部、《口腔医学》编辑部、《科学大众》杂志社、《汽车维护与修理》杂志社、《中国建筑防水》杂志社、《现代城市研究》编辑部、《未来科学家》编辑部、《江苏农村经济》杂志社、《中国工作犬业》杂志社等。

企业法人性质的出版单位有：科学出版社（出版6种期刊）、江苏苏豪传媒有限公司（7种）、中禽传媒（江苏）有限公司（2种）、《物理之友》编辑部、江苏《室内》杂志社、《江苏预防医学》编辑部、江苏《水泥工程》杂志社、《中华医学杂志》社有限责任公司（3种）、徐州矿务报业传媒公司、《江苏电机工程》编辑部、江苏《机电信息》杂志社有限公司、《数学之友》杂志社、《现代面粉工业》杂志社、南京东南大学出版社有限公司、中国科技出版传媒股份有限公司（2种）。

为了解江苏省科技期刊出版单位性质的详细情况，并分析它们"十二五"期间的变化情况，我们统计了2011—2015年江苏省科技期刊各类型出版单位的数量和比例，详见表2-21。

表2-21　"十二五"期间不同类型出版单位数量统计

期刊数量/种　单位性质	2011		2012		2013		2014		2015	
	数量	比例	数量	比例	数量	比例	数量	比例	数量	比例
非法人编辑部	227	89.72%	221	87.34%	218	86.17%	216	85.71%	214	85.26%
事业法人	14	5.54%	14	5.54%	14	5.53%	13	5.16%	12	4.78%
企业法人	12	4.74%	18	6.72%	21	8.30%	23	9.13%	25	9.96%

从 2011 到 2015 年的发展情况来看，非法人编辑部和事业法人出版单位数量分别减少了 13 家和 2 家，企业法人出版单位增加了 13 家，从表 2-21 中的数据也可以看出，非法人编辑部、事业法人出版单位的数量和比例在逐年下降，企业法人比例则呈逐年上升的趋势。但是即使到了 2015 年，在 251 种期刊中，以非法人编辑部作为出版单位的，仍占总数的 85.26%，说明期刊出版的改革任重道远。

观察不同类型出版单位在经费来源上的区别，我们统计了 2015 年各类出版单位的经费来源情况，详见表 2-22。

表 2-22　江苏省科技期刊不同出版单位经费来源统计（2015 年）

出版单位类型	经费来源	期刊数量/种		比例	
事业法人	全额拨款	3	12	1.20%	4.78%
	差额	1		0.40%	
	自收自支	8		3.19%	
企业法人		25	25	9.96%	9.96%
非法人编辑部	主办单位拨付	125	214	49.80%	85.26%
	拨付与自筹	46		18.33%	
	自筹	38		15.14%	
	其他专项资助	5		1.99%	

从表 2-22 可以看出，全省共有 50% 的科技期刊有拨款。例如，事业法人性质的出版单位有 1.2% 的全额财政拨款；非法人编辑部主办单位有 49.80% 的经费由主办单位拨付；共有 28.29% 的科技期刊在独立经营，包括事业法人有 3.19% 的自收自支，企业法人的有 9.96% 自负盈亏，非法人编辑部的有 15.14% 依靠自筹经费。分析利弊，没有经营压力的科技期刊可以花费更多的精力用在学术提升上，但随着期刊集团化发展，期刊杂志社也必须要培育自己的经营能力。

不同类型的期刊主办机构在经费的支持上也有不小差别，为了清晰地了解各种类型的期刊主办机构的经费来源情况，我们以 2015 年为例，统计了 214 种非法人期刊的不同类型主办单位的经费来源情况，详细数据参见表 2-23。

表2-23　江苏省科技期刊不同类型主办单位经费支持情况（2015年）

数量(种)及比例　经费来源　机构类型	主办单位拨付		拨付与自筹		自筹		其他专项资助		小计
	数量	比例	数量	比例	数量	比例	数量	比例	
高等院校	58	70.73%	14	17.07%	9	10.98%	1	1.22%	82
协会、学会	16	39.02%	9	21.95%	12	29.27%	4	9.76%	41
企业	19	51.35%	8	21.62%	10	27.03%	0	0	37
科研院所	21	50.00%	14	33.33%	7	16.67%	0	0	42
政府机构	8	100%	0	0	0	0	0	0	8
医院	3	75.00%	1	25.00%	0	0	0	0	4
合计	125	58.41%	46	21.50%	38	17.76%	5	2.34%	214

分析表2-23中的数据，江苏省214个非法人编辑部的经费来源中，58.41%由主办单位拨付，21.50%为拨付与自筹结合，17.76%为自筹，还有2.34%为专项资助。分类来看，政府机构、医院和高校为主办单位的拨付比例最高，行业协会和企业为主办单位的自筹比例最高，专项资助集中在行业协会主办的科技期刊。此外，在财务管理方式上，共有占比为17.76%的38家非法人编辑部实现了独立核算。

江苏省251种科技期刊共涉及237个出版单位，平均每个出版单位出版期刊1.06种。详细数据见表2-24。

表2-24　江苏省科技期刊出版单位情况（2015年）

出版单位情况	期刊数量/种		比例	
单刊出版（编辑部）	194	227	77.29%	90.44%
单刊出版（杂志社、期刊社等）	33		13.15%	
出版2种及以上期刊社	2		0.80%	
科学出版社	6		2.39%	
中国科技出版传媒股份有限公司	2		0.80%	
中华医学杂志社有限责任公司	3	24	1.20%	9.56%
江苏苏豪传媒有限公司	7		2.80%	
中禽传媒（江苏）有限公司	2		0.80%	
无锡锡报期刊传媒有限公司	1		0.40%	
徐州矿务报业传媒公司	1		0.40%	

对照表 2-24，江苏省 251 种科技期刊中，仅出版一种期刊的杂志社或编辑部有 227 个，占期刊总数的 90.44%，其中以编辑部作为出版单位的期刊有 194 种，占总数的 77.29%，有 33 种由杂志社或期刊社单刊出版。另外，还有 2 种期刊分别由两家传媒公司出版。有 6 家出版单位出版多于 1 种期刊，其中江苏苏豪传媒有限公司出版 7 种，科学出版社出版 6 种。从目前的情况来看，这种小规模分散设立出版单位的现象可能还将继续存在，这将对出版资源整合构成瓶颈，迟滞科技期刊的集群化发展步伐。

二、编委会组成

期刊编委会是一个以期刊品牌为核心的集体，一般由各学科领域的专家学者组成，他们担负期刊选题、创建栏目及组稿审稿等多方面的工作，强大的编委会可以保障科技期刊的学术品质。科技期刊的编委大多在科研一线。充分发挥编委会的作用，对提高期刊竞争力、开阔办刊思路，有着重要意义。第一章统计了江苏省科技期刊的编委会人数分布和国外编委数量，可以看出江苏省科技期刊界非常重视编委会的作用。为了细分不同学科对期刊编委会的重视程度，表 2-25 根据学科分类对查阅到的 108 种[①]期刊的编委会及国外编委的情况进行了统计。

表 2-25　江苏省科技期刊各学科编委会构成情况（2015 年）

学科门类	学科分类	期刊数量/种	编委总人数/人	刊均编委人数/人	有国外编委的期刊		国外编委总人数/人
					数量/种	比例	
理学	自然科学总论 N	16	478	29.88	2	12.50%	8
	数理科学和化学 O	3	88	29.33	0	0	0
	天文学、地理科学 P	12	740	61.67	3	25.00%	99
	生物科学 Q	4	133	33.25	2	50.00%	14
	小计	35	1439	41.11	7	20.00%	121
工学	工业技术 T	28	1381	49.32	7	25.00%	60
	交通运输 U	3	157	52.33	1	33.33%	11
	航空、航天 V	0	0	0	0	0	0

---

①　第一章为 109 种，本章主要根据分类，有一种期刊不属于表中四大类，故本表只统计了 108 种期刊编委会的情况。

续表

学科门类	学科分类	期刊数量/种	编委总人数/人	刊均编委人数/人	有国外编委的期刊		国外编委总人数/人
					数量/种	比例	
工学	环境科学、安全科学 X	3	114	38	0	0	0
	小计	34	1652	48.59	8	23.53%	71
农学	农业科学 S	13	550	42.31	0	0	0
医学	医学、卫生 R	26	2275	87.5	7	26.92%	93

根据表 2-25 中的数据可以看出，江苏省医学类科技期刊最为重视编委会的组成，编委总人数和刊均编委人数在各学科中均为最高，且有 26.92% 的期刊有国外编委，所占比例也为学科大类中最高，具备一定的国际视野，这和江苏省学科发展优势息息相关。其次是工学类期刊，编委总数、刊均编委人数、有国外编委的期刊占期刊总数的比例均为第二，特别是交通运输（U）的国外编委比例为所有学科中最高，约占三成。针对农学类期刊编委会的组成，在已查阅到的数据中，尚没有配备国外编委，这当然和农学本身的研究更强调本土化应用为主，但是扩展一定的国际视野也不无裨益。

不同的主办单位根据其机构特征也反映了编委会的规模和组织编委会的视野。为了解江苏省不同类型主办单位的科技期刊编委会的组成状况，我们统计了 2015 年各类主办单位的科技期刊编委会组成情况，详见表 2-26。

表 2-26　江苏省各类型主办单位的科技期刊编委会构成情况（2015 年）

机构类型	期刊数量/种	编委总人数/人	刊均编委人数/人	国外编委的期刊		国外编委总人数/人
				数量/种	比例	
高等院校	41	1913	46.66	7	17.07%	51
协会、学会	29	1850	63.79	5	17.24%	163
企业	9	554	61.56	2	22.22%	11
科研院所	20	974	48.7	6	30.00%	45
政府机构	5	212	42.4	0	0	0
医院	4	413	103.25	2	50.00%	15

可以看出，医院主办的科技期刊刊均编委人数和有国外编委的期刊比例最高，这和医学类期刊对编委的重视是一致的。协会学会主办的期刊，刊均

编委会成员数名列第二，企业主办的期刊从行业角度出发，也配备了人数较为众多的编委会，其刊均人数仅次于协会与学会主办的期刊，而其他三类机构主办的刊均编委人数相对较少，都在40余人。具体到国外编委的情况，科研院所主办的期刊有国外编委的期刊比例较高，这和主办单位本身的资源优势相关。相较而言，政府机构主办的期刊编委会则没有国际编委，虽然政府机构主办的机构具有某些方面的限制，但期刊国际化发展的第一步还是希望有国际编委的介入。

三、体制机制

科技期刊的体制机制建设主要涉及业务上的采稿（约稿）制度、发稿管理制度、审稿管理制度，管理上的薪酬制度、奖惩制度、业绩考核制度等。稿源是科技期刊发展的生命力，为了考察如何从制度和经费上进行保障，我们统计了2011—2015年江苏省科技期刊中具有约稿期刊的数量和比例，以及年度稿酬支出等。详细数据参见表2-27。

表2-27　"十二五"期间江苏省科技期刊的采稿制度和年度稿酬支出统计

年度	有采稿约稿制度的期刊数量与比例		年度稿酬支出	
	数量/种	比例	总额/万元	刊均/万元
2011	217	85.77%	1569.42	6.20
2012	219	86.56%	1672.98	6.64
2013	224	88.54%	1699.49	6.72
2014	230	91.27%	1732.14	6.88
2015	234	93.23%	1764.78	7.03

由表2-27可见，江苏省科技期刊绝大部分具有采集稿件和专家约稿制度，所占比例从2011年的85.77%逐年提高到2015年的93.23%。所有的科技期刊都在稿酬上进行了大量投入，年度稿酬支出总额从2011年的1569.42万元逐年增加到2015年的1764.78万元，刊均支出从2011年的6.20万元逐年增加到2015年的7.03万元。可见，江苏省科技期刊普遍重视稿源，通过采稿约稿制度的实施，以及稿酬投入，保障优质稿源，提升科技期刊整体质量水平。

良好的期刊质量，优秀的科技论文刊发，与期刊的审稿制度与发稿管理有着密切关系。为此，我们对2011—2015年江苏省科技期刊的发稿管理、审稿制度的情况进行了统计，详细数据参见表2-28。

表2-28　"十二五"期间江苏省科技期刊的发稿审稿制度统计

年度	有发稿管理制度的期刊		有审稿管理制度的期刊	
	数量/种	比例	数量/种	比例
2011	241	94.88%	244	96.06%
2012	245	96.84%	246	97.23%
2013	246	96.85%	248	97.64%
2014	248	98.41%	248	98.41%
2015	250	99.60%	249	99.20%

　　从表2-28中的数据可以看出，江苏省科技期刊非常重视发稿管理，已基本全面建立了审稿制度。数据显示，江苏省科技期刊具有发稿管理和审稿制度的期刊比例逐年提高，例如，具有发稿管理制度的期刊比例从2011年的94.88%提高到2015年的99.60%，执行审稿制度的期刊比例从2011年的96.06%提高到2015年的99.20%。截至2015年年底，江苏省科技期刊中，仅有1种未建立发稿管理制度，仅有2种没有配备审稿管理制度。

　　在对内管理上，薪酬是激励员工的基本制度。我们统计了2011—2015年江苏省科技期刊的薪酬制度和人员工资投入情况，详细数据参见表2-29。

表2-29　"十二五"期间江苏省出版的科技期刊的薪酬制度和年度人员工资统计

年度	有薪酬制度的期刊		年度人员工资支出		
	数量/种	比例	总额/万元	刊均/万元	人均/万元
2011	202	79.53%	7721.40	30.52	4.57
2012	210	83.00%	9719.99	38.57	5.43
2013	211	83.07%	9781.48	38.66	5.79
2014	218	86.51%	9300.83	36.91	5.77
2015	223	88.49%	9361.13	37.30	5.87

　　表2-29中的数据显示，从2011年到2015年，落实薪酬制度的期刊数量和比例逐年上升，从2011年的79.53%提升到2015年的88.49%，年度人员工资支出一直保持较高水平，并逐年增长，工资支出总额从2011年的7721.4万元增长到2015年的9361.13万元，增长幅度超过20%，人均工资支出更是逐年提升，从2011年的4.57万元增加到2015年的5.87万元，增长了近30%。

合理的奖惩和业务考核机制，对激励员工、提高绩效具有促进作用。我们统计了 2011—2015 年江苏省科技期刊的奖惩考核制度落实情况，详见表 2-30。

表 2-30　"十二五"期间江苏省年出版的科技期刊的奖惩考核制度统计

年度	有奖惩制度的期刊		有业务考核制度的期刊	
	数量/种	比例	数量/种	比例
2011	214	87.25%	212	83.46%
2012	221	87.35%	214	84.58%
2013	224	88.19%	220	86.61%
2014	230	91.27%	224	88.89%
2015	235	93.63%	228	90.84%

表 2-30 显示，"十二五"期间，江苏省科技期刊在落实奖惩制度和业务考核制度方面均有较高比例，并且逐年提升，分别从 2011 年的 87.25%、83.46% 提升至 2015 年的 93.63%、90.84%。通过对比分析可以看出，江苏省科技期刊编辑部的人力资源、特别是学科编辑队伍具有较高水平，通过对薪酬、奖惩、考核制度的统计数据来看，这和编辑部对人事制度的重视和人力资源的投入也是呈正相关的。

第三节　江苏省科技期刊运营模式

江苏省科技期刊在"十二五"期间，积极探索创新运营模式，总体运营状况良好，呈现出稳定的发展态势。期刊运营呈现多元化的特点，出版单位积极拓展特色运营项目，促进期刊发展，增加期刊收入。运营收入主要来自于发行、广告、数字出版、版权输出等形式，因此，可从这几个方面来考察江苏省科技期刊的运营模式。同时，我们还将从主办机构、不同学科门类来深入分析科技期刊运营模式所具有的不同特点，以此发现各类期刊所具有的运营特点，以相互补充。本节将从总体运营状况、期刊发行与经营、期刊收入 3 个方面展现江苏省科技期刊的运营模式。

一、运营状况

科技期刊的利润收益可以看出其运营总体状况。由于不同类型的期刊主

表2-31　2011—2015年江苏省各类主办机构科技期刊盈利状况统计

机构类型＼期刊数量/种	2011 盈利	2011 收支平衡	2011 亏损	2012 盈利	2012 收支平衡	2012 亏损	2013 盈利	2013 收支平衡	2013 亏损	2014 盈利	2014 收支平衡	2014 亏损	2015 盈利	2015 收支平衡	2015 亏损
高等院校	26	47	14	21	64	4	21	61	6	24	59	4	22	61	4
协会、学会	21	22	11	27	14	13	28	15	11	28	12	14	31	13	9
企业	25	13	7	20	15	9	23	18	6	24	14	10	22	14	12
科研院所	22	21	6	27	15	7	23	15	9	23	16	7	25	13	8
政府机构	6	6	0	7	2	2	7	3	1	8	3	0	8	2	1
医院	3	2	1	4	1	1	2	1	3	2	2	2	2	2	2
总计	103	111	39	106	111	36	104	113	36	109	106	37	110	105	36
比重	40.7%	43.9%	15.4%	41.9%	43.9%	14.2%	41.1%	44.7%	14.2%	43.3%	42.1%	14.7%	43.8%	41.8%	14.3%

办单位其运营模式存在差异，它们之间产生的收益也大相径庭。因此，为了细致了解江苏省科技期刊运营收益状况，我们根据主办机构类型对江苏省科技期刊分别进行了统计，主要显示它们的盈利、收支平衡和亏损 3 种状态。表 2-31 统计了"十二五"期间江苏省科技期刊的盈利状况。

表 2-31 显示每年有 15% 左右的期刊是亏损的，盈利和收支平衡的期刊均在 41%~45%。从主办机构类型来看：高等院校主办期刊在 2011 年亏损量较大，占当年总亏损期刊的近 1/3，但到 2015 年，仅有 4 家期刊亏损；协会与学会主办的期刊亏损较多，各年亏损都在 20% 左右，最高一年达25.93%；企业主办期刊亏损也呈增加趋势，已从 2011 年的 15.56% 上升到2015 年的 25%；科研院所主办的期刊亏损比例一直在 12% 至 20% 之间徘徊；政府机构主办的期刊，由于其发行稳定，亏损期刊较少；医院系统主办的期刊亏损比例较大，最高一年一半的期刊亏损，近两年也有 1/3 的期刊亏损。

二、期刊发行与经营

在传统的纸质期刊出版时代，期刊的运营经费主要来自于期刊的发行收入，但随着网络的发展，期刊数字出版和期刊全文数据库（如 CNKI 等）的迅速发展和普及，期刊的发行收入已不再是期刊收入的主要来源，广告收入、数据库收录下载费用及期刊相关收入逐渐作为期刊运营经费的主要补充，经统计，江苏省科技期刊近年的发行收入仅占期刊运营收入的 40%左右。

1. 发行量统计

由于不同主办机构的期刊其运营经费的来源不同，以及主管机构的经费支持力度不同，所以在发行上也存在一定差异。为了解江苏省科技期刊各类机构的期刊发行情况，我们统计了江苏省"十二五"期间各类主办机构的科技期刊期发行量之和，详细数据见表 2-32。

表 2-32 中数量是指各类机构所主办期刊的单期平均发行量之和，也是所有期刊一期发行量之和，单位是万份。单从表中的发行数量上看，发行量是呈一种小幅波动中下降的趋势，从发行数量所占比重来看，协会与学会主办期刊的发行量占全部发行量的 44%~47.6%，企业和政府机构主办期刊的期平均发行量排在第 2、第 3 位，医院系统主办期刊因其数量较少，发行量较小，排在最后。另外，各类机构主办期刊的期发行量之和所占比重在"十二五"期间基本保持一个相对稳定的格局，即使有些变化其波动也不是

表2-32　2011—2015年江苏省各类主办机构科技期刊平均期发行量统计

数量（万份）与比重　主办机构\年份	2011		2012		2013		2014		2015	
	数量	比重	数量	比重	数量	比重	数量	比重	数量	比重
高等院校	16.78	12.2%	16.88	11.7%	15.41	11.9%	19.84	15.1%	13.78	11.3%
协会、学会	63.25	46.1%	63.64	44.0%	61.08	47.0%	60.13	45.7%	58.07	47.6%
企业	26.00	19.0%	24.94	17.2%	22.28	17.1%	21.29	16.2%	22.53	18.5%
科研院所	10.49	7.7%	11.07	7.6%	10.33	8.0%	9.67	7.3%	10.12	8.3%
政府机构	18.58	13.6%	26.37	18.2%	19.14	14.7%	16.93	12.8%	15.97	13.1%
医院	1.97	1.4%	1.90	1.3%	1.73	1.3%	3.78	2.9%	1.40	1.2%
总计	137.07	100%	144.80	100%	129.97	100%	131.64	100%	121.87	100%

很大。对上述数据需要做一个说明，表中发行数量的数据和各类机构主办的期刊数量有密切关系，该数据主要让我们了解哪些类型机构发行了更多的期刊，仅此而已。

不同学科期刊每期发行了多少份期刊，也是人们十分关注的。为此，我们分学科统计了江苏省科技期刊"十二五"期间各学科期刊的期发行数量之和，数据详见表2-33。

表2-33显示，江苏省科技期刊的发行和期刊发行的大环境是吻合的，各类期刊的发行量趋势都是在小幅波动中下降。从比例上看，期刊数量众多的理学和工学类期刊，它们的发行量各占总发行量的近1/3，农学和医学期刊占据了剩下的另外一个1/3多一些。从各学科门类期刊内部比较：理学类期刊中，以高校学报为主的自然科学总论期刊占近80%；工学类期刊中，工业技术学科期刊占近80%；农学类期刊维持稳定的态势；医学类期刊在2014年发行量提升较快，但2015年又出现了回落。

期刊国际化除了编委、作者的国际化，所载论文研究领域的国际化以外，也需要期刊的发行能够走出中国，走向世界。因此，我们对江苏省科技期刊"十二五"期间的海外发行情况做了统计，以帮助我们了解江苏省科技期刊在期刊发行方面的国际化进展。由于每年的海外发行数量变化很小，故表2-34只统计了2011年和2015年的江苏省各学科科技期刊发行数量。

表2-33　2011—2015年江苏省不同学科的科技期刊平均期发行量统计

数量（万份）与比重　学科分类		2011		2012		2013		2014		2015	
		数量	比重	数量	比重	数量	比重	数量	比重	数量	比重
理学	自然科学总论 N	32.91	78.2%	32.03	65.6%	31.60	79.7%	30.28	80.6%	28.55	80.5%
	数理科学和化学 O	4.41	10.5%	4.51	9.2%	4.00	10.1%	3.57	9.5%	2.84	8.0%
	天文学、地理科学 P	2.12	5.0%	2.13	4.4%	1.66	4.2%	1.50	4.0%	1.57	4.4%
	生物科学 Q	2.62	6.2%	10.17	20.8%	2.40	6.1%	2.22	5.9%	2.49	7.0%
	小计	42.06	30.7%	48.84	33.7%	39.66	30.5%	37.57	28.5%	35.45	29.1%
工学	工业技术 T	36.15	80.8%	33.58	79.4%	32.04	76.8%	31.57	77.8%	31.23	77.8%
	交通运输 U	4.25	9.5%	4.30	10.2%	4.26	10.2%	4.16	10.3%	4.16	10.4%
	航空、航天 V	0.28	0.6%	0.26	0.6%	0.24	0.6%	0.26	0.6%	0.26	0.6%
	环境科学、安全科学 X	4.08	9.1%	4.14	9.8%	5.20	12.5%	4.59	11.3%	4.50	11.2%
	小计	44.76	32.6%	42.28	29.2%	41.74	32.1%	40.58	30.8%	40.15	32.9%
农学	农业科学 S	33.25	24.3%	34.76	24.0%	31.73	24.4%	31.44	23.9%	28.94	23.8%
医学	医学、卫生 R	17.00	12.4%	18.89	13.1%	16.86	13.0%	22.11	16.8%	17.34	14.2%
	总计	137.07	100%	144.77	100%	129.99	100%	131.70	100%	121.88	100%

表 2-34　2011 年和 2015 年江苏省各学科科技期刊海外发行量统计

数量（千份）与比重　　年份　学科分类		2011		2015	
		数量	比重	数量	比重
理学	自然科学总论 N	2000	24.3%	1120	34.5%
	数理科学和化学 O	0	0	0	0
	天文学、地理科学 P	223	2.7%	116	3.6%
	生物科学 Q	6009	73.0%	2009	61.9%
	小计	8232	73.3%	3245	49.2%
工学	工业技术 T	1069	59.4%	1133	61.0%
	交通运输 U	720	40.0%	720	38.8%
	航空、航天 V	0	0	0	0
	环境科学、安全科学 X	10	0.6%	5	0.3%
	小计	1799	16.0%	1858	28.2%
农学	农业科学 S	718	6.4%	1128	17.1%
医学	医学、卫生 R	482	4.3%	364	5.5%
总计		11 231	100%	6595	100%

"十二五"时期，科技期刊的海外发行量如表 2-34 显示，由于 2011—2014 年四年间，江苏省科技期刊的海外发行量变化不大，主要是 2015 年下滑较大，呈跳水式下滑，相比较 2011 年，2015 年的海外发行量下降了 40% 以上。其中，理学门类期刊海外发行量下降了逾 60%，其中下降幅度最大的生物科学，海外发行减少了 2/3 左右，自然科学总论也减少了 45% 左右；工学类期刊海外发行量不降反增，这是因为工业技术期刊海外发行量增加了 6% 左右，带动了工学期刊的总量增长；农学科学期刊海外发行量增速较快，2015 年比 2011 年增长了 50% 以上；医学卫生学科期刊的海外发行量下降了 25% 左右。由于不同的学科门类在"十二五"期间的期刊海外发行量有增有降，特别是体量较大的理学门类下降幅度较大，使得各学科门类所占海外发行的比例版图有了大变化。

2. 运营方式

（1）发行方式：从第一章对 2011—2015 年科技期刊的发行方式统计（表 1-18）可以看出，"十二五"时期，江苏省科技期刊大多采取邮局发行与自办发行双轨制运作。对 2015 年江苏省科技期刊发行方式进行统计后发现，不同主办机构的期刊在发行形式上差异不大，但在选择不同方式的比例上，仍存在不小的差异。具体数据参见表 2-35。

表 2-35　2015 年江苏省不同主办机构的科技期刊发行方式统计

发行方式　　机构类型	邮局发行 + 自办发行		邮局发行		自办发行		其他	
	数量	比例	数量	比例	数量	比例	数量	比例
高等院校	43	49.4%	6	6.9%	36	41.4%	2	2.3%
协会、学会	29	53.7%	10	18.5%	14	25.9%	1	1.9%
企业	26	54.2%	5	10.4%	17	35.4%	0	0
科研院所	25	55.6%	9	20.0%	11	24.4%	0	0
政府机构	7	63.6%	1	9.1%	3	27.3%	0	0
医院	4	66.7%	2	33.3%	0	0	0	0

由表 2-35 可以看出，不同学科期刊的发行方式选择尚有一定差异，过去以邮局发行为主的期刊发行方式已经被自办发行占据了不小的份额，单纯邮局发行的期刊已经非常少了，绝大多数邮局发行的期刊都采取了自办发行来辅助，这是由于目前快递业务及通信的发达，使期刊能够更加方便和快速地传递到订户手中，所以更多的期刊选择了自办发行和自办辅助邮局发行方式。从机构类别看，高等学校自办发行比例较大，其他几类机构（除医院系统主办的期刊外）都有 1/4 ~ 1/3 的期刊完全自主发行。可以看出，在期刊的发行方面，完全依赖邮局发行的时代已经一去不复返了。

由于科技学术期刊的发行量较小，自办发行的工作编辑部尚能应对，那么对于发行量大，出版频率较快的科普期刊到底采取什么形式，我们也特别做了统计，并与学术类期刊做了对比，详细数据参见表 2-36。

表 2-36　2015 年江苏省不同类型期刊的科技期刊发行方式统计

发行方式　　期刊类型	邮局发行 + 自办发行		邮局发行		自办发行		其他		合计
	数量	比例	数量	比例	数量	比例	数量	比例	数量
科普类	13	72.2%	3	16.7%	2	11.1%	0	0	18
学术类	121	51.9%	30	12.9%	79	33.9%	3	1.3%	233

通过表 2-36 数据可以看出，科普期刊较多采取邮发与自办发行相结合的双轨制发行方式，完全自办发行的较少，只有 1/10 左右，学术类期刊虽

然也以邮发与自办发行为主，但完全自办发行期刊却占到 1/3。

出版周期与发行也存在一定关系，通常出版频率越高越不会采取自办发行的方式。那么，江苏省科技期刊是否符合这样的思维？表 2-37 为统计数据。

表 2-37　2015 年江苏省科技期刊出版周期与发行方式的关系统计

出版周期 ＼ 发行方式	邮局发行	邮局发行 + 自办发行	自办发行	其他
周刊	0	1	0	0
旬刊	0	4	0	0
半月刊	2	9	1	0
月刊	8	34	14	0
双月刊	19	72	38	1
季刊	4	15	27	2

从表 2-37 可以看出，期刊的出版周期与发行方式存在密切关系，也就是说，出版周期频繁的期刊通常不会采取自办发行的方式运营。但在上述这个列表中，依然有 1 本半月刊完全自办发行，因此，我们特别查阅了这本期刊，该刊是由南京市数学学会支持的半月刊《数学之友》，该刊发行具有相对集中和有向性的特点，作为江苏省教育厅主管的期刊，对中小学及高校发行变得高效而简单。所以该刊的自办发行有其独特的条件和环境。从余下出版周期较长的期刊看出，出版周期越长，其完全自办发行的比例就越高。

（2）广告运作：由于科技期刊受到发行量的影响，期刊办刊经费带来的问题凸显，因此科技期刊在面临保证学术影响、社会效益的前提下，去追求经济效益的最大化。近些年，科技期刊和广告开始了亲密结合，在科技期刊上刊登广告成为其获取经济效益的一个有效手段。那么如何经营期刊，如何经营广告，是近年来期刊杂志社在探索的问题。目前，期刊报告运作方式已由单一的自主化经营方式，逐渐向多元代理化转变，一些专业的广告代理公司也应运而生。表 2-38 给出了江苏省科技期刊 2015 年按主办机构类型进行的广告经营方式统计数据。

表 2-38 显示，超过一半的期刊选择自主经营广告的方式，但委托代理经营期刊广告的趋势已经初显。对于不同主办机构的科技期刊，在广告经营方式的选择上存在一定差异，高等院校主办的科技期刊偏向采用自主经营与"其他"经营方式结合；企业和政府机构主办期刊采用自主广告经营比重最

表 2-38 2015 年江苏省科技期刊按主办机构分类的广告经营方式统计

期刊数量（种）与比重　　经营方式　　机构类型	自主经营		自主 + 代理经营		委托代理经营		其他	
	数量	比例	数量	比例	数量	比例	数量	比例
高等院校	37	42.5%	8	9.2%	5	5.7%	37	42.5%
协会、学会	33	61.1%	7	13.0%	3	5.6%	11	20.4%
企业	34	70.8%	7	14.6%	4	8.3%	3	6.3%
科研院所	28	62.2%	2	4.4%	4	8.9%	11	24.4%
政府机构	5	45.5%	3	27.3%	1	9.1%	2	18.2%
医院	5	83.3%	0	0	1	16.7%	0	0

高；协会、学会，科研院所和医院主办科技期刊也主要采取自主经营方式。表 2-39 从学科角度统计了广告经营方式。

表 2-39 2015 年江苏省不同学科科技期刊广告经营方式统计

期刊数量（种）与比例　　经营方式　　学科分类		自主经营		自主 + 代理经营		委托代理经营		其他	
		数量	比例	数量	比例	数量	比例	数量	比例
理学	自然科学总论 N	9	33.3%	2	7.4%	2	7.4%	14	51.9%
	数理科学和化学 O	7	77.8%	0	0	0	0	2	22.2%
	天文学、地理科学 P	5	33.3%	1	6.7%	0	0	9	60.0%
	生物科学 Q	5	62.5%	1	12.5%	0	0	2	25.0%
	小计	26	44.1%	4	6.8%	2	3.4%	27	45.8%
工学	工业技术 T	58	56.3%	12	11.7%	5	4.9%	28	27.2%
	交通运输 U	1	14.3%	3	42.9%	2	28.6%	1	14.3%
	航空、航天 V	1	33.3%	0	0	0	0	2	66.7%
	环境科学、安全科学 X	2	33.3%	0	0	2	33.3%	2	33.3%
	小计	62	52.1%	15	12.6%	9	7.6%	33	27.7%
农学	农业科学 S	20	74.1%	2	7.4%	3	11.1%	2	7.4%
医学	医学、卫生 R	28	62.2%	8	17.8%	4	8.9%	5	11.1%

表 2-39 显示，理学门类科技期刊主要采用以自主经营与其他方式相结

合的广告经营办法，其中，数理化学和生物科学类期刊以自主经营方式为
主；超过五成的工学类科技期刊采取自主广告经营方式，其中，交通运输类
期刊广告经营方式以自主＋代理经营相结合的方式为主；农学门类和医学门
类科技期刊主要采取自主广告经营方式。表 2-40 给出了江苏省科技期刊出
版周期与广告经营方式的关系数据。

表 2-40　江苏省科技期刊出版周期与广告经营方式关系统计

经营方式＼出版频率	周刊	旬刊	半月刊	月刊	双月刊	季刊
自主经营	0	1	6	39	69	27
自主＋代理经营	1	2	4	8	11	1
委托代理经营	0	0	0	4	10	4
其他	0	1	2	5	40	16

从表 2-40 可以看出，出版周期频繁的期刊，其广告工作量相对较大，
会倾向于代理经营，同时也采取自己接部分广告的经营方式。对于出版周期
较长的期刊，采取的广告运营方式多为自主经营。

（3）网络化与数字出版：科技期刊网络化传播与数字出版将成为未来
科技期刊出版的主流，江苏省科技期刊在"十二五"期间，为期刊网络化
和数字出版做了大量的准备和实际运作，包括网站建设、网络数字期刊等。
仅以 2015 年的统计数据为例，253 种科技期刊有 201 种拥有一级独立的网
站域名，占 80.1%，其余期刊也都拥有二级或其他可使用专有域名；有 72
种期刊可在自己网站上提供全文下载和阅读功能，还有 14 种期刊直接出版
了网络版数字期刊；有 1 种期刊建有户外视频播报网站；在 251 种江苏省科
技期刊中，仅有 2 种期刊没有被国内三大期刊全文数据库收录，这 2 种期刊
1 本是英文期刊，1 本是科普期刊。

三、期刊收入情况

期刊的正常运营要有充足的运营经费，有的期刊靠上级部门拨款维持运
营，有的期刊完全依靠自己的运营收入来维持，也有的期刊在上级拨款不足
维持运营的情况下，自己创收来作为补充。期刊自己创收的收入来源主要
有：期刊的发行收入、广告收入、数字出版收入、新媒体收入及其他收入。
表 2-41 为江苏省科技期刊"十二五"期间收入情况统计汇总。由于在不同

的年检统计中新媒体收入和数字出版收入没有单独统计，纳入了其他收入之中，所以表中的其他收入包括了这两类收入。

表2-41 2011—2015年江苏省科技期刊总收入情况统计

（单位：万元）

收入类型＼年度	2011	2012	2013	2014	2015	分类合计
发行收入	8534.04	8775.06	8460.04	9008.98	8714.47	43 492.59
广告收入	7365.03	8735.21	8093.62	6782.26	6452.14	37 428.26
其他收入	5972.94	7438.31	8366.64	8453.42	8338.48	38 569.79
总收入	21 872.01	24 948.58	24 920.3	24 244.66	23 505.09	119 490.64

表2-41中的数据显示，江苏省科技期刊的发行收入、广告收入、其他收入基本上是三足鼎立，作为科技期刊主要收入来源的期刊发行收入基本稳定在8000万～9000万元，其中，2014年收入最高，达到9008.98万元；2013年发行收入最低，只有8460.04万元。从发行收入占总收入比重来看：2011年发行收入占经营总收入的40%，为"十二五"期间最高水平；2013年沉入底端，只有34.8%。广告收入经历了2013年的高潮期以后，近年来逐渐下滑，其他收入由于数字出版和新媒体收入的不断增加而呈增长趋势，后三年均超出总收入的1/3。

1. 发行收入

发行收入是科技期刊的主营收入，但随着数字化出版及期刊全文数据库的发展和普及，其主营收入的地位已经受到其他收入途径的挑战。从表2-41已经看到，"十二五"时期，江苏省科技期刊发行收入也仅占总收入的1/3稍强一点。考虑到期刊发行收入的情况与主办机构类型有很大关系，故表2-42对各类机构主办期刊的发行收入情况进行了统计。

表2-42 2011—2015年江苏省科技期刊不同主办单位年发行收入统计

机构类型＼收入（万元）与比重＼年份	2011 收入	2011 比重	2012 收入	2012 比重	2013 收入	2013 比重	2014 收入	2014 比重	2015 收入	2015 比重
高等院校	1141.0	13.4%	1181.3	13.5%	1112.5	13.2%	1059.3	11.8%	1035.7	11.9%
协会、学会	3766.7	44.1%	3763.4	42.9%	3580.4	42.3%	3966.7	44.0%	3653.5	41.9%

收入（万元）与比重　机构类型	2011 收入	2011 比重	2012 收入	2012 比重	2013 收入	2013 比重	2014 收入	2014 比重	2015 收入	2015 比重
企业	1862.6	21.8%	1617.8	18.4%	1742.2	20.6%	1691.5	18.8%	1687.2	19.4%
科研院所	463.1	5.4%	798.2	9.1%	613.1	7.2%	515.3	5.7%	474.9	5.4%
政府机构	1226.2	14.4%	1351.0	15.4%	1342.5	15.9%	1716.3	19.1%	1803.7	20.7%
医院	74.4	0.9%	63.3	0.7%	69.2	0.8%	59.9	0.7%	59.4	0.7%

从主办机构类型考察：协会、学会主办期刊占比各年均占当年发行收入的40%以上；由于医院和企业主办期刊较少，它们的发行收入所占比重较小。从年度变化看：发行总收入呈现锯齿波动状，起伏不定。但具体到各主办机构类型，只有政府机构主办期刊发行收入持续增长，其他基本都是呈现波动中下滑趋势。

2. 广告收入

除发行收入外，广告收入也日益成为江苏省科技期刊运营收入的重要组成。但由于不同类型的期刊对期刊广告的认同和办刊理念的不同，其广告收入差距很大，多者数百万元，少者竟为零，表2-43为不同广告收入区域的期刊数量的统计。

表2-43　2011—2015年江苏省科技期刊广告收入统计

期刊数量/种　年份　收入范围/万元	(0, 10]	(10, 20]	(20, 50]	(50, 100]	(100, 200]	(200, 500]
2011	180	12	25	15	10	10
2012	174	16	21	19	9	14
2013	171	17	26	18	10	11
2014	172	23	25	14	9	9
2015	175	17	25	19	7	8

从表2-43看出，"十二五"时期江苏省科技期刊的广告收入集中在10万元及以下，占据江苏省全部期刊的2/3左右，其中有6本期刊在2011—2015年这五年的广告收入均超过200万元，分别是《中国禽业导刊》《电力

系统自动化》《涂料工业》《中国建筑防水》《现代雷达》《室内设计与装修》;《中国家禽》与《科学养鱼》也分别有 4 年超过 200 万元;《江苏纺织》有 3 年超过 200 万元;《水电自动化与大坝监测》《苏盐科技》《美食》分别有 2 年超过 200 万元;另有 5 种分别有 1 年超过了 200 万元,它们是《汽车维护与修理》《印染助剂》《染整技术》《硫酸工业》《中华皮肤科杂志》。《中国禽业导刊》在 2011—2014 年这四年间广告运营收入均超过 400 万元,位居江苏省所有科技期刊之首。2015 年,《中国建筑防水》异军突起,以年广告收入 405 万元位居当年之首。

为了考察不同主办机构对期刊刊载广告的认识和重视程度的区别,我们根据主办机构类型进行了广告收入的统计,并计算了各类机构广告收入占所有广告收入的比例,详细数据参见表 2-44。

表 2-44 2011—2015 年江苏省不同主办机构的科技期刊广告收入统计

收入(万元)与比重 机构类型	2011		2012		2013		2014		2015	
	收入	比重	收入	比重	收入	比重	收入	比重	收入	比重
高等院校	454.8	6.2%	419.8	4.8%	530.9	6.6%	517.5	7.6%	544.3	8.4%
协会、学会	2093.9	28.4%	2812.9	32.2%	2816.2	34.8%	2161.7	31.9%	2102.3	32.6%
企业	3452.9	46.9%	3446.9	39.5%	3104.1	38.4%	2396.9	35.3%	2220.9	34.4%
科研院所	1097.0	14.9%	1755.7	20.1%	1393.9	17.2%	1487.8	21.9%	1398.7	21.7%
政府机构	112.8	1.5%	208.5	2.4%	170.5	2.1%	95.17	1.4%	64.5	1.0%
医院	153.5	2.1%	91.3	1.0%	108	1.3%	123.1	1.8%	121.4	1.9%

表 2-44 显示,协会、学会及企业主办的期刊,较为重视广告经营,同时这类机构主办期刊领域也非常适合广告的刊登(表 2-45 从另一个角度进行了佐证),所以,这两类期刊的广告收入占据了所有期刊广告收入的 2/3 左右,而主办了超过 1/3 期刊的高等院校的期刊广告收入仅仅只占 7% 左右。即使只拥有高等院校主办期刊一半数量的科研院所,其广告收入占比也远远超过高等院校,达到了 20% 左右。从年度变化来看,高等院校主办的期刊广告收入较 2011 年有小幅增加;科研院所主办期刊广告收入五年间有较大增长;企业与政府机构主办期刊广告收入有所下降,医院系统主办期刊广告收入维持稳定。

不同学科的期刊,其广告的收入大相径庭,由于期刊阅读人群的不同,

表 2-45　2011—2015 年江苏省不同学科的科技期刊广告收入统计

学科	收入（万元）与比重	2011 收入	2011 比重	2012 收入	2012 比重	2013 收入	2013 比重	2014 收入	2014 比重	2015 收入	2015 比重
理学	自然科学总论 N	28.9	27.3%	28.9	14.4%	86.9	35.7%	0.9	1.4%	4.9	6.8%
	数理科学和化学 O	0	0	0	0	0	0	0	0	0	0
	天文学、地理科学 P	15	0.2%	20	10.0%	22	9.0%	23	35.3%	23	31.7%
	生物科学 Q	61.8	0.8%	151.5	75.6%	134.5	55.3%	41.2	63.3%	44.6	61.5%
	小计	105.7	1.4%	200.4	2.3%	243.4	3.0%	65.1	1.0%	72.5	1.7%
工学	工业技术 T	4956.81	92.4%	6202	94.3%	5286.3	93.8%	4174.7	91.1%	3980.1	92.0%
	交通运输 U	334.1	6.2%	303.8	4.6%	276	4.9%	311.2	6.8%	302.5	7.0%
	航空、航天 V	5	0.1%	11.3	0.2%	13	0.2%	13.5	0.3%	6	0.1%
	环境科学、安全科学 X	70.9	1.3%	57.8	0.9%	58	1.0%	83.63	1.8%	38.63	0.9%
	小计	5366.8	72.9%	6574.9	75.3%	5633.3	69.6%	4583	67.6%	4327.2	67.1%
农学	农业科学 S	1168.8	15.9%	1243.1	14.2%	1367.1	16.9%	1349	19.9%	1202.3	18.6%
医学	医学、卫生 R	723.8	9.8%	716.8	8.2%	849.8	10.5%	826.4	12.2%	847.2	13.1%

大量产品及应用类广告不太适合理学类期刊，所以，整体来看，理学类期刊通常不是刊登广告的最佳期刊载体，统计数据也恰恰说明了这一点。表2-45为按学科门类及学科分类统计的各类期刊广告收入统计数据。

表2-45证实了我们的猜想，拥有接近1/4的理学期刊，其广告收入所占比重只有1%左右。拥有不到1/2的工学类期刊，其广告收入占比则达到了70%左右，可以看出，工学类科技期刊广告收入情况最佳，工业技术类期刊广告收入比重较高；理学类科技期刊中，天文地学期刊广告收入不断提升，占理学类科技期刊广告收入的1/3；农学、医学类科技期刊广告收入状况较为稳定。刚刚超过10%的农学期刊与不到20%医学期刊的广告收入分别占比为19%左右和12%左右。

从出版周期考察期刊广告收入，也可能得到另外一类信息。因此，我们按期刊的出版频率统计了不同出版周期的期刊的广告收入。数据详见表2-46。

表 2-46　2011—2015 年江苏省科技期刊出版周期与广告收入的关系统计

年份	出版周期	期刊数量/种	平均总收入/万元	平均广告收入/万元
2011	季刊	55	17.52	2.77
	双月刊	130	45.26	16.96
	月刊	53	134.36	61.46
	半月刊	9	523.41	178.45
	旬刊	6	399.84	29.43
2012	季刊	51	27.42	9.67
	双月刊	132	44.57	17.20
	月刊	54	166.77	69.17
	半月刊	10	520.34	200.38
	旬刊	6	419.41	44.99
2013	季刊	51	27.15	10.11
	双月刊	130	41.52	14.55
	月刊	56	153.52	58.91
	半月刊	10	567.60	207.15
	旬刊	6	545.58	52.67

年份	出版周期	期刊数量/种	平均总收入/万元	平均广告收入/万元
2014	季刊	48	16.72	2.29
	双月刊	131	44.51	12.67
	月刊	56	150.07	55.84
	半月刊	11	475.54	158.39
	旬刊	5	445.31	28.60
	周刊	1	1750	0
2015	季刊	48	17.05	2.29
	双月刊	130	45.21	12.25
	月刊	56	158.70	56.72
	半月刊	12	366.28	118.43
	旬刊	4	420.24	37.01
	周刊	1	1698	4

从表2-46可以看出，半月刊的平均广告收入居于首位，其次是月刊；从广告收入占总收入的比例来看，月刊的广告收入所占比例最高，在40%上下徘徊，其次是半月刊和双月刊，基本在35%上下波动，季刊有两年的比例超过了30%，但其他年份都在15%以下。作为周刊的《科学大众》，2015年才涉足广告业务，而且也只有4万元，可见作为科普类期刊的主要收入并非来源于期刊广告。

3. 数字出版收入

网络化、数字化的发展，奠定了期刊数字出版基础，也预示着数字期刊定将成为期刊未来发展的趋势。虽然，目前期刊出版的主流还是传统印刷型期刊，但随着数字出版的快速发展，江苏省科技期刊也利用新媒体平台逐步推进数字期刊出版，未来江苏省科技期刊的数字出版收入份额一定会逐步上升，并成为收入的主流。表2-47给出了江苏省科技期刊"十二五"期间数字出版的收入统计。

从表2-47可以看出，超过两成的期刊有数字出版收入，并且这个比例在逐年上升。但对数字出版产品运营工作如数字出版产品的发布、相关发布网站的建设和运维及数字出版产品的分销服务建设还不够完善，数字出版收入占期刊出版收入的比重较低。从2015年与2011年度变化来看，数字出

表2-47 2011—2015年江苏省科技期刊数字出版收入统计

年份	有数字出版收入期刊的数量/种	所占比重	数字出版收入额/万元	占总收入的比重
2011	55	21.74%	527.57	2.47%
2012	55	21.83%	633.92	2.71%
2013	57	22.53%	592.33	2.45%
2014	57	22.62%	603.49	2.49%
2015	73	29.08%	627.19	2.67%

总收入有所增长，但收入比重所占比例一直在2.4%至2.8%之间波动。

江苏省科技期刊需要在数字出版方面加快步伐，尽早适应未来的期刊发展变化。为了了解期刊主办机构对期刊数字出版的重视程度，我们专门按主办机构类型进行了数字出版收入的统计。详细数据参见表2-48。

表2-48 2011—2015年江苏省不同主办机构的科技期刊数字出版收入情况

收入（万元）与比重 / 机构类型	2011		2012		2013		2014		2015	
	收入	比重	收入	比重	收入	比重	收入	比重	收入	比重
高等院校	34.9	6.6%	55.9	8.8%	44.6	7.5%	46.8	7.8%	51	8.1%
协会、学会	450.9	85.5%	510.4	80.5%	512.7	86.6%	522.5	86.6%	532.8	84.9%
企业	5	0.9%	7.5	1.2%	8.4	1.4%	6.7	1.1%	4.8	0.8%
科研院所	29.7	5.6%	53.1	8.4%	19.6	3.3%	22.5	3.7%	35.5	5.7%
政府机构	0	0	0	0	0	0	0	0	1.1	0.2%
医院	7	1.3%	7	1.1%	7	1.2%	5	0.8%	2	0.3%
数字出版平均收入	527.5	2.5%	633.9	2.6%	592.3	2.4%	603.5	2.5%	627.2	2.7%

从表2-48可以看出，2015年，江苏省科技期刊数字出版收入占总收入的比重较前四年有所提升。不同主办机构的期刊数字出版收入情况：高等院校、协会学会、科研院所、政府机构主办期刊数字出版收入有所提升；医院、企业主办期刊数字出版收入有所下降。协会、学会主办期刊数字出版收入一直处于较高水平，占数字出版总收入的80%以上。从2015年数字出版收入状况可以看出，协会、学会主办期刊对数字出版投入较多，相对其他类

型主办机构，更加重视期刊的数字出版。

4. 其他收入

分析江苏省科技期刊的其他收入情况，可以看出：其他收入占总收入的比重逐年提升。通过表2-49，对比分析2015年与2011年的其他收入情况，而对于各主办机构科技期刊收入都有所增加，各主办期刊收入占当年其他总收入的比重，高等院校、科研院所、医院主办期刊其他收入比重降低；企业、政府机构与协会、学会主办期刊其他收入比重增加。

表2-49　2011—2015年江苏省不同主办机构科技期刊其他收入统计

收入（万元）与比重　主办机构	2011		2012		2013		2014		2015	
	收入	比重	收入	比重	收入	比重	收入	比重	收入	比重
高等院校	1433.84	28.7%	1549.94	22.8%	1811.69	23.3%	1965.21	25.3%	2185.63	26.7%
协会、学会	1294.85	25.9%	1287.37	18.9%	2572.66	33.1%	1975.32	25.4%	2478.64	30.3%
企业	705.26	14.1%	1505.70	22.1%	1480.57	19.0%	1460.52	18.8%	1382.29	16.9%
科研院所	1104.57	22.1%	1475.00	21.7%	1224.94	15.8%	1398.12	18.0%	1428.79	17.4%
政府机构	123.45	2.5%	606.66	8.9%	268.41	3.5%	550.32	7.1%	260.32	3.2%
医院	330.99	6.6%	379.71	5.6%	416.04	5.4%	432.65	5.6%	454.92	5.6%
总计	4992.96	23.4%	6804.38	28.0%	7774.31	32.0%	7782.14	32.1%	8190.59	35.1%

本章主要从人力资源、办刊资源、运营模式3个方面讨论了江苏省科技期刊队伍建设和出版经营的概况，从前面的论述可以看出，在人力资源方面，人员配备因期刊学科、主办机构的差异而有所不同，而人才层次尽管不同领域存在差异，但整体趋势是高学历、高职称人员的比例在逐渐提升，表明江苏省科技期刊的队伍质量在缓步提高；在办刊资源及运营方面，江苏省科技期刊则普遍存在境外编委比例偏少的现象，同时我们也发现部分期刊海外发行量下降厉害，这有可能成为制约江苏省科技期刊提高国际影响力的一个因素，值得期刊管理部门重视。

第三章　江苏省科技期刊学术影响力分析

科技期刊是科学研究中一种重要的学术资源，它能够连续、及时地反映学术前沿和研究热点，在科学研究中发挥着非常重要的作用。对科技期刊学术水平和质量的评价有助于促进期刊学术质量的提高，指导学术交流和学术参考。江苏省既是科技大省，也是科技期刊大省，其所主办的期刊覆盖理、工、农、医等几乎所有自然科学和工学门类，但是这些科技期刊的办刊水准如何？学术影响力如何？与兄弟省市科技期刊相比其优势在哪里？不足又体现在什么地方？等等，这些都是江苏省从期刊大省走向期刊强省需要正视的问题。

本章基于中国科学技术信息研究所编撰的 2012—2016 年《中国科技期刊引证报告（扩刊版）》，分年度采集江苏省主办的各类科技期刊刊载的学术论文元数据，存储于数据库中，再构建相关存储过程、抽取原始数据并清洗，进而得到本章所涉的各类指标数据，从学术影响概况、被引次数、影响因子与即年指标、半衰期与 h 指数等方面对江苏省科技期刊的学术影响力进行综合分析。其次，就发文量、篇均作者、作者地区分布、机构分布、基金论文比、论文选出比例、总被引次数、他刊引用次数、影响因子和即年指标，按学科将江苏省科技期刊与广东、湖北、陕西、上海、浙江和重庆的科技期刊进行横向对比。需要说明的是：当年出版的中国科技期刊引证报告，实际上发布的是上一年度的数据，例如，《2012 年版中国科技期刊引证报告》实际上发布的是 2011 年度的数据。

第一节　学术影响力概况分析

期刊学术影响力主要指期刊在科学研究、科学普及过程中所产生的影响，具体表现为两个方面：一是传播，体现在期刊载文、发行等方面；二是效果，即出版后在学术研究中产生了什么样的影响，这方面通常由一些期刊学术影响评价指标来体现。为了解江苏省科技期刊学术影响概况，本节借助中信所发布的《中国科技期刊印证报告（扩刊版）》数据，以期刊所属学科为统计单位，对江苏省科技期刊的基本指标进行统计分析。

一、发文量分析

期刊的发文量是期刊产出力的一个重要指标，从学科角度来分析一个区域的发文情况，可以了解该区域在各学科的期刊产出力，也体现该区域期刊对各学科的科研贡献力。因此，表 3-1 分学科给出了 2011—2015 年江苏省科技期刊年均发文量，并按 5 年平均降序排列。

表 3-1　2011—2015 年江苏省科技期刊发文量

（单位：篇/刊）

序号	学科名称	2011 年	2012 年	2013 年	2014 年	2015 年	5 年平均	总发文量
1	数理科学和化学	186.0	212.2	228.2	161.6	304.3	285.9	7530
2	医学、卫生	276.9	257.3	302.0	268.0	312.4	281.4	63 302
3	农业科学	245.7	275.9	282.9	262.1	288.0	274.6	32 876
4	工业技术	158.7	188.4	211.8	198.4	209.3	200.9	103 472
5	自然科学总论	118.3	184.7	185.0	175.0	178.2	178.6	23 933
6	交通运输	169.4	157.4	155.7	155.9	159.3	159.5	5584
7	生物科学	143.8	163.7	142.0	139.5	148.3	147.5	4424
8	航空、航天	121.3	127.7	126.7	139.3	133.7	129.7	1946
9	环境科学、安全科学	111.0	114.0	115.8	110.6	115.0	113.3	2832
10	天文学、地理科学	101.7	100.5	104.7	102.7	106.6	103.2	7743
	总计平均值	163.3	178.2	185.5	171.3	195.5	187.5	253 642

分析表 3-1 的数据显示：数理科学和化学类期刊的年均发文量排在第一位，主要是该类目下的《数学之友》《中学数学月刊》和《物理教师》多刊登教育研究论文。

医药卫生类期刊排在第二位，且大多都在 300 篇/年以下，300 篇以上的只有 11 种。其中排在前 3 位的是《实用临床医药杂志》《江苏医药》和《中国临床研究》，年均发文量分别在 1400 篇、1200 篇和 700 篇以上。

农业科学类期刊的发文量总体呈稳定趋势，发文 400 篇/年以上的有《江苏农业科学》《科学养鱼》《畜牧与兽医》《中国家禽》和《中国禽业导刊》，有 16 种期刊年发文量在 200 篇以下。

工业技术类期刊的数量最多，达到 104 种，各刊的发文量总体较为均衡。91 种期刊的发文量在 300 篇/年以下。发文量较高的期刊有《无线互联科技》《机电信息》《农业开发与装备》《工业控制计算机》和《江苏科技信息》。

27 种自然科学总论类期刊的发文量总体上并不高,其中有 23 种期刊的年均发文都在 160 篇以下。

交通运输、生物科学类期刊的年均发文量彼此相差不大,除了《汽车维护与修理》《中学生物学》《中国工作犬业》以外,其余均在 180 篇以下。特别是《古生物学报》《微体古生物学报》以刊载学术论文为主,年均载文量均较低,都在 40 篇上下。

航空航天、环境与安全科学类的期刊相对较少,合计 8 种,而且各刊的年发文量都相差不大,均在 180 篇以下。

15 种天文与地球科学类期刊的发文量都不高,其中有 10 种期刊年发文量在 120 篇以下。进一步分析后发现,该类目下的期刊都是专业性极强的学术研究性刊物,所刊载的论文都是篇幅较长的学术研究论文。

"十二五"期间,江苏省科技期刊总发文量达到 253 642 篇左右,其中工业技术类期刊总发文量名列首位,高达 103 472 篇左右,占江苏省所有科技期刊发文量的 40.79%;医药卫生类期刊排在第二,总发文量也达到 63 302 篇左右,占比为 24.96%;农业科学、自然科学总论类期刊的总发文量分别是 32 876 篇、23 933 篇,分别占全部期刊发文量的 12.96% 和 9.44%;上述 4 个学科的期刊总发文量累计占比达 88.15%;其余 6 个学科的总发文量合计为 30 059 篇,占 11.85%。

二、篇均引文量分析

以篇均引文量来考察期刊的引文状况,通过其数量关系比较各刊之间的学术规范度。诚然,单篇学术论文的质量并非与参考文献数量的多寡直接相关,例如,一些开拓性、首创性的研究论文往往引用文献数量比较少,但若针对同一个学科期刊进行篇均引文数量的比较,在某种程度上能够反映该学科期刊所刊载论文的平均研究深度和是否遵守了学术规范。表 3-2 分学科给出了 2011—2015 年江苏省科技期刊篇均引用文献数统计及 5 年平均引用文献篇数,按各学科期刊 5 年平均篇均引用文献数降序排列。

表 3-2　2011—2015 年江苏省科技期刊篇均引用文献统计

（单位：篇次）

序号	学科名称	2011 年	2012 年	2013 年	2014 年	2015 年	5 年平均
1	数理科学和化学	29.5	31.5	30.8	38.0	29.0	26.7
2	生物科学	23.9	19.9	25.5	26.5	25.5	24.2
3	天文学、地理科学	22.5	24.3	22.1	23.7	25.3	23.6
4	航空、航天	11.7	13.3	13.9	16.0	17.0	14.4
5	环境科学、安全科学	12.5	13.3	13.2	14.4	15.2	13.7
6	医学、卫生	11.5	12.0	12.3	14.1	14.0	12.4
7	自然科学总论	10.5	11.0	12.1	12.9	13.3	11.9
8	农业科学	10.6	11.8	11.4	15.2	12.6	11.5
9	工业技术	7.4	8.1	8.7	9.7	9.5	8.5
10	交通运输	3.8	4.3	4.7	4.9	5.1	4.5
	总计平均值	10.9	11.5	11.9	13.4	13.1	11.9

　　根据表 3-2，就不同学科的篇均引用文献的整体情况来看，江苏省科技期刊差异较大。基础性学科的篇均引文数普遍高于工程类学科，例如，数理科学和化学、生物科学、天文学地理科学，5 年篇均引用文献数位列前 3 位。而工业技术、交通运输类期刊篇均引用文献数均不足 10 篇。这一现象不仅反映了学科之间研究特征的差异，也说明了严谨且成熟的基础性学科对学术的继承性、学术研究中对早期研究的参见，相对工业技术类学科更强。可能的原因是：工业技术类研究有许多来自于科技发明和生产实践成果，许多研究的前期参考来自经验和实验，而此类借鉴难以通过引文体现，故此类期刊引用文献少也是其学科特点所决定的。但无论如何，科学研究的发明与创新多建立在大量前人研究的基础之上，虽然工业技术领域有其固有的研究特点，但如此之少的引用文献数量还是需要加强改进，只有这样才能使江苏省工业技术类期刊取得更大发展。

　　从 5 年变化趋势来看，江苏省科技期刊在 2011　2015 年整体呈现上升态势，从 2011 年的 10.9 篇增长至 2014 年的 13.4 篇，2015 年波动下降至13.1 篇。总而言之，"十二五"期间，江苏省科技期刊在不断地提高各学科研究成果自身的学术规范程度，反映出各学科研究呈现出一种良好的发展态势，特别是引文量最少的交通运输类期刊，其篇均引用次数增长了 34.2%。

　　具体到各学科来看：数理科学和化学类期刊的篇均引用文献数最高，其中《物理学进展》高达 124 篇。生物科学类期刊相互之间差距较大,《微体古生物学报》和《古生物学报》排在前两位,高达 46 篇和 40 篇。有 9 种天文学地理科学类期刊在 20 篇以上,排在前 3 位的是《An International Journal Pedosphere》《地层学杂志》和《高校地质学报》。航空航天、环境与安全科学、医学卫生、自然科学总论、农业科学 5 类期刊彼此相差不大,都在 12 篇左右,其中排名前四的期刊是:《The Journal of Biomedical Research》《Chinese Journal of Natural Medicines》《生态与农村环境学报》和《南京农业大学学报》,篇均引文量 5 年均值分别是:36.5 篇、28.9 篇、24.5 篇和 23.7 篇。工业技术类期刊的篇均引文差异较大,最高的为英文期刊《Water Science and Engineering》,达到 23.5 篇,排在二、三位的是《化学传感器》和《石油实验地质》,5 年均值分别高达 21.5 篇和 21.0 篇,最低的只有 0.27 篇。交通运输类期刊的篇均引文量绝大部分都较低,仅有《船舶力学》达到 13.7 篇,其余期刊还有进一步上升的空间。

三、篇均作者分析

在学科相互融合、渗透的大背景下,科研协作已成为一种共识。就期刊而言,其刊载学术论文合著比例成为体现科研协作度的重要指标之一。表 3-3 分学科统计了 2011—2015 年江苏省科技期刊发表论文篇均作者数据,并按 5 年平均降序排列。

表 3-3　2011—2015 年江苏省科技期刊篇均作者统计

（单位：人）

序号	学科名称	2011 年	2012 年	2013 年	2014 年	2015 年	5 年平均
1	天文学、地理科学	3.89	4.00	4.04	4.07	4.25	4.05
2	医学、卫生	3.79	3.91	3.81	4.00	3.89	3.79
3	农业科学	3.78	3.84	3.82	4.66	3.56	3.74
4	航空、航天	3.31	3.41	3.48	3.75	4.16	3.62
5	环境科学、安全科学	3.44	3.61	3.52	3.66	3.84	3.61
6	生物科学	3.18	3.21	3.33	3.38	3.34	3.29
7	自然科学总论	2.87	2.82	3.01	3.05	3.21	2.96
8	工业技术	2.71	2.75	2.83	2.97	2.85	2.77
9	数理科学和化学	2.72	2.49	2.38	2.64	2.06	2.24

续表

序号	学科名称	2011 年	2012 年	2013 年	2014 年	2015 年	5 年平均
10	交通运输	2.07	2.17	2.18	2.31	2.29	2.20
	总计平均值	3.13	3.18	3.21	3.39	3.25	3.16

由表 3-3 可以看出，"十二五"期间，江苏省科技期刊篇均作者数基本呈稳定增长趋势，说明越来越多的科研工作者投入到科研合作中来，合作的广度和深度在不断加强。具体到各个学科来看，也大体呈增长趋势，但是不同学科之间存在明显差异。天文学地理科学类期刊排在首位，5 年平均值在 4.05 人。医学卫生、农业科学、航空航天、环境与安全科学类期刊彼此相差不大，都在 3.7 人左右。生物科学比自然科学总论和工业技术类期刊略高，前者在 3.29 人，后两者都在 3.0 人以下。数理科学和化学、交通运输类期刊均较低，在 2.2 人左右。

进一步分析后发现：（1）篇均 6 人以上的有 1 种期刊，即《中国血吸虫病防治杂志》；篇均作者数在 5~6 人的有 10 种期刊，分别是：《蚕业科学》《扬州大学学报（农业与生命科学版）》《江苏农业学报》《中华核医学与分子影像杂志》《中华消化内镜杂志》《南京农业大学学报》《南京医科大学学报（自然科学版)》《临床检验杂志》《江苏大学学报（医学版）》《Chinese Journal of Natural Medicines》。（2）4~5 人的有 44 种期刊，较靠前的期刊有：《湖泊科学》《土壤》《中华皮肤科杂志》《土壤学报》《临床神经外科杂志》《The Journal of Biomedical Research》《高校地质学报》《无机化学学报》《An International Journal Pedosphere》和《生态与农村环境学报》。（3）3~4 人的有 84 种期刊，其余均在 3 人以下。需要说明的是：以上区间分布均不包含边界，本章以下涉及的区间边界与此同理。因为本章各指标数据均取 5 年平均值，且保留小数，为了讨论的条理性，我们根据具体数值进行模糊分组，并未包含严格的边界值。

四、作者地区分布分析

期刊论文作者地区分布广度体现了期刊对不同地区作者的影响和期刊受到作者关注的程度，该指标能客观地反映江苏省科技期刊吸纳科学人员的地区分布情况，展现各学科研究对江苏省科技期刊的关注程度。表 3-4 给出了"十二五"期间，江苏省期刊论文作者地区分布按 5 年平均值排序的数据，取学科的平均值。需要说明的是：（1）论文作者的地区分布与该刊登载论文的多寡有着密切的联系；（2）因原始数据未统计港澳台的期刊，故本报告中的作者地区按全国内陆 31 个省市自治区计；（3）地区每年发文 1 篇视为偶然事件，不计数，地区发文每年 2 篇及以上，才视为有效。

表 3-4　2011—2015 年江苏省科技期刊论文作者地区分布

（单位：个）

序号	学科名称	2011 年	2012 年	2013 年	2014 年	2015 年	5 年平均
1	环境科学、安全科学	20.2	21.2	19.2	20.0	21.0	20.3
2	生物科学	21.2	20.3	20.2	19.3	20.5	20.3
3	医学、卫生	18.5	18.9	19.3	19.1	19.9	19.0
4	农业科学	19.1	19.2	18.9	19.4	17.0	18.5
5	工业技术	17.3	17.2	17.3	18.3	16.9	17.2
6	天文学、地理科学	16.2	16.3	17.3	17.3	18.4	17.1
7	交通运输	17.2	15.1	15.3	15.7	15.4	15.3
8	数理科学和化学	16.1	17.7	17.7	16.4	15.7	15.3
9	航空、航天	14.3	16.0	16.0	15.0	15.0	15.3
10	自然科学总论	12.3	13.3	13.2	13.4	13.4	13.2
	总计平均值	17.2	17.3	17.4	17.8	17.3	17.2

从表 3-4 可以看出，"十二五"期间，江苏省科技期刊的平均作者地区分布为 17.2 个，说明期刊的稿源分布整体情况较好，地区分布覆盖全国一半以上的地区。从整体上看，环境与安全科学、生物科学类期刊的地区影响面较广，各个期刊稿源分布广泛，位列前两位。主要是环境与安全科学类期刊的作者地区分布相对集中，排在前两位的是《生态与农村环境学报》《电力科技与环保》，分别为 23.4 个和 22.6 个。反观生物科学期刊，尽管《中国工作犬业》《中国野生植物资源》和《中学生物学》的作者地区分布较广，分别是：27 个、25.6 个和 25.2 个，但《古生物学报》只有 11.2 个，可能的原因是该期刊研究领域较窄、专业性较强、研究人员较少的缘故。

"十二五"期间，江苏省大部分期刊的作者地区分布变化不大，各个学科期刊 5 年的地区分布数基本保持不变，持续平稳。具体来看，排名前 7 位的期刊分别是：《无线互联科技》《江苏农业科学》《机电信息》《畜牧与兽医》《中国家禽》《科学养鱼》和《科学大众》，此类期刊都以刊登服务社会的科普性文章为主，并不以刊载严谨的学术论文见长。

五、机构分布数

机构分布数是指期刊论文的作者所涉及的科研机构数量。考察期刊机构分布数量，可在一定程度上反映出期刊对相关机构学者的吸引力，也是期刊对机构学术影响的体现。表 3-5 分学科给出了"十二五"期间，江苏省科技期刊论文作者机构分布数据，并按 5 年平均降序排列。

表 3-5　2011—2015 年江苏省科技期刊论文作者机构分布

（单位：个）

序号	学科名称	2011 年	2012 年	2013 年	2014 年	2015 年	5 年平均
1	医学、卫生	132.3	138.6	153.0	138.0	161.3	144.9
2	数理科学和化学	162.8	141.7	147.2	103.6	93.0	127.2
3	农业科学	114.7	122.1	131.1	105.4	101.3	117.4
4	工业技术	77.2	87.0	106.7	98.8	92.3	96.7
5	生物科学	92.0	94.7	92.3	92.0	86.5	91.5
6	自然科学总论	40.5	83.7	86.2	79.0	83.4	81.0
7	交通运输	80.0	72.1	72.4	76.6	70.7	74.4
8	环境科学、安全科学	72.0	78.0	74.4	70.4	75.2	74.0
9	天文学、地理科学	42.7	48.5	50.6	50.3	52.6	48.9
10	航空、航天	36.7	48.7	44.3	50.3	53.3	46.7
	总计平均值	86.6	97.7	110.1	98.9	100.6	101.9

分析表 3-5 数据，各个学科期刊论文作者机构分布差异较大，最高为医学卫生类期刊，最少的为航空航天类期刊。

从年度变化趋势来看，作者机构数从 2011 年一直持续增长至 2013 年，2014 年有所回落，2015 年又有小幅增长，但总体上呈现出逐步增长的趋势。

进一步分析后可以发现：（1）涉及机构数在 900 个以上的有 3 种期刊，它们是：《科学大众》《无线互联科技》《机电信息》。（2）作者机构数在 400～700 个的有 5 种期刊，分别是：《实用临床医药杂志》《农业开发与装备》《江苏农业科学》《中国临床研究》《科学养鱼》。（3）作者机构数在 100～300 个的有 58 种期刊，排在靠前的期刊有：《中学生物学》《临床麻醉学杂志》《能源技术与管理》《中国生化药物杂志》《江苏科技信息》《现代医学》《汽车维护与修理》《江苏中医药》和《畜牧与兽医》。（4）作者机构数在 50～100 个的有 80 种期刊，其余期刊的作者单位数都在 50 个以下。

作者机构数较少的期刊通常会有两种原因：一是研究领域较窄，专业性要求较高，研究机构本身就较少。如《物理学进展》《天文学报》《古生物学报》等即属此类。二是区域特征明显，期刊主办单位自身的文献偏多。例如，绝大部分高校学报的作者机构数普遍偏低，这应该引起办刊者的重视，应打破地区局限，进一步扩大论文作者机构的广度。

六、基金项目论文比分析

由于基金项目多为政府、学界关注的重要研究领域，经过评审发展的基金项目本身具有较高的研究水准。因此，考察期刊基金项目论文比可以发现期刊对国家和科学研究重要研究领域的关注程度，另外也体现了期刊对重要研究成果的吸引力。所以，专门考察期刊的基金项目论文比，可以从某个视角发现期刊的学术影响力。表 3-6 给出了"十二五"期间，江苏省科技期刊基金项目论文比例按学科平均值排序的统计结果，取学科的平均值，按降序排列。

表 3-6　2011—2015 年江苏省科技期刊基金项目论文比例

序号	学科名称	2011 年	2012 年	2013 年	2014 年	2015 年	5 年平均
1	天文学、地理科学	0.7968	0.7966	0.7019	0.7701	0.8747	0.7880
2	航空、航天	0.7516	0.7623	0.7523	0.7880	0.7973	0.7703
3	自然科学总论	0.6650	0.6487	0.6438	0.6643	0.7724	0.6715
4	生物科学	0.5167	0.5367	0.5163	0.5582	0.6197	0.5495
5	农业科学	0.5738	0.5836	0.4979	0.7121	0.6086	0.5473
6	环境科学、安全科学	0.5350	0.5124	0.3824	0.4810	0.5925	0.5007
7	数理科学和化学	0.4643	0.5157	0.3967	0.5538	0.4451	0.4180
8	医学、卫生	0.2875	0.2917	0.2989	0.3628	0.4163	0.3279
9	工业技术	0.3397	0.3308	0.3090	0.3549	0.4052	0.3264
10	交通运输	0.3048	0.1905	0.1330	0.1836	0.2229	0.1682
	总计平均值	0.4424	0.4364	0.4001	0.4655	0.5106	0.4314

研究表 3-6 中的数据我们发现：基于学科来看，江苏省科技期刊的基金项目论文比差异悬殊。天文学地理科学、航空航天、自然科学总论类期刊的基金项目论文比 5 年均值都在 0.67 以上，远高于其他学科期刊；生物科学、农业科学、环境与安全科学类期刊在 0.50~0.55；其余 4 个学科均在 0.42 以下，特别是交通运输类期刊，仅为 0.1682。

进一步分析可得，基金论文比 5 年均值在 0.9 以上的有 18 种期刊。其中天文学、地理科学类期刊有 6 种，分别是：《水科学进展》《大气科学学报》《土壤学报》《土壤》《气象科学》和《防灾减灾工程学报》；自然科学总论类期刊 4 种，均为高校学报，分别是：《江苏大学学报（自然科学版）》《扬州大学学报（自然科学版）》《东南大学学报（自然科学版）》和《南京大学学报（自然科学版）》；工业技术类期刊 4 种，分别是：《排灌机械工程学报》《中国矿业大学学报》《采矿与安全工程学报》《振动工程学报》。农业科学类期刊 3 种，分别是：《扬州大学学报（农业与生命科学版）》《江苏农业学报》《南京农业大学学报》。数理科学和化学类期刊 1 种，即《无机化学学报》。5 年平均值在 0.8~0.9 的有 28 种期刊，在 0.6~0.8 的有 32 种，在 0.4~0.6 的有 43 种，在 0.1~0.4 的有 70 种，其余 48 种均在 0.1 以下。

从 2011—2015 年各个学科期刊的基金项目论文变化趋势来看：与 2011 年相比，共有 5 个学科期刊的基金项目论文比在 2012 年都有不同程度的增长，但是在 2013 年有 9 个学科期刊的基金项目论文比均出现下降。可喜的是，从 2014 年开始，这一现象出现逆转，全部学科期刊的基金项目论文比都呈现增长趋势。2015 年，仅有 2 个学科的期刊下降，其余 8 个学科的期刊都有所增长。由此可见，江苏省科技期刊的基金项目论文数量在显著增长，各期刊努力提高自身的学术质量，对基金项目论文的吸引力有所提高。同时也表明，江苏省科技期刊开始注重在论文中标注基金资助信息，这也说明其学术规范性有所加强。

七、论文选出比例分析

论文选出比例是指按统计源的选取原则选出的文献数与期刊的发表文献数之比。这项工作主要是为了剔除非论文的文献，如会议通知、会议纪要、期刊编辑规范等。表 3-7 给出了 2011—2015 年江苏省科技期刊论文选出比例，取学科的平均值，同时按 5 年平均值降序排列。

表 3-7 2011—2015 年江苏省科技期刊论文选出比例统计

序号	学科名称	2011 年	2012 年	2013 年	2014 年	2015 年	5 年平均
1	自然科学总论	0.9838	0.9844	0.9700	0.9719	0.9790	0.9774
2	交通运输	0.9968	0.9571	0.9700	0.9300	0.9792	0.9666
3	航空、航天	0.9700	0.9700	0.9500	0.9633	0.9422	0.9591
4	天文学、地理科学	0.9587	0.9480	0.9627	0.9493	0.9693	0.9576
5	环境科学、安全科学	0.9000	0.9740	0.9560	0.9180	0.9326	0.9361
6	数理科学和化学	0.9433	0.9250	0.9350	0.8200	0.9399	0.9340
7	农业科学	0.9741	0.9243	0.9396	0.8550	0.9522	0.9255
8	生物科学	0.9241	0.9550	0.9033	0.8817	0.9240	0.9176
9	工业技术	0.9487	0.9394	0.9237	0.8793	0.9118	0.9148
10	医学、卫生	0.9170	0.8816	0.9707	0.8624	0.9528	0.9086
	总计平均值	0.9496	0.9347	0.9435	0.8921	0.9379	0.9275

观察表 3-7 中的数据，所有学科期刊的论文选出比都在 0.9 以上，说明江苏省科技期刊总体的学术规范度较高。就学科维度而言，首先，自然科学总论类期刊排在首位，该类目下的期刊绝大部分都是高校学报，所刊载的论文总体质量较高。其次是交通运输、航空航天、天文学地理科学类期刊，在 0.95 ~ 0.97。最后，数理科学和化学、农业科学、生物科学、工业技术和医学卫生 5 个学科彼此相差不大。

进一步分析发现：（1）论文选出率为 1 的期刊有 4 种，它们是：《Numerical Mathematics：A Journal of Chinese Universities（English Series）》《国外机车车辆工艺》《现代测绘》和《扬州大学学报（自然科学版）》。（2）选出率在 0.99 以上的有 24 种期刊，排位靠前的有：《科学大众》《江苏建筑》《中国农机化学报》《常州大学学报（自然科学版）》《江苏大学学报（自然科学版）》《江苏电机工程》《南京工业大学学报（自然科学版）》《南京体育学院学报（自然科学版）》《江苏农业学报》《现代交通技术》。（3）选出率在 0.97 ~ 0.99 的期刊有 73 种，在 0.90 ~ 0.97 的有 84 种，其余均在 0.9 以下。

八、引用刊数分析

此处所指引用刊数，是指一种期刊上的论文对多少种期刊产生影响，也就是说该期刊的论文被多少种期刊中的论文引用过，该指标能够反映被评价期刊被使用的范围。因《2016 年版中国科技期刊引证报告》未提供引用刊数的数据，而 4 年数据也能够充分反映江苏省科技期刊被使用的情况。因此，表 3-8 分学科统计 2011—2014 年度江苏省科技期刊论文引用刊数分布，取学科的平均值，按降序排列。

表 3-8　2011—2014 年江苏省科技期刊论文引用刊数

（单位：种）

序号	学科名称	2011 年	2012 年	2013 年	2014 年	4 年平均
1	环境科学、安全科学	270.4	354.6	420.6	418.4	366.0
2	医学、卫生	327.4	349.6	363.4	385.2	356.4
3	航空、航天	271.3	276.0	323.7	344.3	303.8
4	天文学、地理科学	263.7	286.1	285.9	311.8	286.9
5	自然科学总论	246.8	251.8	280.0	297.1	268.9
6	农业科学	246.2	259.6	274.6	348.8	265.1
7	工业技术	189.3	206.0	218.9	247.1	215.3
8	生物科学	153.5	173.2	170.7	179.8	169.3
9	数理科学和化学	138.4	170.2	170.5	177.4	164.1
10	交通运输	74.4	83.4	107.0	107.0	93.0
	总计平均值	220.2	247.2	261.9	288.7	251.2

通过表 3-8 中的数据可知，江苏省科技期刊的引用刊数呈现明显的学科差异性。环境与安全科学、医学卫生和航空航天类期刊可以归为第一层次，引用刊数 4 年平均都在 300 以上。天文学地理科学、自然科学总论、农业科学和工业技术类期刊可以归为第二层次，引用刊数 4 年平均值都在 200 以上。其余三类期刊均在 170 以下。

进一步观察后发现：（1）引用刊数 4 年平均值在 600 种以上的有 10 种期刊，分别是：《东南大学学报（自然科学版）》《江苏农业科学》《中国矿业大学学报》《岩土工程学报》《电力系统自动化》《江苏医药》《环境科技》《实用临床医药杂志》《南京医科大学学报（自然科学版）》《土壤学报》；（2）4 年平均值在 500～600 种的有 14 种期刊，分别是《传感技术学报》《河海大学学报（自然科学版）》《南京林业大学学报（自然科学版）》《南京农业大学学报》《南京大学学报（自然科学版）》《无机化学学报》《水科学进展》《土壤》《南京航空航天大学学报》《临床麻醉学杂志》《江苏大学学报（自然科学版）》《电力自动化设备》《生态与农村环境学报》和《中国生化药物杂志》；（3）在 400~500 种的有 25 种期刊，在 200~400 种的有 74 种期刊，在 100~200 种的有 70 种，其余 50 种左右都在 100 以下。

第二节　被引次数分析

期刊被引次数是指该刊自创刊以来所刊载的全部论文被某年某数据库收录期刊论文引用的次数。它是评价学术影响的基本指标之一，用以衡量期刊的绝对学术影响力，被研究者使用和重视的程度及在学术研究和交流中所处的地位。本节从总被引次数、他刊引用次数来考察江苏省科技期刊的被引用情况。

一、总被引次数分析

期刊的总被引次数体现了一种期刊自创刊以来总体学术影响，它与其他许多期刊被引指标不同的是，没有时间界限。表 3-9 分学科给出了"十二五"期间，江苏省科技期刊的学科刊均年被引次数及 5 年的平均值，并按 5 年均值降序排列。

表 3-9　2011—2015 年江苏省科技期刊学科刊均年被引次数

（单位：篇次）

序号	学科名称	2011 年	2012 年	2013 年	2014 年	2015 年	5 年平均
1	医学、卫生	1365.2	1523.3	1632.2	1772.3	1929.3	1596.1
2	天文学、地理科学	1363.7	1445.1	1525.7	1695.1	1887.1	1583.3
3	环境科学、安全科学	850.6	1396.8	1897.0	1566.2	1182.0	1378.5
4	农业科学	969.5	1073.3	1112.4	1535.9	1366.2	1140.8
5	工业技术	688.2	791.7	884.5	1090.5	1113.1	895.9
6	航空、航天	590.7	649.0	783.7	911.7	981.3	783.3
7	生物科学	522.7	548.8	588.8	636.2	652.2	589.7
8	自然科学总论	449.3	478.6	544.4	628.5	680.4	550.3
9	数理科学和化学	542.0	626.0	687.7	751.2	554.7	497.3
10	交通运输	181.1	215.7	263.3	310.0	333.1	260.7
	总计平均值	838.4	945.0	1038.5	1203.0	1240.6	1023.3

　　分析表3-9中的数据，我们可以看出：10个学科的期刊在总被引次数上差异明显，其中影响力较大的期刊集中在医学卫生、天文学地理科学、环境与安全科学、农业科学类的期刊。"十二五"期间，江苏省科技期刊除了个别学科的个别年度外，其总被引次数之和呈逐年上升态势，可见江苏省科技期刊的影响度不断扩大，对学术界的影响在不断增强。值得关注的是：医学卫生类、天文学地理科学类和工业技术类期刊被引次数增长较快。对比2011年和2015年的数据，它们分别增长了564.1篇次、523.4篇次和424.9篇次。

　　进一步考察每一种期刊情况，总被引频次5年均在2500以上的有20种期刊。其中《电力系统自动化》总被引频次的5年均值高达14199.4，位列首位。《岩土工程学报》《实用临床医药杂志》《临床麻醉学杂志》《土壤学报》排在第2~第5位，均在5000以上。《江苏农业科学》《电力自动化设备》《中国矿业大学学报》《江苏医药》《江苏中医药》《中华消化内镜杂志》位列第6~11位，均在3000以上。《水科学进展》《中华皮肤科杂志》《环境科技》《土壤》《机电信息》《无机化学学报》《湖泊科学》《传感技术学报》《临床精神医学杂志》排在第12~20位，均在2500以上。

　　需要指出的是，虽然总被引次数从一定程度上反映了不同期刊的学术影响，但该指标与期刊的创办时间、期刊载文规模、期刊领域也有较大关系。

二、他刊引用次数分析

　　他刊引用次数是指某期刊所刊载论文被除了本刊刊载论文以外的其他期刊所刊载论文引用的次数。采用他刊引用次数对期刊进行评价，可以削弱某些期刊为了提高被引次数而虚假自引所带来的被引统计偏差。表3-10分学科给出了"十二五"期间，江苏省科技期刊的他刊引用次数及均值。

表3-10　2011—2015年江苏省科技期刊他刊引用次数

（单位：篇次）

序号	学科名称	2011年	2012年	2013年	2014年	2015年	5年平均
1	医学、卫生	1235.8	1388.3	1503.2	1630.1	1786.0	1464.6
2	天文学、地理科学	1236.1	1321.0	1399.2	1569.9	1727.4	1450.7
3	环境科学、安全科学	705.2	1256.5	1784.8	1450.9	1040.8	1247.7
4	农业科学	865.2	959.8	1002.8	1373.4	1236.6	1026.7
5	工业技术	601.7	693.7	776.6	962.5	987.0	790.5

序号	学科名称	2011 年	2012 年	2013 年	2014 年	2015 年	5 年平均
6	航空、航天	504.0	548.1	671.6	781.2	836.3	668.3
7	生物科学	477.5	502.8	537.0	573.1	577.5	533.6
8	自然科学总论	419.2	443.2	506.9	593.7	642.6	515.9
9	数理科学和化学	435.7	541.2	545.4	575.7	466.3	405.3
10	交通运输	160.1	196.5	237.3	283.0	308.6	237.1
	总计平均值	746.8	847.3	935.7	1084.9	1123.0	921.8

根据表 3-10 的数据，排除自引后，10 个学科所属期刊的他刊引用次数与被引总次数呈现相似的规律和趋势。对比表 3-9 和表 3-10 的数据可以发现，总被引次数和他刊引用次数的排序完全一致。

进一步分析后发现，他引次数在 2000 以上的期刊有 25 种。医学卫生类期刊有 8 种，它们是：《实用临床医药杂志》《临床麻醉学杂志》《江苏中医药》《江苏医药》《中华消化内镜杂志》《中华皮肤科杂志》《临床精神医学杂志》《临床皮肤科杂志》。工业技术类期刊有 6 种，分别是：《电力系统自动化》《岩土工程学报》《电力自动化设备》《中国矿业大学学报》《机电信息》《采矿与安全工程学报》。天文学地理科学类期刊 4 种，它们是：《土壤学报》《土壤》《水科学进展》《湖泊科学》。农业科学类期刊有 3 种，分别是：《江苏农业科学》《南京林业大学学报（自然科学版）》《南京农业大学学报》。环境与安全科学类、数理科学和化学类、自然科学总论类期刊各有 1 种，它们是：《环境科技》《无机化学学报》《东南大学学报（自然科学版）》。

第三节　影响因子与即年指标

期刊被引次数能够反映期刊在学术上的绝对影响，被引次数越多，说明期刊对后期研究的影响越大。然而，该指标易受期刊载文量及期刊创刊时间长度的影响，难以准确表达期刊近期的学术影响力。为此，引文索引的创始人加菲尔德最早在 1955 年即提出将期刊影响因子作为期刊评价指标。期刊影响因子能够反映期刊近期及相对的影响，其实质是在一定的统计时间范围内期刊发表论文的平均被引用率。一般来讲，期刊影响因子越大，说明该期刊的论文在科学发展和文献交流过程中的平均影响力和学术作用也越大。

一、影响因子分析

此处的影响因子计算方法为某刊前两年发表论文在统计当年被引用的总次数与该刊前两年发表论文总数的比值。以计算 2015 年的影响因子为例，某刊 2013 年、2014 年发表的论文在 2015 年被引用的总次数与该刊 2013 年、2014 年发表论文总数之比。表 3-11 给出了"十二五"期间，江苏省科技期刊影响因子及 5 年平均值。

表 3-11　2011—2015 年江苏省科技期刊影响因子

序号	学科名称	2011 年	2012 年	2013 年	2014 年	2015 年	5 年平均
1	环境科学、安全科学	0.9871	0.9958	1.1794	1.0422	0.9489	1.0307
2	天文学、地理科学	0.8982	0.8490	0.8577	0.8422	0.9452	0.8785
3	医学、卫生	0.5314	0.5855	0.6420	0.7443	0.8270	0.6527
4	航空、航天	0.4766	0.5190	0.5777	0.6940	0.5989	0.5733
5	农业科学	0.5075	0.5487	0.5118	0.7012	0.5444	0.5270
6	工业技术	0.4157	0.4596	0.4640	0.5656	0.5237	0.4741
7	生物科学	0.4301	0.3880	0.3708	0.4082	0.3948	0.3984
8	自然科学总论	0.3402	0.3494	0.3720	0.4039	0.4323	0.3662
9	数理科学和化学	0.3522	0.3633	0.3168	0.4204	0.3931	0.3312
10	交通运输	0.1094	0.1599	0.1850	0.1847	0.1877	0.1653
	总计平均值	0.4713	0.5039	0.5190	0.6032	0.5915	0.5234

从表 3-11 可以看出，江苏省科技期刊的影响因子呈现出较强的学科差异性。基础性学科期刊的影响因子普遍较高，都在 1.0 左右，而交通运输类学科所属期刊相对较低，基本在 0.1 上下徘徊。

具体来看：（1）影响因子 5 年均值在 1.0 以上的有 25 种期刊，其中工业技术类期刊有 8 种，分别是：《电力系统自动化》《石油实验地质》《电力自动化设备》《采矿与安全工程学报》《岩土工程学报》《中国矿业大学学报》《排灌机械工程学报》《石油物探》；天文学地理科学期刊有 7 种，分别是：《水科学进展》《土壤学报》《湖泊科学》《大气科学学报》《高校地质学报》《土壤》《气象科学》。医学卫生类 5 种，分别是：《临床麻醉学杂志》《中国血吸虫病防治杂志》《南京中医药大学学报》《江苏预防医学》《实用临床医药杂志》；环境与安全科学类期刊 3 种，分别是：《环境科技》

《生态与农村环境学报》《环境监测管理与技术》；农业科学类期刊 2 种，分别是：《江苏农业学报》和《南京农业大学学报》。（2）影响因子在 0.5～1.0 的有 80 种期刊，在 0.2～0.5 的有 99 种期刊，其余均在 0.2 以下。

根据 2011—2015 年江苏省科技期刊影响因子的变化趋势分析，主要呈现两个特征：（1）部分学科期刊的影响因子总体上呈现波浪式起伏变化的发展态势，如环境与安全科学类期刊、生物科学类期刊；（2）部分学科期刊的影响因子总体上呈现稳步上升的态势，如医学卫生类期刊、自然科学总论类期刊、交通运输类期刊。

二、即年指标分析

即年指标是一个表征期刊即时反应速率的指标，主要描述期刊当年发表的论文在当年被引用的情况，该指标能够反映期刊对当前热点问题的反应速率。具体算法为：即年指标＝该期刊当年发表论文在统计当年被引用的总次数/该期刊当年发表论文总数。表 3-12 给出了"十二五"期间，江苏省科技期刊分学科的即年指标，并按 5 年均值降序排列。

表 3-12　2011—2015 年江苏省科技期刊即年指标

序号	学科名称	2011 年	2012 年	2013 年	2014 年	2015 年	5 年平均
1	环境科学、安全科学	0.1229	0.1734	0.1205	0.1364	0.1495	0.1392
2	医学、卫生	0.0855	0.0860	0.0916	0.1232	0.1332	0.1029
3	天文学、地理科学	0.0860	0.0959	0.1053	0.1014	0.1007	0.0971
4	农业科学	0.0720	0.0872	0.0711	0.1208	0.0870	0.0822
5	自然科学总论	0.0675	0.0833	0.0458	0.0877	0.0975	0.0716
6	数理科学和化学	0.0580	0.0677	0.0656	0.1373	0.0638	0.0671
7	工业技术	0.0533	0.0650	0.0640	0.0783	0.0888	0.0669
8	生物科学	0.0390	0.0503	0.0523	0.0887	0.0597	0.0582
9	航空、航天	0.0213	0.0480	0.0727	0.0510	0.0340	0.0450
10	交通运输	0.0183	0.0317	0.0243	0.0223	0.0248	0.0223
	总计平均值	0.0655	0.0773	0.0704	0.0931	0.0960	0.0772

从表 3-12 可以看出，江苏省科技期刊的即年指标呈现一定的层次，5 年均值在 0.1 以上的有环境与安全科学、医学卫生类期刊。其余 8 个学科的期刊都在 0.1 以下。

进一步分析后，我们可以看到：（1）即年指标在 0.2 以上的有 12 种期刊，它们是：《南京大学学报（自然科学版）》《电力系统自动化》《中国血吸虫病防治杂志》《现代铸铁》《环境科技》《电力自动化设备》《石油实验地质》《江苏预防医学》《The Journal of Biomedical Research》《南京信息工程大学学报》《地层学杂志》《中国蚕业》。（2）即年指标在 0.1 ~ 0.2 的有 46 种期刊，其余均在 0.1 以下。

第四节　半衰期与 h 指数

一、半衰期分析

半衰期最早是用于说明放射性原子核数，在某个时间内，会递减至原来数目的一半，而这"某个时间"，便称为该放射性原子核的半衰期。图书馆学、情报学也用半衰期来表示馆藏老化的现象，半衰期和老化现象常被用作同义词，譬如某类馆藏的半衰期越短，亦即该类数据的老化现象越快。期刊半衰期是指期刊论文在被引和引用中，数量中间值跨越的年度的时间长度。

1. 被引半衰期分析

被引半衰期指该期刊在统计当年被引用的全部次数中，较新一半是在多长一段时间内发表的。被引半衰期是测度期刊老化速度的一种指标，通常不是针对个别文献或某一组文献，而是对某一学科或专业领域的文献的总和而言的。表 3-13 分学科给出了"十二五"期间，江苏省科技期刊的被引半衰期数据，并按 5 年平均降序排列。

表 3-13　2011—2015 年江苏省科技期刊被引半衰期

序号	学科名称	2011 年	2012 年	2013 年	2014 年	2015 年	5 年平均
1	天文学、地理科学	6.37	6.99	6.61	6.62	7.60	6.82
2	生物科学	7.79	5.62	5.19	6.20	8.52	6.66
3	数理科学和化学	6.15	6.47	6.05	6.22	6.64	6.31
4	农业科学	5.96	6.06	6.36	6.13	6.89	6.28
5	交通运输	6.72	6.10	5.59	6.14	6.72	6.25
6	自然科学总论	5.97	5.82	6.07	5.95	6.38	6.04
7	航空、航天	5.63	5.69	5.49	5.60	5.58	5.60

序号	学科名称	2011 年	2012 年	2013 年	2014 年	2015 年	5 年平均
8	工业技术	5.24	5.48	5.55	5.42	6.02	5.54
9	医学、卫生	5.44	5.53	5.52	5.50	5.09	5.42
10	环境科学、安全科学	4.29	5.17	5.68	5.05	5.47	5.13
	总计平均值	5.95	5.89	5.81	5.88	6.49	6.01

观察表 3-13 数据，江苏省科技期刊的被引半衰期呈现 3 个层级，第一层级是天文学地理科学、生物科学，均在 6.6 以上，说明这两个学科期刊的文献老化速度较慢，产生的影响较为持久；第二层级是数理科学和化学、农业科学、交通运输和自然科学总论类期刊，被引半衰期在 6.0 ~ 6.4；其余 4 个学科的期刊被引半衰期都在 5.6 以下，为第三层级。

进一步分析各期刊的数据后发现，被引半衰期 5 年均值在 11 以上的有《古生物学报》《微体古生物学报》；在 8 ~ 10 的有 15 种期刊，分别是：《中国禽业导刊》《中国药科大学学报》《华东地质》《地层学杂志》《南京农业大学学报》《南京大学学报（自然科学版）》《高等学校计算数学学报》《中国野生植物资源》《地质学刊》《扬州大学学报（农业与生命科学版）》《国际皮肤性病学杂志》《国外医学·卫生经济分册》《国外机车车辆工艺》《植物资源与环境学报》《中国矿业大学学报》。在 7 ~ 8 的有 23 种，在 6 ~ 7 的有 68 种，在 5 ~ 6 的有 64 种，在 4 ~ 5 的有 50 种，其余 20 多种都在 4 以下。

2. 引用半衰期分析

引用半衰期指该期刊引用的全部参考文献中，较新一半是在多长一段时间内发表的。通过这个指标可以反映出作者利用文献的新颖度。表 3-14 给出了"十二五"期间，江苏省科技期刊的引用半衰期数据，并按 5 年平均降序排列。

表 3-14　2011—2015 年江苏省科技期刊引用半衰期

序号	学科名称	2011 年	2012 年	2013 年	2014 年	2015 年	5 年平均
1	天文学、地理科学	7.66	8.38	8.18	8.07	9.16	8.29
2	农业科学	8.16	7.54	7.70	7.80	8.69	7.98
3	交通运输	7.34	8.33	7.04	7.57	8.70	7.80

续表

序号	学科名称	2011 年	2012 年	2013 年	2014 年	2015 年	5 年平均
4	航空、航天	7.40	7.32	7.91	7.55	7.32	7.50
5	数理科学和化学	7.35	6.42	7.40	7.06	8.44	7.33
6	生物科学	4.36	7.15	7.02	6.18	11.12	7.17
7	自然科学总论	6.92	6.88	7.05	6.95	6.99	6.96
8	工业技术	6.56	6.71	6.75	6.67	7.26	6.79
9	环境科学、安全科学	5.97	6.31	6.81	6.36	6.23	6.34
10	医学、卫生	5.92	6.05	5.87	5.95	5.54	5.86
	总计平均值	6.76	7.11	7.17	7.02	7.95	7.20

观察表 3-14 数据，江苏省科技期刊的引用半衰期大致分为三档。第一档为天文学地理科学类期刊，在 8 以上；第二档为农业科学、交通运输、航空航天、数理科学和化学、生物科学类期刊，在 7～8；第三档为自然科学总论、工业技术、环境与安全科学、医学卫生类期刊，在 7 以下。

对比表 3-13 和表 3-14，引用半衰期 5 年均值最高的都是天文与地球科学类期刊，最后三位的学科名称也相同，只是位次略微不同，第 2～第 7 位的学科基本上也只是位次不同。说明江苏省科技期刊的引用半衰期和被引半衰期具有一定的相关性。

二、h 指数分析

h 指数是一个混合量化指标，可用于评估研究人员的学术产出数量与学术产出水平。期刊的 h 指数指该期刊论文，在统计源中至少有 h 篇论文的被引频次不低于 h 次，主要用于考察每种期刊高被引论文的数量，当然这个高被引也是相对各期刊而言。表 3-15 分学科给出了"十二五"期间，江苏省科技期刊的 h 指数，并按 5 年均值降序排列。

表 3-15　2011—2015 年江苏省科技期刊 h 指数

序号	学科名称	2011 年	2012 年	2013 年	2014 年	2015 年	5 年平均
1	天文学、地理科学	7.73	7.60	7.87	7.93	8.47	7.92
2	医学、卫生	7.05	6.93	6.93	6.76	7.14	6.84
3	环境科学、安全科学	5.60	6.20	6.40	7.20	7.40	6.56

续表

序号	学科名称	2011 年	2012 年	2013 年	2014 年	2015 年	5 年平均
4	农业科学	5.30	5.48	5.46	6.11	5.87	5.48
5	航空、航天	5.00	5.00	5.33	5.00	5.33	5.13
6	工业技术	4.76	4.75	5.08	5.35	5.68	5.07
7	生物科学	4.67	4.33	4.67	4.67	4.50	4.57
8	自然科学总论	4.46	4.33	4.44	4.38	5.04	4.49
9	数理科学和化学	3.71	4.00	3.83	3.60	3.57	3.39
10	交通运输	2.86	2.86	2.86	3.14	3.29	3.00
	总计平均值	5.33	5.31	5.49	5.64	5.95	5.46

分析表 3-15 可以看出，天文学地理科学类、医学卫生类和环境与安全科学类期刊的 h 指数 5 年均值都在 6.5 以上，说明这 3 个学科平均每种期刊每年都至少有 6 篇以上的论文被引 6 次以上，反映出这 3 个学科的期刊都具有较强的优秀论文凝聚力。农业科学、航空航天和工业技术类期刊也表现不俗，均在 5.0 以上。其余 4 个学科期刊的 h 指数均在 4.6 以下。

详细分析每种期刊的数据可以发现：（1）《电力系统自动化》以 h 指数 5 年均值高达 25 而排在首位。（2）h 指数值在 10～16 的有 16 种期刊，它们是：《临床麻醉学杂志》《土壤学报》《岩土工程学报》《中国矿业大学学报》《中华消化内镜杂志》《高校地质学报》《中华皮肤科杂志》《湖泊科学》《水科学进展》《电力自动化设备》《机电信息》《土壤》《采矿与安全工程学报》《中国血吸虫病防治杂志》《实用临床医药杂志》《国际麻醉学与复苏杂志》。（3）h 指数值在 6～10 的有 62 种期刊，在 4～6 的有 83 种期刊，其余期刊均在 4 以下。

第五节　七省市科技期刊学术影响力对比

由于学科的差异，学科之间的期刊比较难以说明其优劣，为了考察江苏省各学科期刊究竟在各自学科的国内影响力，我们专门将江苏省科技期刊的相关指标与国内期刊发展相近的一些省市进行了比较，本节选取了广东、湖北、陕西、上海、浙江、重庆等省市科技期刊与江苏省进行横向对比，进一步揭示江苏省科技期刊的优势与不足。

一、发文量对比

表 3-16 按学科给出了七省市科技期刊刊均发文量的 5 年均值统计，并用黑体和下划线标注了各学科期刊发文量最高的数值。

表 3-16　七省市科技期刊刊均年发文量 5 年均值统计

（单位：篇/刊）

序号	学科名称	江苏	广东	湖北	陕西	上海	浙江	重庆
1	工业技术	200.9	300.1	**364.0**	292.0	182.3	190.7	321.4
2	航空、航天	**129.7**	—	—	128.6	84.9	—	—
3	环境科学、安全科学	113.3	225.3	266.5	**346.0**	82.3	192.3	133.8
4	交通运输	159.5	170.8	**339.9**	147.9	173.6	—	169.5
5	农业科学	274.6	229.3	**529.8**	306.5	156.5	154.4	474.4
6	生物科学	147.5	113.9	89.7	**221.8**	137.4	110.4	—
7	数理科学和化学	**285.9**	53.0	221.6	187.4	188.0	67.0	136.0
8	天文学、地理科学	103.2	88.5	120.1	111.0	55.7	**160.4**	—
9	医学、卫生	281.4	407.5	328.5	**433.8**	192.5	358.1	786.7
10	自然科学总论	178.6	211.7	**498.5**	136.0	388.0	155.7	230.7
	总计平均值	187.5	200.0	306.5	231.1	164.1	173.6	321.8

由表 3-16 可以看出，总体上江苏省科技期刊的发文量排在第五位，排在首位的是重庆，第二是湖北，陕西排第三，广东排第四，说明重庆市虽然期刊总量不多，但是它们利用有限的资源最大限度地发表更多的论文，而相对期刊数量较多的上海和江苏，刊均年发文量相对较少，这也许是上海、江苏在自己充足的期刊资源下，追求自己的论文质量。

就地区而言，江苏省的航空航天、数理科学和化学类期刊的刊均年发文量排在首位。湖北省的工业技术、交通运输、农业科学、自然科学总论类期刊的发文量最高。陕西省的环境与安全科学、生物科学、医学卫生类期刊的发文最高。浙江省的天文学地理科学类期刊发文最高。覆盖全部学科的地区有江苏省、陕西省、上海市。

二、篇均作者对比

表 3-17 按学科给出了七省市科技期刊论文的篇均作者人数的 5 年均值

统计，并用黑体和下划线标注了期刊论文篇均作者人数最高的数值。

表3-17　七省市科技期刊论文篇均作者人数5年均值统计

（单位：个）

序号	学科名称	江苏	广东	湖北	陕西	上海	浙江	重庆
1	工业技术	2.77	2.72	2.84	**3.09**	2.87	2.87	2.90
2	航空、航天	**3.62**	—	—	2.97	2.52	—	—
3	环境科学、安全科学	3.61	3.57	3.67	**4.09**	3.08	3.37	3.31
4	交通运输	2.20	1.61	2.41	**3.14**	2.27	—	2.64
5	农业科学	3.74	3.47	3.63	3.98	**4.14**	3.99	3.07
6	生物科学	3.29	4.45	4.22	3.69	4.58	**5.39**	—
7	数理科学和化学	2.24	3.26	2.95	2.98	**3.38**	2.77	3.09
8	天文学、地理科学	4.05	**4.27**	3.70	3.44	3.34	3.49	—
9	医学、卫生	3.79	**4.20**	3.96	3.76	4.09	3.39	3.63
10	自然科学总论	2.96	2.90	2.86	2.83	2.88	2.58	**3.07**
	总计平均值	3.16	3.38	3.36	3.40	3.32	3.48	3.10

分析表3-17，就每一学科来讲，七省市科技期刊的期刊篇均作者人数相差不大，仅个别数值会有一定幅度地变动。就总计平均值而言，七省市均在3.2左右。说明各学科论文篇均作者人数是期刊的一个共性特征，同一学科具有较大的相似性。

具体到地区而言，江苏省的航空航天类期刊论文的篇均作者人数最高，广东省的天文学地理科学、医学卫生类期刊论文的篇均作者最高，陕西省的工业技术、环境与安全科学、交通运输类期刊论文的篇均作者最高，上海市的农业科学、数理科学和化学类期刊论文的篇均作者最高，浙江省的生物科学类期刊论文的篇均作者人数最高，重庆市的自然科学总论类期刊论文的篇均作者人数最高。

三、作者地区分布对比

表3-18按学科给出了七省市科技期刊论文作者地区分布数量的5年均值统计，并用黑体和下划线标注各学科最高值。

表 3-18　七省市科技期刊论文作者地区分布 5 年均值

（单位：个）

序号	学科名称	江苏	广东	湖北	陕西	上海	浙江	重庆
1	工业技术	17.2	18.4	21.2	20.2	17.6	16.6	**22.8**
2	航空、航天	**15.3**	—	—	12.3	7.6	—	—
3	环境科学、安全科学	20.3	22.3	24.4	**28.4**	16.3	24.0	18.8
4	交通运输	15.3	8.1	20.1	**21.2**	12.5	—	19.0
5	农业科学	19.1	14.2	**24.1**	23.5	17.3	15.1	16.4
6	生物科学	21.2	20.8	18.1	**24.2**	19.7	16.6	—
7	数理科学和化学	15.3	16.6	22.3	**24.3**	20.7	15.7	21.2
8	天文学、地理科学	**17.1**	14.0	16.2	14.4	11.7	10.3	—
9	医学、卫生	19.0	20.4	23.4	24.8	19.5	14.3	**26.8**
10	自然科学总论	13.2	15.7	17.9	12.4	14.5	13.5	**20.4**
	总计平均值	17.2	16.7	20.9	20.6	15.7	15.7	20.8

观察表 3-18，江苏省期刊论文的作者地区分布总体上排在第四位。就某一学科的期刊而言，七省市科技期刊的作者地区分布存在一定的差异；就总计平均值来看，同样存在差异性，也反映出期刊往往具有较强的地域性特征。

江苏省有 2 个学科期刊的作者地区分布最广，分别是：航空航天、天文学地理科学；陕西省作者地区分布最广的期刊涉及 4 个学科，分别是：环境与安全科学、交通运输、生物科学、数理科学和化学；重庆市工业技术、医学卫生和自然科学总论类期刊的作者地区分布最广；湖北省农业科学类期刊的作者地区分布最广。广东省、浙江省、上海市在作者地区分布上较为均衡。

四、机构分布数对比

表 3-19 按学科给出了七省市科技期刊论文作者机构分布数量 5 年均值统计，并用黑体下划线标识了各学科作者机构分布最大值。

表 3-19　七省市科技期刊论文作者机构分布 5 年均值

（单位：个）

序号	学科名称	江苏	广东	湖北	陕西	上海	浙江	重庆
1	工业技术	96.7	**140.2**	164.0	120.6	86.4	87.1	138.5
2	航空、航天	**46.7**	—	—	38.3	24.2	—	—

续表

序号	学科名称	江苏	广东	湖北	陕西	上海	浙江	重庆
3	环境科学、安全科学	74.0	124.5	**142.1**	155.6	50.8	122.4	71.3
4	交通运输	74.4	54.9	**165.2**	74.3	71.7	—	74.7
5	农业科学	117.4	94.3	289.6	137.0	74.0	83.8	**303.6**
6	生物科学	91.5	61.2	50.4	**93.6**	82.5	55.7	—
7	数理科学和化学	127.2	36.6	**128.0**	104.6	85.3	41.2	87.8
8	天文学、地理科学	48.9	44.1	53.1	54.7	30.8	**67.8**	—
9	医学、卫生	144.9	213.5	185.7	230.3	102.6	178.1	**413.6**
10	自然科学总论	81.0	114.0	**218.9**	40.2	161.7	75.2	88.2
	总计平均值	101.9	98.1	155.2	104.9	77.0	88.9	168.2

观察表3-19，江苏省排在第4位。结合表3-18，可以看出：作者机构分布与作者地区分布呈现正相关关系。

江苏省科技期刊的机构分布数总体较为均衡，其中航空航天类期刊排在首位；湖北省科技期刊在该项指标上表现较为强劲，有4个学科的期刊排在首位，分别是：环境与安全科学、交通运输、数理科学和化学、自然科学总论。重庆市有2个学科的期刊排在首位，它们是农业科学和医学卫生类。广东省、陕西省和浙江省各有1个学科期刊的机构分布排在首位，分别是工业技术、生物科学、天文学地理科学。

五、基金论文比例对比

表3-20按学科给出了七省市科技期刊基金论文比例5年均值统计，并将各学科最大值用黑体和下划线进行标注。

表3-20　七省市科技期刊基金论文比例5年均值

序号	学科名称	江苏	广东	湖北	陕西	上海	浙江	重庆
1	工业技术	0.3264	0.3222	0.3358	0.3610	0.2958	0.3587	**0.4110**
2	航空、航天	**0.7703**	—	—	0.3401	0.0941	—	—
3	环境科学、安全科学	0.5007	0.4797	0.5680	**0.9111**	0.3869	0.4302	0.2262
4	交通运输	0.1682	0.1820	0.2165	**0.6903**	0.2279	—	0.3400
5	农业科学	0.5473	0.4289	0.4283	0.5201	**0.5885**	0.5218	0.3624

序号	学科名称	江苏	广东	湖北	陕西	上海	浙江	重庆
6	生物科学	0.5495	**0.8812**	0.6582	0.8223	0.6974	0.6800	—
7	数理科学和化学	0.4180	0.4483	0.6734	0.6887	0.7995	**0.8293**	0.7076
8	天文学、地理科学	**0.7880**	0.7439	0.6651	0.5323	0.7718	0.4972	—
9	医学、卫生	0.3279	0.3560	0.2632	0.2895	**0.3637**	0.2206	0.2346
10	自然科学总论	0.6715	0.5663	0.5796	0.6542	0.6208	0.6125	**0.7208**
	总计平均值	0.4314	0.4898	0.4876	0.5810	0.4847	0.5188	0.4289

　　分析表3-20，江苏省有2个学科的期刊排在首位，分别是航空航天、天文学地理科学。农业科学、自然科学总论类期刊排在第二。陕西省、上海市、重庆市分别有2个学科的期刊位列第一，分别是：环境与安全科学、交通运输；农业科学、医学卫生；工业技术、自然科学总论。广东省和浙江省各有1个学科最高，分别是生物科学、数理科学和化学。

　　基于学科维度考察同一学科不同地区的期刊，基金论文比差异明显的有：航空航天、环境与安全科学、交通运输、数理科学和化学；基金论文比较为均衡的有：工业技术、农业科学、生物科学、天文学地理科学、医学卫生。

六、论文选出比例对比

　　表3-21按学科给出了七省市科技期刊论文选出比例5年均值统计，并用黑体和下划线标注了各学科的最大值。

表3-21　七省市科技期刊论文选出比例5年均值统计

序号	学科名称	江苏	广东	湖北	陕西	上海	浙江	重庆
1	工业技术	0.9148	0.9413	**0.9649**	0.9540	0.9360	0.9417	0.9613
2	航空、航天	0.9591	—	—	**0.9792**	0.9681	—	—
3	环境科学、安全科学	0.9361	0.9570	**0.9894**	0.9860	0.9569	0.9617	0.9360
4	交通运输	**0.9666**	0.8705	0.9634	0.8376	0.9242		0.9515
5	农业科学	0.9255	0.9090	0.9577	**0.9619**	0.9329	0.9283	0.8819
6	生物科学	0.9176	**0.9853**	0.9760	0.9750	0.9560	0.9289	—
7	数理科学和化学	0.9340	**0.9840**	0.9599	0.9700	0.9618	0.9527	0.9240

续表

序号	学科名称	江苏	广东	湖北	陕西	上海	浙江	重庆
8	天文学、地理科学	0.9576	0.9703	0.9580	**0.9718**	0.9580	0.9277	—
9	医学、卫生	0.9086	0.9457	0.9267	0.9424	0.9297	**0.9507**	0.8832
10	自然科学总论	0.9774	0.9733	0.9754	0.9685	0.9521	0.9311	**0.9830**
	总计平均值	0.9275	0.9485	0.9635	0.9546	0.9476	0.9403	0.9316

由表3-21可以看出，总体上七省市科技期刊的论文选出率均在0.94左右，相差不大，就单个学科而言，七省市也相差不大，仅个别数值变化剧烈。

七、总被引次数对比

表3-22按学科给出了七省市科技期刊总被引次数5年均值统计，并按学科用黑体和下划线标注了最大值。

表3-22 七省市科技期刊总被引次数5年均值

(单位：篇次)

序号	学科名称	江苏	广东	湖北	陕西	上海	浙江	重庆
1	工业技术	895.9	788.4	1149.9	1047.9	732.2	596.5	**1186.6**
2	航空、航天	**783.3**	—	—	430.3	196.1	—	—
3	环境科学、安全科学	1378.5	**2826.0**	1866.0	2253.6	647.5	1484.5	612.1
4	交通运输	260.7	142.1	724.7	**1544.9**	481.4	—	616.8
5	农业科学	1140.8	676.1	1219.9	**1690.0**	824.0	916.7	476.6
6	生物科学	589.7	878.7	1001.8	**2884.7**	986.0	431.9	—
7	数理科学和化学	497.3	227.2	**2044.3**	937.4	1148.2	283.9	741.6
8	天文学、地理科学	**1583.3**	1301.0	837.4	890.7	330.5	702.9	—
9	医学、卫生	1596.1	1998.1	1871.5	1822.6	1452.4	1385.8	**3850.1**
10	自然科学总论	550.3	768.4	738.5	674.6	908.1	659.4	**1152.2**
	总计平均值	1023.3	1067.3	1272.7	1417.7	770.6	807.7	1233.7

观察表3-22，江苏省在航空航天、天文学地理科学领域的期刊表现突出，均排在首位。陕西省和重庆市均有3个学科期刊的总被引次数排在首

位，前者涉及的学科分别是：交通运输、农业科学、生物科学，后者涉及的学科包括：工业技术、医学卫生和自然科学总论。广东省和湖北省各有 1 个学科排在首位，分别是：环境与安全科学、数理科学和化学。

基于学科维度考察各地区期刊的总被引次数，被引次数差异呈现明显的层级。例如，工业技术类期刊，重庆市、湖北省、陕西省处于第一层次，江苏省、广东省、上海市处于第二层次，浙江省处于第三层次。天文学地理科学类期刊，江苏省、广东省处于第一层次，陕西省、湖北省和浙江省处于第二层次，上海市处于第三层次。其他学科都有类似的分布规律。

总体上，江苏排在第五位，高于上海和浙江。

八、他刊引用次数对比

表 3-23 按学科给出了七省市科技期刊他刊引用次数 5 年均值统计，并按学科用黑体和下划线标注了最高值。

表 3-23　七省市科技期刊他刊引用次数 5 年均值

（单位：篇次）

序号	学科名称	江苏	广东	湖北	陕西	上海	浙江	重庆
1	工业技术	790.5	694.8	**992.6**	861.4	632.4	540.3	990.4
2	航空、航天	**668.3**	—	—	359.8	184.4	—	—
3	环境科学、安全科学	1247.7	**2673.2**	1722.3	2077.6	623.5	1396.6	527.1
4	交通运输	237.1	137.6	643.7	**1447.5**	434.0	—	555.5
5	农业科学	1026.7	618.2	1121.4	**1507.3**	753.7	843.0	425.2
6	生物科学	533.6	835.3	933.7	**2643.3**	925.0	392.1	—
7	数理科学和化学	405.3	224.0	**1782.7**	751.2	891.0	263.4	671.0
8	天文学、地理科学	**1450.7**	1052.5	722.7	770.7	256.6	652.3	—
9	医学、卫生	1464.6	1824.4	1695.6	1612.2	1345.0	1293.5	**3476.7**
10	自然科学总论	515.9	721.2	700.4	620.2	875.9	627.4	**1042.1**
	总计平均值	921.8	975.8	1146.1	1265.1	692.4	751.1	1098.3

观察表 3-23，江苏省在航空航天、天文学地理科学领域的期刊依然表现突出，均排在首位；陕西省科技期刊他引次数排在首位的有 3 个学科，它们是：交通运输、农业科学和生物科学；重庆市的医学卫生、自然科学总论类期刊的他刊引用次数排在第一；湖北省排在首位的期刊所在学科是工业技

术、数理科学和化学类期刊；广东省有1个学科的期刊排在首位。

基于学科维度考察地区期刊的他刊引用次数，呈现出不同特点。一是同一学科不同地区期刊的他刊引用次数相差不大，如工业技术、医学卫生（仅重庆市较高）、自然科学总论（仅重庆市较高）。二是同一学科不同地区期刊的他刊引用次数相差较大，呈现明显的分层趋势，如航空航天、环境与安全科学、交通运输等。

总体上，江苏排在第5位，高于上海和浙江。

九、影响因子对比

表3-24按学科给出了七省市科技期刊影响因子5年均值统计，并按学科用黑体和下划线标注了最高值。

表3-24 七省市科技期刊影响因子5年均值

序号	学科名称	江苏	广东	湖北	陕西	上海	浙江	重庆
1	工业技术	**0.4741**	0.3569	0.3918	0.4555	0.3801	0.3594	0.4207
2	航空、航天	**0.5733**	—	—	0.3699	0.2076	—	—
3	环境科学、安全科学	**1.0307**	0.8507	0.7467	0.6622	0.3496	0.5877	0.4677
4	交通运输	0.1653	0.1356	0.3998	**0.8614**	0.3075	—	0.3287
5	农业科学	0.5270	0.4270	0.5031	0.5359	0.5765	**0.6123**	0.2874
6	生物科学	0.3984	0.5592	0.5983	0.6296	0.5121	**0.6967**	—
7	数理科学和化学	0.3312	0.3309	**0.5892**	0.4444	0.5459	0.3064	0.2637
8	天文学、地理科学	0.8785	**0.9895**	0.6166	0.6791	0.5397	0.4745	—
9	医学、卫生	0.6527	0.6475	0.6094	0.5890	0.6988	0.5240	**0.7174**
10	自然科学总论	0.3662	0.4315	0.3207	0.4787	0.4391	0.4610	**0.5185**
	总计平均值	0.5234	0.5254	0.5306	0.5706	0.4557	0.5027	0.4291

分析表3-24的数据，就学科而言，江苏省在工业技术、航空航天、环境与安全科学领域的期刊，其影响因子均排在首位，天文学地理科学排在第2位，医学卫生排在第3位，说明江苏省这些学科领域的期刊具有明显的优势；浙江省农业科学、生物科学类期刊的影响因子均排在首位；重庆市的医学卫生、自然科学总论类期刊的影响因子均排在首位；广东省、湖北省和陕西省各有1个学科的期刊排在首位，分别是：天文学地理科学、数理科学和化学、交通运输。

　　基于学科考察不同地区期刊的影响因子，表现出这样的分布特征：有些学科期刊的影响因子相差不大，如工业技术、农业科学、生物科学、医学卫生、自然科学总论；有些学科期刊影响因子呈现清晰的层级分布，如航空航天、环境与安全科学、交通运输等。

　　就整体而言，江苏省排在第四位。

十、即年指标对比

　　表3-25按学科给出了七省市科技期刊即年指标5年均值统计，并按学科用黑体和下划线标注了最高值。

表3-25　七省市科技期刊即年指标5年均值

序号	学科名称	江苏	广东	湖北	陕西	上海	浙江	重庆
1	工业技术	**0.0669**	0.0500	0.0569	0.0598	0.0488	0.0446	0.0568
2	航空、航天	0.0450	—	—	**0.0518**	0.0119	—	—
3	环境科学、安全科学	**0.1392**	0.0936	0.0696	0.0454	0.0322	0.0627	0.0628
4	交通运输	0.0223	0.0268	0.0677	**0.1857**	0.0360		0.0445
5	农业科学	**0.0822**	0.0603	0.0779	0.0686	0.0684	0.0792	0.0677
6	生物科学	0.0582	0.0518	0.0758	0.0653	0.1022	**0.1484**	—
7	数理科学和化学	0.0671	0.0295	**0.0790**	0.0647	0.0777	0.0789	0.0700
8	天文学、地理科学	0.0971	**0.1265**	0.0890	0.0909	0.1112	0.0452	—
9	医学、卫生	0.1029	0.0852	0.0902	0.0872	0.1113	0.0816	**0.1275**
10	自然科学总论	0.0716	**0.0777**	0.0507	0.0759	0.0566	0.0652	0.0709
	总计平均值	0.0772	0.0668	0.0730	0.0795	0.0656	0.0757	0.0714

　　研究表3-25可以看出，就学科而言，江苏省在工业技术、环境与安全科学、农业科学领域的期刊，其即年指标均排在首位，自然科学总论和医学卫生排在第三；广东省科技期刊即年指标排在首位的涉及2个学科，分别是：天文学地理科学、自然科学总论；陕西省航空航天、交通运输类期刊的即年指标排在首位；湖北省、浙江省、重庆市各有1个学科的期刊排在首位，它们分别是：数理科学和化学、生物科学、医学卫生。

　　基于学科维度考察七省市科技期刊的即年指标，呈现出与影响因子相似的分布特征：一是有些学科期刊的影响因子地区之间相差不大，如工业技术、农业科学、数理科学和化学、自然科学总论；二是地区之间影响因子相差较大，如航空航天、环境与安全科学、交通运输等。

　　总体上，江苏省排在第二位，仅在陕西省之后。

　　综上所述，我们可以清晰地看出，"十二五"期间，江苏省科技期刊取得了不小的进步，在期刊的学术影响方面呈现出下列趋势：各学科期刊的年均发文量大体呈现先增后减再增的态势，出现 2013 年和 2015 年两个波峰，但总体上呈上升趋势；在篇均引文量、篇均作者、作者地区分布、机构分布、基金论文比、引用刊数等指标上，基本呈上升趋势；在被引指标上，都呈现上升的趋势。将这些指标和相关省市比较的话，刊均被引数量江苏省排在七省市的中等偏下，但在航空航天、天文学地理科学两个领域，江苏省排在首位；在影响因子指标上，江苏省处在中间位置，但工业技术、航空航天、环境与安全科学排在首位；在即年指标上，江苏省排在第二位，并且工业技术、环境与安全科学、农业科学排在第一位。

第四章 江苏省科技期刊集群建设
与学科发展对比分析

一般来说，一个地区的科技期刊水平与该地区的科学技术发展水平有着密切的关系，当我们将其细分到学科考察，一个地区的学科水平较高，通常这一个学科的期刊水平也会较高。鉴于这样的一种认识，本章专门从学科角度来分析江苏省的科技期刊发展状况。为了清楚地展示江苏省科技期刊的建设成绩与发展水平，我们将重点介绍江苏省科技期刊集群建设成果、各学科及相关学术领域的科技期刊发展水平，同时通过与上海、广东、浙江、湖北、陕西、重庆等省市期刊相关指标对比，分析江苏省科技期刊的优势与不足，促进江苏省科技走向更加良性的发展道路。

第一节 江苏省科技期刊集群建设

"十二五"期间，江苏省科技期刊界已意识到，一个地区核心期刊的数量、重要论文的数量，虽然可反映出该地区某学科科技期刊发展的优势，但要体现该地区一个学科期刊的整体优势和水平，尚需要该学科期刊的整体水平得到全面提升。因此，促进期刊集群建设，是江苏省科技期刊水平提升的有效措施。为此，江苏省科技期刊学会在"十二五"期间，启动了江苏省科技期刊集群建设计划，分期分步骤建设了4个期刊集群，并分别取得了不同的成效。

一、江苏省科技期刊集群概况

科技期刊集群化是指多个办刊模式相近、学科领域相关的期刊，通过办刊资源整合、统一配置资源，提高资源的使用效率，在各期刊资源共享的基础上依靠规模化发展，实现集约化经营，提高科技期刊的整体实力和市场竞争力。需要指出的是，科技期刊集群化建设与科技期刊集团化建设有所不同，期刊集群化建设强调期刊之间学科的相关性，侧重学术影响和社会效应，而期刊集团化建设一般强调期刊的资本与企业组织关系，即内部之间总体规划，统一经营。在现有出版体制下，目前国内期刊以集群化建设为主。而国外基本实现了从期刊集群向期刊集团的发展转化，并出现了爱思唯尔（Elsevier）、施普林格（Springer）等一批著名的出版集团，有力地促进了学术交流和出版业自身的发展。

作为科技大省的江苏省，科技期刊在全省乃至全国科学交流和科技创新中发挥了重要作用。江苏省有 250 余种科技期刊，涉及理、工、农、医等几乎所有自然科学和工学门类，从数量和学科领域均可谓一个期刊大省，但由于办刊水准参差不齐，使之达到期刊强省尚有一定距离。为了改变现状、提升实力，江苏省科技期刊界在省科协的支持下、省科技期刊学会的引导下，逐步向集群化发展迈进。

江苏省科技期刊集群建设主要建立在学科分类基础之上。根据江苏省新闻出版广电局的期刊分类方案，江苏省 250 种科技期刊被分为十大类。鉴于科学与技术创新迅猛发展均与学科交叉的深度和广度密不可分，因此在期刊集群建设时，对交叉学科期刊的归群并不唯一，只要有利于期刊发展，某一期刊可同时加入不同的期刊集群，以得到期刊所涉及学科方面的共同发展。

江苏省科技期刊集群建设始于"十二五"期间，由江苏省科技期刊学会发起，并为此设立了基金资助课题。在学会积极推动下，每年江苏省科协精品期刊建设项目中均设立了期刊集群建设资助项目。目前江苏省科技期刊集群建设取得明显成效的是水利科学类期刊集群，下文将详细介绍。同时，"十二五"期间也有其他类期刊进行了集群建设尝试，虽然尚未成型，但已经有了雏形。它们是医药科学类期刊、农林科学类期刊、地球科学类期刊。其中，医药科学类期刊以江苏省医药期刊专委会会员期刊为主体构成，吸纳专业期刊 60 余种，医药科学类期刊建设目前由《医学研究生学报》牵头，在江苏省科技期刊学会和南京总医院的大力支持下正逐步推进。农林科学类期刊在"十二五"末期开始筹划，进行前期建设调研，拟在现有的 17 种期刊基础上进一步做大做强。地球科学类期刊集群建设选刊时经过反复论证共选取 31 种期刊，除了包括气象、地质、地理、海洋科学等传统地学期刊，还纳入一些相关的能源、环境、水利、工程、农业基础等交叉学科期刊，充分体现了地球科学的交叉学科性质。

实践表明，作为科技信息交流的重要平台，科技期刊集群建设在提高期刊竞争力的同时，还有助于整合学科资源，促进相关学科的学术繁荣，从而在科技创新和产业发展中起到桥梁和纽带的作用。

二、江苏省水利科学类期刊集群

（一）概况

综合中国知网、万方数据库、维普数据库对期刊的分类，将自然资源、能源环境和工程技术等领域中与宏观水体相关的 88 种科技期刊选定为水利科学类科技期刊（表4-1），其中被 SCI 收录 3 种、EI 收录 8 种，科技核心期刊 35 种，涉及水利工程一级学科中水文学及水资源，水力学及河流动力学，水工结构工程，水利水电工程，港口、海岸及近海工程全部 5 个二级学科及水生态与环境、水利经济与管理、水利信息化等交叉学科。我国的水利科学类期刊主要集中在北京、江苏、湖北三地，与三地的水利类院校和科研机构比较集中相一致。

表 4-1　中国水利科学类科技期刊汇总

序号	刊名	主办单位	属地	出版频率	收录情况
1	水科学进展	南京水利科学研究院等	江苏	双月刊	EI、CSCD 北大核心、科技核心
2	中国海洋工程（Chinese Ocean Engineering）	中国海洋学会	江苏	双月刊	SCI、EI、CSCD、科技核心
3	岩土工程学报	中国水利学会等	江苏	月刊	EI、CSCD、北大核心、科技核心
4	海洋工程	中国海洋学会	江苏	双月刊	CSCD、科技核心
5	水利水运工程学报	南京水利科学研究院	江苏	双月刊	CSCD、北大核心、科技核心
6	水利信息化	南京水利水文自动化研究所	江苏	双月刊	
7	水科学与水工程（Water Science and Engineering）	河海大学	江苏	季刊	EI、CSCD、科技核心

续表

序号	刊名	主办单位	属地	出版频率	收录情况
8	水资源保护	河海大学等	江苏	双月刊	CSCD、科技核心
9	河海大学学报（自然科学版）	河海大学	江苏	双月刊	CSCD、北大核心、科技核心
10	水利经济	河海大学等	江苏	双月刊	科技核心
11	水利水电科技进展	河海大学	江苏	双月刊	CSCD、北大核心、科技核心
12	湖泊科学	中科院南京地理与湖泊研究所	江苏	双月刊	EI、CSCD、北大核心、科技核心
13	水电与抽水蓄能	英大传媒投资集团南京有限公司	江苏	双月刊	科技核心
14	江苏水利	江苏省水利学会	江苏	月刊	
15	水动力学研究与进展 A 辑	中国船舶科学研究中心等	上海/江苏	双月刊	CSCD、北大核心、科技核心
16	水动力学研究与进展 B 辑（Journal of Hydrodynamics，Ser. B）	中国船舶科学研究中心等	上海/江苏	双月刊	SCI、EI、科技核心
17	水利学报	中国水利学会	北京	月刊	EI、CSCD、北大核心、科技核心
18	水力发电学报	中国水力发电工程学会	北京	月刊	CSCD、北大核心、科技核心
19	国际泥沙研究（英文版）（International Journal of Sediment Research）	国际泥沙研究培训中心	北京	季刊	SCI、EI、科技核心
20	水文	水利部水文局	北京	双月刊	CSCD、北大核心、科技核心

续表

序号	刊名	主办单位	属地	出版频率	收录情况
21	泥沙研究	中国水利学会	北京	双月刊	CSCD、北大核心、科技核心
22	中国水利水电科学研究院学报	中国水利水电科学研究院	北京	双月刊	科技核心
23	水力发电	国家水电工程顾问集团公司	北京	月刊	科技核心
24	水利水电技术	水利部发展研究中心	北京	月刊	CSCD、北大核心、科技核心
25	中国水利	中国水利报社	北京	半月刊	科技核心
26	水利规划与设计	水利水电规划设计总院	北京	月刊	
27	水利发展研究	水利部发展研究中心	北京	月刊	
28	北京水务	北京水利学会	北京	双月刊	
29	水利技术监督	水利水电规划设计总院	北京	双月刊	
30	中国建设信息（水工业市场）	建设部信息中心	北京	月刊	
31	水利建设与管理	中国水利工程协会	北京	月刊	
32	中国防汛抗旱	中国水利学会	北京	双月刊	
33	长江流域资源与环境	中国科学院资源环境科学与技术局	湖北	月刊	CSCD、北大核心、科技核心
34	水生态学杂志	水利部、中国科学院水工程生态研究所	湖北	双月刊	CSCD、北大核心、科技核心
35	水电能源科学	中国水力发电工程学会	湖北	月刊	北大核心
36	中国农村水利水电	中国灌溉排水发展中心	湖北	月刊	北大核心、科技核心
37	长江科学院院报	长江科学院	湖北	月刊	CSCD、北大核心、科技核心

序号	刊名	主办单位	属地	出版频率	收录情况
38	人民长江	水利部长江水利委员会	湖北	半月刊	北大核心、科技核心
39	水电与新能源	湖北省水力发电工程学会	湖北	月刊	
40	水利水电快报	长江水利委员会	湖北	月刊	
41	中国三峡	中国长江三峡集团公司	湖北	月刊	
42	水资源与水工程学报	西北农林科技大学	陕西	双月刊	科技核心
43	电网与清洁能源	西北电网有限公司	陕西	月刊	北大核心、科技核心
44	水利与建筑工程学报	西北农林科技大学	陕西	双月刊	科技核心
45	西北水电	西北勘测设计研究院	陕西	双月刊	
46	陕西水利	陕西省城乡供水管理办公室	陕西	双月刊	
47	水道港口	天津水运工程科学研究所	天津	双月刊	科技核心
48	水科学与工程技术	河北省水利学会	天津	双月刊	
49	海河水利	水利部海河水利委员会	天津	双月刊	
50	水利水电工程设计	中水北方勘测设计研究有限责任公司	天津	季刊	
51	水电站机电技术	中国水利水电科学研究院	天津	月刊	
52	黑龙江大学工程学报	黑龙江大学	黑龙江	季刊	
53	大电机技术	哈尔滨大电机研究所	黑龙江	双月刊	科技核心
54	水利科技与经济	哈尔滨市水务科学研究院	黑龙江	月刊	
55	黑龙江水利科技	黑龙江省水利水电勘测设计研究院	黑龙江	月刊	

续表

序号	刊名	主办单位	属地	出版频率	收录情况
56	黑龙江水利	黑龙江省水利科学研究院	黑龙江	月刊	
57	人民黄河	水利部黄河水利委员会	河南	月刊	北大核心、科技核心
58	华北水利水电大学学报（自然科学版）	华北水利水电大学	河南	双月刊	
59	黄河水利职业技术学院学报	黄河水利职业技术学院	河南	季刊	
60	河南水利与南水北调	河南省水利厅	河南	月刊	
61	浙江水利水电学院学报	浙江水利水电学院	浙江	季刊	
62	浙江水利科技	浙江省水利河口研究院	浙江	双月刊	
63	大坝与安全	国家电力公司大坝安全监察中心	浙江	双月刊	
64	小水电	水利部农村电气化研究所	浙江	双月刊	
65	上海水务	上海市水利学会	上海	季刊	
66	广东水利电力职业技术学院学报	广东水利电力职业技术学院	广东	季刊	
67	人民珠江	水利部珠江水利委员会	广东	月刊	
68	广东水利水电	广东省水利水电科学研究院	广东	月刊	
69	水电站设计	中电建成都勘测设计研究院	四川	季刊	
70	四川水利	四川省水利学会	四川	双月刊	
71	四川水力发电	四川省水力发电工程学会	四川	双月刊	
72	吉林水利	吉林省水利宣传中心	吉林	月刊	

续表

序号	刊名	主办单位	属地	出版频率	收录情况
73	东北水利水电	水利部松辽水利委员会	吉林	月刊	
74	治淮	水利部淮河水利委员会	安徽	月刊	
75	江淮水利科技	安徽省水利学会	安徽	双月刊	
76	南水北调与水利科技	河北省水利科学研究院	河北	双月刊	CSCD、北大核心、科技核心
77	河北水利	河北省宣传中心	河北	月刊	
78	红水河	广西水力发电工程学会	广西	双月刊	
79	广西水利水电	广西水利电力勘测设计研究院	广西	双月刊	
80	山西水利科技	山西省水利学会	山西	季刊	
81	山西水利	山西水利发展研究中心	山西	月刊	
82	甘肃水利水电技术	甘肃省水利水电勘测设计研究院	甘肃	月刊	
83	江西水利科技	江西省水利科学研究所	江西	双月刊	
84	云南水力发电	云南省水力发电工程学会	云南	双月刊	
85	水利科技	福建省水利厅	福建	季刊	
86	山东水利	山东省水利科学研究院	山东	月刊	
87	湖南水利水电	湖南省水电勘测设计研究总院	湖南	双月刊	
88	内蒙古水利	内蒙古自治区水利科学研究院	内蒙古	双月刊	

注："CSCD"指中国科学引文数据库来源期刊；"北大核心"指北大核心期刊要目总览列出的核心期刊；"科技核心"指中国科学技术信息研究所评出的核心期刊（下文相同）。

从表4-1中水利科学类期刊汇总目录可以看出，江苏省无疑是水利科学类期刊的大省、强省，无论从数量、质量，还是影响力方面，江苏省的水利类科技期刊在全国都名列前茅，占有最重要的位置。其中，主办地在江苏省的水利类科技期刊共有14种，仅次于北京的16种，如果考虑到由中国船舶科学研究中心主办的《水动力学研究与进展 A 辑》和《Journal of Hydrodynamics，Ser. B》两种期刊的编辑部已从上海迁至无锡，则江苏省的水利类期刊也是16种，与北京持平（图4-1），占全国的18.2%。在江苏省的16种期刊涵盖了水利工程全部5个二级学科，同时也涉及水生态与环境、水利经济与管理、水利信息化等交叉学科。

图4-1　中国水利类科技期刊地域分布

江苏省的16种水利类期刊中，高校主办5种、科研机构主办6种、学术团体主办4种、企业主办1种；月刊2种、双月刊13种、季刊1种；中文刊13种、英文刊3种。被SCI收录2种，占全国的2/3；被EI收录6种，占全国的3/4；科技核心期刊14种，占全国的2/5。在中国科技期刊国际影响力提升计划中，《Chinese Ocean Engineering》和《Water Science and Engineering》是全国水利科学类期刊中仅有的2种入选期刊。近年来，《China Ocean Engineering》《水科学进展》《岩土工程学报》《海洋工程》《湖泊科学》等多次入选"中国国际影响力优秀学术期刊"；《China Ocean Engineering》入选了2014江苏省十强科技期刊，《Water Science and Engineering》获第一届中国高校特色英文期刊奖；《湖泊科学》《岩土工程学报》多次被评为"中国百种杰出学术期刊"，多次获得中国科协精品科技期刊工程项目资助；《水科学进展》《河海大学学报（自然科学版）》均入选中国精品科技期刊。

（二）成效

"集群化建设"是顺应我国期刊出版改革发展趋势，摆脱目前我国科技期刊"散""小""弱"困境的必然选择。作为拥有水利类科技期刊数量最多、影响力最强的省份，江苏省于"十二五"期间正式启动水利科学类期刊集群化建设的探索。

1. 思路与共识

河海大学是我国水利类学科专业设置最全的高校，其水利学科排名长期保持全国第一。河海大学也是全国主办水利类科技期刊最多的单位之一，并已开展集约化办刊模式的探索与实践近 30 年。2015 年 9 月中旬，由河海大学期刊部牵头，在省内组织召开了第一次水利科技期刊发展座谈会，与南京水利科学研究院和江苏省水利学会主办的水利类科技期刊负责人共同商讨建设"水利科技期刊集群"的思路，达成"江苏共识"。计划以现有的河海大学期刊群为基础，联合南京水科院、江苏省水利学会等单位，通过强强联手、优势互补，共同创办水利期刊集群，并逐步突破江苏省地域限制，通过与全国范围内的水利科技期刊出版单位的磋商与交流，最终建成全国性的"水利科技期刊集群"。9 月下旬，在由中国水利学会主办的第二届水利科技期刊发展研讨会上，河海大学期刊部主任钱向东做了"中国水利科技期刊集群发展的路径探讨"的报告，与《水利学报》及中国水利科学研究院期刊负责人就水利期刊集群建设达成"南北共识"。2016 年 7 月，中国水利水电科学研究院在北京召开水利科技期刊集群发展座谈会，来自全国 24 家水利科技期刊的负责人参会，就水利科技期刊集群建设达成"全国共识"。

2. 建设目标与内容

集群建设的近期目标为：在江苏省科协精品科技期刊集群平台建设项目的支持下，形成"一个机制" + "一个平台" + "一个组织"：

"一个机制"——形成水利期刊同行协商交流机制（定期例会制度，协商期刊集群建设中的各项事宜）。

"一个平台"——构建水利期刊集群网络平台。

"一个组织"——组建期刊工作委员会/集群管理委员会。

集群建设的远期目标为：随着出版体制改革的推进，资金和人力资源的追加投入及社会资本的吸纳，组建具有法人资格的中国水利期刊出版集团实体。

主要建设内容为：

一期建设集单刊采编与发布、用户订阅与服务、多刊协同与合作模块于一体的水利学科期刊集群虚拟网络平台（图 4-2）。通过线上集群、线下分散的方式，实现编辑资源共享、期刊品质提升和扩大集群影响的目的。

二期建设逐步搭建集单刊采编发布、多刊协同合作、公益信息服务和编务保障支持等模块于一体的中国水利期刊集群网络平台（图4-3），并预留接口吸引国内外更多优秀水利学科期刊的加盟。

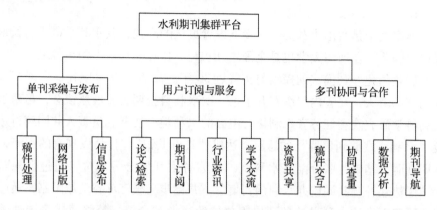

图4-2　水利科学期刊集群网络平台（一期）

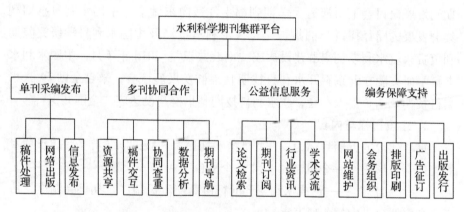

图4-3　水利科学期刊集群网络平台（二期）

单刊采编发布模块，具备稿件处理、网络出版、信息发布等功能。可保留各单刊原有操作系统的风格特色，兼容采用集群采编系统（勤云系统）的期刊及采用其他采编系统的期刊，创新消息驱动设计，提升工作效率，支持多种终端，实现期刊纸媒、网站、微信等新媒体的融合发展。

多刊协同合作模块，具备资源共享、稿件交互、协同查重、数据分析、期刊导航等功能。通过多刊合作模块，杂志之间可以根据需要通过相互关注，实现部分私有数据的共享，如作者库、审者库、已退稿件等。通过采编系统的升级及集群网站的建设，逐步实现用户"一次注册"完成平台内所有期刊远程投稿、稿件状态查询、稿件修改、作者校对、版面费网上通知及网上支付等功能，满足作者一站式访问的需求。

公益信息服务模块，具备论文检索、期刊订阅、行业资讯、学术交流等功能。在网络时代，用户逐渐成为学术交流活动中最活跃的因素。拟构建以用户为核心的服务与交流平台。用户登录平台后可以浏览水利学科各期刊信息，免费下载同行业论文资源。平台除提供文题、关键词等常规检索功能外，还可通过最新论文、推荐论文、下载排行等引导读者阅读习惯，提高文献资源引用率，客观上提高加盟期刊的影响因子。可尝试加入微信等社交链接，使读者、作者与编辑之间的互动交流更加便捷；同时集成各单刊所发布信息，提供会议信息等行业资讯；兼具 RSS 订阅、Email Alert 订阅功能。

编务保障支持模块，具备网站维护、会务组织、排版印刷、广告征订、出版发行等功能。待后续资本注入，具备公司化运作条件后，逐步实现"编营分离"，编辑部专心做好学术编辑工作；其他业务如网站维护会务组织排版印刷、广告发行、人员招聘等由公司承接，解决单刊单打独斗、精力分散的问题。

通过平台的构建，进行审者、作者、读者资源的共享和期刊之间的交流合作，发挥水利期刊整体的质量、规模、资源、人才等的优势，实现抱团发展，共同应对激烈的市场竞争，更好地为整个水利行业提供科技论文及科技发展服务，使该集群逐步发展成为名刊引领型高水平专业化学术期刊集群。

3. 期刊集群平台建设进展

经过前期的调研和软件商比选，水利科学期刊网络集群平台建设已与第三方专业公司达成合作协议，目前正在建设中。一期参加建设的单位，包括《水利学报》河海大学期刊部（6 刊）、《水科学进展》《岩土工程学报》《水力发电学报》《灌溉排水学报》《三峡大学学报（自然科学版）》《华北水利水电大学学报（自然科学版）》《中国防汛抗旱》《泥沙研究》《水利水电技术》《水电站机电技术》《中国水利》《南水北调与水利科技》《人民长江》《人民黄河》《人民珠江》《治淮》《International Journal of Sediment Research》《International Soil and Water Conservation Research》《Journal of Eco-hydraulics》等。

平台建设初期设计了以下 3 项任务：（1）建立门户网站及水利科技论文数据库，提供全行业论文检索、一站式查询等服务；（2）在门户网站上加强加盟期刊的推介、展示和国内外宣传；（3）共享期刊出版资源。

水利期刊集群平台建设进展及首页设计如图 4-4。

图4-4　水利类科技期刊集群平台首页

（三）展望

现阶段，江苏省水利科学类期刊集群与其他行业性科技期刊集群存在相似的问题：

由于体制机制的束缚，绝大部分期刊出版单位（编辑部、期刊部）都是非独立法人单位，属于公益性非营利的业务部门，难于组建实体化运行的期刊集群，近期只能利用互联网技术做到线上集群，而线下还是分散独立运行。

由于同行业期刊存在竞争关系，近期无法形成利益共同体，也还没有找到线上集群的营利模式，可能导致线上集群运行管理的不可持续。

由于目前我国科技评价和引导政策的偏颇，导致国内科技期刊高水平论文的缺失、影响力不足，难以形成集群的核心竞争力。

随着我国科技出版特别是科技期刊出版行业的改革发展，以及科技评价体系的不断完善，在各级精品期刊建设和影响力提升计划的支持下，相信会有越来越多的科技期刊走向市场，影响力和竞争力不断提升，最终真正建成具有中国特色和国际竞争力的、线上线下统一的、实体运营的行业性科技期刊出版集团。

第二节　江苏省科技期刊群发展分析

江苏省人文历史悠久、文化底蕴深厚，在推进科技进步与创新、产业发展与规划方面均走在国内前列，科教兴省、知识创新是江苏省"十二五"科技发展规划重要战略之一①。科教与创新发展的体现，高等教育和科技期刊是其重要方面之一。探讨期刊发展与学科比较分析，可以帮助我们实现两者的相互促进与共同提升。

根据江苏省教育厅统计数据，目前全省普通高校总数141所，其中本科院校52所，包括2所985高校，11所211高校。这些学校许多学科和专业在国内名列前茅，它们对江苏省乃至全国的科技发展都做出了很大贡献，同样对江苏省科技期刊的建设与发展也起到了很大的支持与促进作用。江苏省科技期刊主办单位主要是高校，高校特色学科、优势学科造就了一批高水平学术期刊。同时，江苏省众多高水平的、国家级的专业科研院所也在江苏省学科建设及高水平期刊建设中起到了不可或缺的作用。

本节将从期刊主办单位、主管单位、重要数据库收录情况、学术影响力等方面对江苏省各类科技期刊进行分析，包括自然科学综合类期刊群、数理化类期刊群、天文地学类期刊群、生物科学类期刊群、医药卫生类期刊群、农业科学类期刊群、工业技术类期刊群、航空交通类期刊群、环境科学类期刊群。讨论数据综合了中国科学技术信息研究所提供的2011—2015年数据（科技核心期刊、SCI收录期刊、EI收录期刊），中国科学院科学引文数据库来源期刊（CSCD），北大2014版《中文核心期刊要目总览》目录（北大核心），以及2012—2016年CNKI国际影响力top期刊（最具国际影响力学术期刊，简称"最具"；国际影响力优秀学术期刊，简称"优秀"），由于数据来源的分类方法不一，故会与本书第一章"表1-22七省市科技期刊总量与学科分布"有细微差别，但分析结论不会影响对期刊发展的本质讨论

①　江苏省科学技术厅. 江苏省"十二五"科技发展规划解读［EB/OL］. ［2017-3-9］. http://www.jstd.gov.cn/zwgk/fggw/ck347/2012/01/04094250750.html.

（本章第一节已经讨论的期刊集群下文不再单列讨论）。

一、自然科学综合类期刊群分析

江苏省是国内具有最多高等院校的省份，自然科学研究基础雄厚，其相关期刊也具有较强的实力，并取得了不小成绩。我们对江苏省自然科学类期刊进行了调研，并对重要数据库收录情况等进行了统计，表4-2给出了江苏省26种自然科学类期刊的主办单位、主管单位、重要数据库收录等数据。

表4-2　江苏省自然科学综合类期刊基本情况

序号	期刊名	主办单位	主管机构	收录情况	国际影响力
1	常州大学学报（自然科学版）	常州大学	江苏省教育厅		
2	Journal of Southeast University（English Edition）	东南大学	教育部	EI	最具
3	东南大学学报（自然科学版）	东南大学	教育部	EI、CSCD 北大核心科技核心	
4	淮海工学院学报（自然科学版）	淮海工学院	江苏省教育厅		
5	淮阴师范学院学报（自然科学版）	淮阴师范学院	江苏省教育厅		
6	江南大学学报（自然科学版）	江南大学	教育部	科技核心	
7	江苏大学学报（自然科学版）	江苏大学	江苏省教育厅	CSCD、北大核心、科技核心	
8	江苏科技大学学报（自然科学版）	江苏科技大学	江苏省教育厅	北大核心、科技核心	

续表

序号	期刊名	主办单位	主管机构	收录情况	国际影响力
9	江苏理工学院学报	江苏理工学院	江苏省教育厅		
10	江苏师范大学学报（自然科学版）	江苏师范大学	江苏省教育厅	北大核心	
11	解放军理工大学学报（自然科学版）	解放军理工大学科研部	解放军理工大学		
12	金陵科技学院学报	金陵科技学院	南京市教育局		
13	南京大学学报（自然科学版）	南京大学	教育部	CSCD、北大核心、科技核心	
14	南京工程学院学报（自然科学版）	南京工程学院	江苏省教育厅	科技核心	
15	南京工业大学学报（自科版）	南京工业大学	江苏省教育厅	北大核心、科技核心	
16	南京航空航天大学学报（自然科学版）	南京航空航天大学	工业和信息化部	CSCD、北大核心、科技核心	
17	南京理工大学学报（自然科学版）	南京理工大学	工业和信息化部	CSCD、北大核心、科技核心	
18	南京师大学报（自然科学版）	南京师范大学	江苏省教育厅	CSCD、北大核心、科技核心	
19	南京体育学院学报（自然科学版）	南京体育学院	江苏省教育厅		
20	南京邮电大学学报（自然科学版）	南京邮电大学	江苏省教育厅	北大核心、科技核心	
21	南京信息工程大学学报	南京信息工程大学	江苏省教育厅		

序号	期刊名	主办单位	主管机构	收录情况	国际影响力
22	南通大学学报（自然科学版）	南通大学	江苏省教育厅		
23	苏州科技学院学报（自然科学版）	苏州科技学院	江苏省教育厅		
24	徐州工程学院学报（自然科学版）	徐州工程学院	江苏省教育厅		
25	盐城工学院学报（自然科学版）	盐城工学院	江苏省教育厅		
26	扬州大学学报（自然科学版）	扬州大学	江苏省教育厅		

从表4-2可以看出，江苏省自然科学综合类期刊主要是各高校主办的高校学报，其中，主管单位为江苏省教育厅的有18种，主管单位为教育部的有4种，主管单位为工业和信息化部的有2种，另外2种期刊的主管单位分别为解放军理工大学和南京市教育局。

从期刊收录角度分析，自然科学类期刊被各类期刊源收录的期刊共13种，占50%，仅1种入选国际影响力期刊，占3.84%，这说明该类期刊需要提高国际化办刊水平。表4-2给我们这样一个信息：学校的综合实力与其办刊水平基本成正比，如江苏省两所985高校的学报，均被国内三大科技期刊评价体系收入，除此之外，《东南大学学报（自然科学版）》被EI收录，该校的外文版学报《Journal of Southeast University（English Edition）》同时是江苏省高校学报自然科学类唯一入选国际最具影响力的期刊，这与期刊主办单位自身学术水准是相吻合的。总体上看，学校的学术地位与该校学报的水平有着正相关关系，如主办单位是985或者211工程重点高校的大部分学报都入选各类重要数据库，或被公认为核心期刊。每一所高校，其期刊都是该校的重要学术平台，如何将学校学科发展和期刊发展相互促进、共同进步，这是我们必须要考虑的问题。当然，这可能与目前高校的学术成果评价机制有一定关系，但我们也不能仅仅怪罪于评价机制，全面提升期刊质量和学术影响力，才是我们的当务之急。另一个现象是，江苏大学、江苏科技大学、江苏师范大学、南京工业大学、南京邮电大学等非重点高校主办的自然科学版学报均收入了重要数据库，有的还被多个重要数据库收录，这说明办刊质量的提高除了要依托主办单位自身的学术团队，还可以通过吸引其他高水平学术团队的稿源，弥补自身的不足。

总体上说，高校主办的学科综合类期刊体量较大，但影响力尤其是国际影响力与其数量反差显著，这类期刊由于学科差异大、涉及面广，集群建设将有一定难度。

二、数理化类期刊群分析

江苏省除了拥有众多的高等院校，还有不少中科院和各大部委下属的研究院所，在数天理化领域有深厚的研究基础，在国际上也有相当的影响力，与相关期刊办刊形成良性互动。我们对江苏省数理化类期刊进行了调研，并对重要数据库收录情况等进行了统计，表4-3给出了江苏省8种数理化期刊的主办单位、主管单位、重要数据库收录等数据。

表4-3　江苏省数理化类期刊

序号	期刊名	主办单位	主管单位	收录情况	国际影响力
1	Analysis in Theory and Applications（分析理论与应用）	南京大学	江苏省教育厅	CSCD（2015）	
2	高等学校计算数学学报	南京大学	教育部	CSCD、北大核心、科技核心	
3	南京大学学报（数学半年刊）	南京大学	教育部		
4	Numerical Mathematics：Theory，Methods and Applications［高等学校计算数学学报（英文版）］	南京大学	教育部	SCI、CSCD	优秀

序号	期刊名	主办单位	主管单位	收录情况	国际影响力
5	无机化学学报	中国化学会	中国科学技术协会	SCI、CSCD、北大核心、科技核心	最具
6	天文学报	中国天文学会、中国科学院紫金山天文台	中国科学院	SCI、CSCD、北大核心、科技核心	
7	物理教师	苏州大学	江苏省教育厅、中国科学技术协会		
8	物理学进展	中国物理学会	中国科学技术协会	CSCD、北大核心、科技核心	优秀

从表4-3可以看出，数理化为传统理学，以高等院校研究为主，其相关期刊主办单位基本来自高校，即使是一些专业学会主办的理学期刊，其承办单位也是高校或编辑部坐落在高校。从期刊收录角度分析，数理化类期刊被各类重要数据收录了7种，占87.5%，被国外期刊源收录共3种，占37.5%，入选国际影响力期刊3种，显示出江苏省数理化类期刊具有很高的办刊水准。

具体细分考察，数学类期刊有4种，均由南京大学主办，其中《Numerical Mathematics：Theory，Methods and Applications》［高等学校计算数学学报（英文版）］被SCI收录，同时也是国际影响力优秀期刊，《高等学校计算数学学报》入选CSCD、北大核心和科技核心，这与南京大学数学科学在国内外享有较高声誉是相匹配的。我们可以看到，这2种期刊目前主编同为一人，期刊的中文版和英文版拥有不同的刊号，录用的文章互不相同，但是同时共享网络平台，这在一定程度上可以视作期刊集群。南京大学数学系主办的另一种英文期刊《Analysis in Theory and Applications》（分析理论与应用），其影响力也在不断提升，该刊于2015年被收录进CSCD，这说明其办刊水平近年明显提高。《南京大学学报（数学半年刊)》目前尚未被重要评价体系收录，经查，该刊 2008—2010 年为中国科技核心期刊，但是后来被剔除，这与该期刊为半年刊有一定关系，因为在现有期刊评价机制下出版周期长的期刊处于较为不利的环境。南京大学主办的上述 2 种期刊的例子从另一个角度说明期刊发展可以像《高等学校计算数学学报》中英版那样走集群化道路，实现优势互补和资源共享。天文类期刊有 1 种，为核心期刊，物理类期刊有 2 种，一种是苏州大学主办的教参类期刊，一种是物理学会主办的《物理学进展》，该期刊同时入选北大核心和科技核心，并且是国际影响力优秀期刊。化学类期刊有 1 种，即《无机化学学报》，由中国化学学会主办，该刊同时入选 SCI、北大核心和科技核心，同时被评为最具影响力期刊。总体来看，数天理化类期刊均由在国内外相关学科具有一定影响力的机构主办，具有得天独厚的优势，相关期刊水平与办刊单位的学术水平总体是一致的。

三、天文地学类期刊群分析

天文地学是一门涵盖较广的科学，涉及水文、地理、地质、天文、气象等学科，需要指出的是，表 4 - 4 中天文地学期刊是按照 CN 号 P 类进行统计分析的，不同于期刊集群建设分类，故表中部分期刊属于水利科学期刊集群，部分期刊属于地球科学类期刊集群。

表 4 - 4　江苏省天文地学类期刊

序号	期刊名	主办单位	主管单位	收录情况	国际影响力
1	An International Journal Pedosphere	中科院南京土壤研究所、中国土壤学会	中国科学院	科技核心	
2	China Ocean Engineering	中国海洋学会海洋工程分会	中国科学技术协会	SCI、EI、科技核心	优秀
3	大气科学学报	南京信息工程大学	江苏省教育厅	中文核心、科技核心	
4	地层学杂志	全国地层委员会	中国科学院	中文核心、科技核心	优秀

续表

序号	期刊名	主办单位	主管单位	收录情况	国际影响力
5	地质学刊	江苏省地质调查研究院、江苏省地质学会、中国地质学会	江苏省国土资源厅		
6	防灾减灾工程学报	江苏省地震局、中国灾害防御协会	江苏省地震局	中文核心	
7	高校地质学报	南京大学	教育部	中文核心、科技核心	最具；优秀
8	海洋工程	中国海洋学会、南京水利科学研究院	中国科学技术协会	中文核心、科技核心	优秀
9	湖泊科学	中国科学院南京地理与湖泊研究所	中国科学院	EI、中文核心、科技核心	最具；优秀
10	气象科学	江苏省气象学会	江苏省气象局	中文核心、科技核心	
11	水科学进展	南京水利科学研究院、中国水利学会	水利部	SCI、EI、中文核心、科技核心	优秀
12	天文学报	中国天文学会、中国科学院紫金山天文台	中国科学院	中文核心、科技核心	
13	土壤	中国科学院南京土壤研究所	中国科学院	中文核心、科技核心	
14	土壤学报	中国土壤学会	中国科学院	中文核心、科技核心	

续表

序号	期刊名	主办单位	主管单位	收录情况	国际影响力
15	现代测绘	江苏省测绘地理信息学会、江苏省测绘地理信息行业协会、江苏省测绘科技信息站	江苏省测绘地理信息局		

从表4-4可以看出，天文地学类期刊主办单位以各专业学会、研究院所为主。有5种刊是2个单位联合主办，有2种刊是3个单位联合主办。期刊主管单位为中国科学院的有6个，占40%，说明在天文地学类基础研究方面，中科院系统的刊物在江苏省天文地学类期刊中占据重要角色，这与中国科学院在江苏省的几个研究所有着密切关系。从期刊收录角度分析，天文地学类期刊被各类期刊源收录的期刊共13种，占86.7%，入选国际影响力期刊共6种，占40%，显示出江苏省天文地学类期刊极高的办刊水准。需要特别指出的是，南京水利科学研究院和中国水利学会主办的《水科学进展》同时被SCI、EI、中文核心和科技核心收录，同时入选国际优秀影响力期刊，说明该刊办刊水准获得了国内外广泛的认可。中国科学院南京地理与湖泊研究所主办的《湖泊科学》同时被EI、中文核心和科技核心收录，并入选国际最具影响力期刊和国际优秀影响力期刊，说明该刊也有极高的办刊水平。

四、生物科学类期刊群分析

生物科学是一门前沿性的边缘学科，即研究各类生物的结构、生理行为，也研究生物起源、进化与遗传发育等。所以，生物科学类期刊包括当前动植物等研究，也包括古生物等研究，因此，生物科学期刊群与地学期刊群也有一定交融。江苏省生物科学期刊群目录详见表4-5。

表 4-5　江苏省生物科学类期刊

序号	期刊名	主办单位	主管单位	收录情况	国际影响力
1	古生物学报	中国古生物学会、中科院南京地质古生物研究所	中国科学院	CSCD、北大核心、科技核心	最具
2	生物进化（科普类）	中科院南京地质古生物研究所	中国科学院		
3	生物加工过程	南京工业大学	江苏省教育厅	科技核心	
4	微体古生物学报	中国古生物学会微体古生物学分会、中国科学院南京地质古生物研究所	中国科学院	CSCD、北大核心、科技核心	优秀
5	中国工作犬业	中国工作犬管理协会、公安部南京警犬研究所	公安部		
6	中国野生植物资源	南京野生植物综合利用研究院	中华全国供销合作总社		
7	中学生物学	南京师范大学	江苏省教育厅		

从表 4-5 可以看出，生物科学类期刊主办单位有 5 种期刊来自科研院所，其中有 3 种为科研院所与学会或协会共同主办，另 2 种期刊的主办单位为高校。主管单位有 3 个是中国科学院，2 个是江苏省教育厅，还有 2 种分别为公安部和中华全国供销总社。生物科学类期刊尽管数量不多，但是有 3 种被相关评价机构评选为核心期刊，占 42.9%，并且有 2 种入选国际影响力期刊。这与期刊的主办单位自身学术水平在国内外的影响力是相匹配的。需要特别指出的是，由中国科学院主管的期刊《古生物学报》和《微体古生物学报》均入选 CSCD、北大核心和科技核心，并且被评为国际影响力期刊，这 2 种高影响力期刊同时属于地学期刊集群。

五、医药卫生类期刊群分析

江苏省拥有中国药科大学、南京医科大学、南京中医药大学等国内著名医药卫生类高校，南京大学、东南大学、南通大学等综合性大学也设有高水平的医学院，江苏省同时还拥有江苏省人民医院、江苏省中医院、南京军区总医院等集临床和科研教学于一体的综合性三甲医院，这些都为江苏省医药卫生类期刊的办刊创造了有利条件。江苏省医药卫生类期刊共 50 种，是除工业类期刊外，期刊种数最多的类别。具体见表 4 - 6。

表 4 - 6　江苏省医药卫生类期刊

序号	期刊名	主办单位	主管单位	收录情况	国际影响力
1	Chinese Journal of Natural Medicines（中国天然药物）	中国药科大学	教育部	SCI、MED、科技核心	最具
2	The Journal of Biomedical Research〔生物医学研究杂志（英文版）〕	南京医科大学	南京医科大学		最具；优秀
3	肠外与肠内营养	南京军区南京总医院	南京军区联勤部卫生部		
4	东南大学学报（医学版）	东南大学	教育部	中文核心、科技核心	
5	东南国防医药	南京军区医学科学技术委员会	南京军区联勤部卫生部		
6	国际麻醉学与复苏杂志	徐州医学院	国家卫生计生委	科技核心	
7	国际皮肤性病学杂志	中华医学会、中国医学科学院皮肤病研究所	国家卫生计生委	科技核心	
8	国外医学·卫生经济分册	江苏省医学情报研究所	国家卫生计生委		

续表

序号	期刊名	主办单位	主管单位	收录情况	国际影响力
9	江苏大学学报（医学版）	江苏大学	江苏省教育厅	科技核心	
10	江苏卫生事业管理	江苏省医学会	江苏省卫生和计划生育委员会		
11	江苏医药	江苏省人民医院	江苏省卫生和计划生育委员会	中文核心、科技核心	
12	江苏预防医学	江苏省疾病预防控制中心、江苏省预防医学会	江苏省卫生厅		
13	江苏中医药	江苏省中医药学会、江苏省中西医结合学会、江苏省针灸学会	江苏省卫生和计划生育委员会、江苏省卫生厅、江苏省中医药局	科技核心	
14	交通医学	南通大学	江苏省教育厅		
15	抗感染药学	苏州市第五人民医院	江苏省卫生厅		
16	口腔生物医学	南京医科大学	江苏省教育厅、卫生部		
17	口腔医学	南京医科大学口腔医学院	南京医科大学	科技核心	
18	临床检验杂志	江苏省医学会	江苏省卫生和计划生育委员会	中文核心、科技核心	
19	临床精神医学杂志	南京医科大学附属脑科医院	南京医科大学		

续表

序号	期刊名	主办单位	主管单位	收录情况	国际影响力
20	临床麻醉学杂志	南京医学会	南京市卫生局	中文核心、科技核心	
21	临床皮肤科杂志	江苏省人民医院	江苏省卫生厅、江苏省卫生和计划生育委员会	中文核心、科技核心	
22	临床神经病学杂志	南京医科大学附属脑科医院	南京医科大学	科技核心	
23	临床神经外科杂志	南京医科大学附属脑科医院	江苏省卫生厅		
24	临床肿瘤学杂志	南京军区八一医院	南京军区联勤部卫生部		
25	南京医科大学学报（自然科学版）	南京医科大学	江苏省教育厅	中文核心、科技核心	
26	南京中医药大学学报	南京中医药大学	江苏省教育厅	中文核心、科技核心	
27	南通大学学报（医学版）	南通大学	江苏省教育厅		
28	肾脏病与透析肾移植杂志	金陵医院肾脏病研究所	江苏省卫生厅	中文核心、科技核心	
29	实用老年医学	江苏省老年医学研究所	江苏省卫生厅	科技核心	
30	实用临床医药杂志	扬州大学	江苏省教育厅	科技核心	
31	实用心电学杂志	江苏大学	江苏省教育厅	科技核心	
32	现代医学	东南大学	教育部	科技核心	
33	徐州医学院学报	徐州医学院	江苏省教育厅	科技核心	
34	药物生物技术	中国药科大学、中国医药科技出版社、中国药学会	教育部	科技核心	

续表

序号	期刊名	主办单位	主管单位	收录情况	国际影响力
35	药学进展	中国药科大学、中国药学会	教育部		
36	药学与临床研究	江苏省药学会	江苏省食品药品监督管理局	科技核心	
37	医学研究生学报	南京军区南京总医院	南京军区联勤部卫生部		
38	中国临床研究	中华预防医学会	国家卫生计生委		
39	中国生化药物杂志	无锡锡报期刊传媒有限公司	无锡日报报业集团		
40	中国校医	江苏省预防医学会、中华预防医学会	江苏省卫生和计划生育委员会		
41	中国血吸虫病防治杂志	江苏省血吸虫病防治研究所	江苏省卫生和计划生育委员会	MED、中文核心、科技核心	
42	中国血液流变学杂志	中国生物医学工程学会、苏州大学	中国科学技术协会		优秀
43	中国药科大学学报	中国药科大学	教育部	中文核心、科技核心	优秀
44	中国医学文摘内科学分册（英文版）	东南大学	教育部		
45	中国肿瘤外科杂志	中国医师协会、江苏省医学情报研究所、江苏省肿瘤医院	国家卫生计生委		

序号	期刊名	主办单位	主管单位	收录情况	国际影响力
46	中华核医学与分子影像杂志	中华医学会	中国科学技术协会		
47	中华男科学杂志	南京军区南京总医院	南京军区联勤部卫生部		优秀
48	中华皮肤科杂志	中华医学会	中国科学技术协会	中文核心、科技核心	
49	中华卫生杀虫药械	南京军区疾病预防控制中心	南京军区联勤部卫生部		
50	中华消化内镜杂志	中华医学会	中国科学技术协会	中文核心、科技核心	

从表4-6可以看出，医药卫生类期刊主办单位以各大医院、医科大学和有医学专业的综合性大学为主。医院系统中，南京军区南京总医院、南京医科大学附属脑科医院各主办3种，江苏省人民医院主办2种，其余医院包括南京军区八一医院、苏州市第五人民医院、江苏省肿瘤医院。大学系统中，中国药科大学主办4种期刊，南京医科大学、东南大学各主办3种，江苏大学、南通大学、徐州医学院都主办2种，苏州大学、扬州大学主办1种。医学会也是期刊主办的重要组织，中华医学会主办4种期刊，江苏省医学会、江苏省预防医学会、中华预防医学会、中国药学会主办2种期刊，江苏省中医药学会、中国医师协会、江苏省中西医结合学会、江苏省针灸学会、南京军区医学科学技术委员会各主办1种期刊。其余办刊单位有各研究所及出版传媒企业，包括江苏省疾病预防控制中心、江苏省老年医学研究所、江苏省血吸虫病防治研究所、江苏省医学情报研究所、金陵医院肾脏病研究所、无锡锡报期刊传媒有限公司、中国医药科技出版社、中国医学科学院皮肤病研究所。从期刊收录角度分析，医药卫生类期刊被各类期刊源收录的共26种，占52%，总体处于一般水平。中国药科大学主办的英文期刊《Chinese Journal of Natural Medicines》即《中国天然药物》，同时被SCI、MED和科技核心收录，显示出该期刊办刊水平与其主办单位在该领域的学术水准是相吻合的。

六、农业科学类期刊群分析

江苏省虽不是农业大省，但是拥有南京农业大学、南京林业大学、中科院农业类研究所等高水平教学与科研机构，故而江苏省农业科学类期刊也拥有较高的水平。江苏省农业科学类期刊除了包括传统意义上的农、林、牧、渔类期刊，还包括与之相关的土壤环境类期刊。具体见表4-7。

表4-7　江苏省农业科学类期刊

序号	期刊名	主办单位	主管单位	收录情况	国际影响力
1	Pedosphere(土壤圈)	中国科学院南京土壤研究所等	中国科学院		最具
2	蚕业科学	中国蚕学会、中国农业科学院蚕业研究所	中国科学技术协会	中文核心、科技核心	
3	畜牧与兽医	南京农业大学	教育部		
4	大麦与谷类科学	江苏沿海地区农业科学研究所	江苏省农业科学院		
5	江苏蚕业	江苏苏豪传媒有限公司、江苏省蚕桑学会	江苏省苏豪控股集团有限公司		
6	江苏林业科技	江苏省林业科学研究院、江苏省林业科技情报中心	江苏省林业局		
7	江苏农业科学	江苏省农业科学院科技情报研究所	江苏省农业科学院	中文核心、科技核心	
8	江苏农业学报	江苏省农业科学院科技情报研究所	江苏省农业科学院	中文核心、科技核心	

续表

序号	期刊名	主办单位	主管单位	收录情况	国际影响力
9	林产化学与工业	中国林科院林产化学工业研究所	国家林业局	EI、中文核心、科技核心	
10	林业科技开发	南京林业大学	江苏省教育厅	中文核心、科技核心	
11	南京林业大学学报（自然科学版）	南京林业大学	江苏省教育厅	中文核心、科技核心	
12	南京农业大学学报	南京农业大学	教育部	中文核心、科技核心	
13	生物质化学工程	中国林业科学研究院林产化学工业研究所	国家林业局	中文核心	
14	水产养殖	江苏省水产学会	江苏省海洋与渔业局		
15	土壤学报	中国土壤学会	中国科学院	中文核心、科技核心	最具；优秀
16	扬州大学学报（农业与生命科学版）	扬州大学	江苏省教育厅	中文核心、科技核心	
17	杂草科学	江苏省杂草研究会	江苏省农业科学院	科技核心	
18	植物资源与环境学报	江苏省中国科学院植物研究所、江苏省植物学会	江苏省科学技术厅	中文核心、科技核心	
19	中国蚕业	中国农业科学院蚕业研究所	农业部		
20	中国家禽	江苏省家禽科学研究所	江苏省农业委员会	中文核心	
21	中国农机化学报	农业部南京农业机械化研究所	农业部		

序号	期刊名	主办单位	主管单位	收录情况	国际影响力
22	中国养兔杂志	江苏省畜牧总站、中国畜牧业协会、江苏畜牧兽医职业技术学院	农业部		

从表4-7可以看出，农业科学类期刊主办单位中，以各研究所、学会为主，农、林、水产、家禽、桑蚕、畜牧、杂草类学会和研究所各主办至少1种期刊，由于江苏省农林类专业大学仅南京林业大学、南京农业大学，综合类大学仅扬州大学有相关专业，故农业科学类期刊由大学主办的比较少，仅4种刊物。从期刊主管部门分析，农业科学院主管5种期刊，农业部、江苏省教育厅各主管3种期刊，教育部、中国科学院、国家林业局各主管2种期刊，中国科学技术协会、江苏省海洋与渔业局、江苏省农业委员会、江苏省苏豪控股集团有限公司各主办1种期刊。从期刊收录角度分析，农业科学类期刊被各类收录源收录的期刊共13种，占59.1%，处于中等水平。农业类期刊中有2种期刊入选国际影响力期刊，占9.1%，处于较低水平，具有很大提升空间。

七、工业技术类期刊群分析

江苏省作为工业和经济大省，具有完善的产学研体系，江苏省工业类学术期刊作为反映江苏省最新工业产学研成果的窗口，其期刊数量达80余种，它们在江苏省科技创新与科技发展中起着非常重要的作用。具体期刊详见表4-8。

表4-8　江苏省工业技术类期刊

序号	期刊名	主办单位	主管单位	收录情况	国际影响力
1	爆破器材	中国兵工学会	中国科学技术协会	北大核心、科技核心	
2	玻璃纤维	南京中材玻璃纤维研究设计院	南京玻璃纤维研究设计院有限公司/南京中材玻璃纤维研究设计院		

续表

序号	期刊名	主办单位	主管单位	收录情况	国际影响力
3	常州工学院学报	常州工学院	江苏省教育厅		
4	传感技术学报	东南大学、中国微米纳米技术学会	教育部	CSCD、北大核心、科技核心	
5	创意与设计	江南大学、中国轻工业信息中心	教育部		
6	弹道学报	中国兵工学会	中国科学技术协会	CSCD、北大核心、科技核心	
7	电池工业	中国电池工业协会、轻工业化学电源研究所	中国轻工业联合会		
8	电工电气	苏州电器科学研究所有限公司	江苏省机械工业联合会		
9	电加工与模具	苏州电加工机床研究所	苏州电加工机床研究所	科技核心	
10	电力安全技术	中国电机工程学会安全技术专业委员会、苏州热工研究院有限公司	国家电网公司		
11	电力系统自动化	国网电力科学研究院	国家电网公司	EI、CSCD、北大核心、科技核心	最具；优秀
12	电力需求侧管理	英大传媒投资集团南京有限公司、国家电网公司电力需求侧管理指导中心	英大传媒投资集团有限公司	科技核心	

续表

序号	期刊名	主办单位	主管单位	收录情况	国际影响力
13	电力自动化设备	南京电力自动化研究所有限公司、国电南京自动化股份有限公司	中国华电集团公司	EI、CSCD、北大核心、科技核心	优秀
14	电气电子教学学报	南京电子技术研究所	教育部		
15	电子机械工程	南京电子技术研究所	江苏省国防科学技术工业办公室		
16	电子器件	东南大学	教育部	北大核心、科技核心	
17	电子与封装	中电科技集团第五十八研究所	中国电子科技集团公司		
18	纺织报告	江苏苏豪传媒有限公司	江苏苏豪传媒有限公司		
19	工兵装备研究	总装工程兵技术装备研究所	总装陆军装备科研订购部		
20	工矿自动化	中煤科工集团常州自动化研究院有限公司	中国煤炭科工集团有限公司	北大核心、科技核心	
21	工业控制计算机	江苏省计算机研究所有限责任公司	江苏省科学技术厅		
22	固体电子学研究与进展	南京电子器件研究所	中国电子科技集团公司	CSCD、北大核心、科技核心	
23	光电子技术	南京电子器件研究所	中国电子科技集团公司	科技核心	

续表

序号	期刊名	主办单位	主管单位	收录情况	国际影响力
24	航天电子对抗	中国航天科工集团8511研究所	中国航天科工集团公司		
25	合成技术及应用	仪征化纤股份有限公司	中国石油化工集团公司		
26	化工矿物与加工	中蓝连海设计研究院	中蓝连海设计研究院		
27	化工时刊	东南大学	教育部		
28	化学传感器	中国仪器仪表学会	中国科学技术协会		
29	淮阴工学院学报	淮阴工学院	江苏省教育厅		
30	混凝土与水泥制品	苏州混凝土水泥制品研究院、中国混凝土与水泥制品协会	苏州混凝土水泥制品研究院	北大核心	
31	机电信息	江苏《机电信息》杂志社有限公司	江苏省设备成套有限公司		
32	机械设计与制造工程	南京东南大学出版社有限公司	东南大学		
33	机械制造与自动化	南京机械工程学会	南京机电产业（集团）有限公司	科技核心	
34	舰船电子对抗	扬州第723研究所	中国船舶重工集团公司		
35	江苏电机工程	江苏省电力公司、江苏省电机工程学会	江苏省电力公司		
36	江苏工程职业技术学院学报	江苏工程职业技术学院	江苏省教育厅		

续表

序号	期刊名	主办单位	主管单位	收录情况	国际影响力
37	江苏建材	江苏省建材行业协会	江苏省经济和信息化委员会		
38	江苏建筑	江苏省土木建筑学会、江苏省建筑科学研究院	江苏省建设厅		
39	江苏丝绸	江苏省苏豪传媒有限公司、江苏省丝绸协会	江苏省苏豪控股集团有限公司		
40	江苏陶瓷	江苏省陶瓷研究所有限公司	江苏省科学技术厅		
41	江苏调味副食品	江苏省调味副食品行业协会	江苏省调味副食品行业协会		
42	聚氨酯工业	江苏省化工研究所有限公司、中国聚氨酯工业协会	江苏省纺织（集团）总公司	北大核心、科技核心	
43	军事通信技术	解放军理工大学通信工程学院、解放军理工大学指挥信息系统学院	解放军理工大学		
44	雷达与对抗	中国船舶重工集团公司第七二四研究所	中国船舶重工集团公司		
45	粮食与食品工业	无锡中粮工程科技有限公司、中国粮油学会	中粮工程科技有限公司		
46	硫磷设计与粉体工程	中石化南京工程有限公司	中国石油化工集团南京工程有限公司		

续表

序号	期刊名	主办单位	主管单位	收录情况	国际影响力
47	硫酸工业	南化集团研究院全国硫酸工业信息站	南化集团研究院		
48	南京师范大学学报（工程技术版）	南京师范大学	江苏省教育厅		
49	能源化工	中国石化集团南京化学工业有限公司、南化集团研究院	中国石油化工集团公司		
50	能源研究与利用	江苏省节能技术服务中心	江苏省经济和信息化委员会		
51	农业开发与装备	农业部南京农业机械化研究所	农业部		
52	排灌机械工程学报	中国农业机械学会排灌机械学会	中国农业机械学会排灌机械分会	CSCD、北大核心、科技核心	
53	燃气轮机技术	南京燃气轮机研究所	南京燃气轮机研究所		
54	染整技术	江苏苏豪传媒有限公司、江苏省纺织工程学会	江苏省苏豪控股集团有限公司		
55	实用心电学杂志	江苏大学	江苏省教育厅		
56	石油实验地质	中国石化石油勘探开发研究院、南京石油物探研究所	中国石油化工集团公司	CSCD、北大核心、科技核心	
57	石油物探	中国石化石油勘探开发研究院、南京石油物探研究所	中国石油化工集团公司	EI、CSCD、北大核心、科技核心	

续表

序号	期刊名	主办单位	主管单位	收录情况	国际影响力
58	数据采集与处理	信号处理学会、微弱信号检测学会、南航等	中国科学技术协会	CSCD、北大核心、科技核心	
59	水泥工程	南京水泥工业设计研究院有限公司	南京水泥工业设计研究院有限公司		
60	苏州科技学院学报（工程技术版）	苏州科技学院	江苏省教育厅		
61	塑料助剂	南京市化学工业研究设计院有限公司	南京出版传媒（集团）有限责任公司（原南京化建产业集团有限公司）	科技核心	
62	涂料工业	中海油常州涂料化工研究院有限公司	中海油常州涂料化工研究院有限公司	北大核心、科技核心	
63	涂料技术与文摘	中海油常州涂料化工研究院有限公司、中国化工学会涂料涂装专业委员会	中海油常州涂料化工研究院有限公司		
64	微波学报	中国电子学会	中国科学技术协会	CSCD、北大核心、科技核心	
65	无线互联科技	江苏省科学技术情报研究所	江苏省科学技术厅		
66	现代车用动力	无锡油泵油嘴研究所	无锡油泵油嘴研究所		

续表

序号	期刊名	主办单位	主管单位	收录情况	国际影响力
67	现代城市研究	南京城市科学研究会	南京市城乡建设委员会	北大核心、科技核心	
68	现代雷达	南京电子技术研究所	中国电子科技集团公司	CSCD、北大核心、科技核心	
69	现代面粉工业	江苏省粮食工业协会	江苏省粮食局		
70	现代农药	江苏省农药研究所	江苏省经济和信息化委员会	科技核心	
71	现代丝绸科学与技术	苏州大学、现代丝绸国家工程实验室（苏州）	江苏省教育厅		
72	现代塑料加工应用	中国石化集团资产经营管理有限公司扬子石化分公司、中国石化扬子石油化工有限公司	中国石油化工集团公司	北大核心、科技核心	
73	现代盐化工	江苏苏豪传媒有限公司、江苏省盐业集团有限责任公司	江苏省苏豪控股集团有限公司	SCI	
74	现代铸铁	无锡一汽铸造有限公司、中国机械工程学会	一汽铸造有限公司		
75	岩土工程学报	中国水利学会等6学会	中国科学技术协会	EI、CSCD、北大核心、科技核心	最具；优秀

序号	期刊名	主办单位	主管单位	收录情况	国际影响力
76	印染助剂	江苏苏豪传媒有限公司	江苏省苏豪控股集团有限公司	北大核心、科技核心	
77	油气藏评价与开发	中国石化集团华东石油局	中国石油化工集团公司	CSCD	
78	振动工程学报	中国振动工程学会	中国科学技术协会	EI、CSCD、北大核心、科技核心	
79	指挥控制与仿真振动工程学报	中国船舶重工集团公司第716研究所、中国振动工程学会	中国船舶重工集团公司、中国科学技术协会	EI、北大核心、科技核心	
80	指挥信息系统与技术指挥控制与仿真	中国电子科技集团公司第二十八研究所、中国船舶重工集团公司第716研究所	中国电子科技集团公司、中国船舶重工集团公司		
81	中国建筑防水	中国建筑防水协会、中建材防水材料公司、中国建筑材料科学研究总院苏州防水研究院	中建材防水材料公司	EI、北大核心、科技核心	

从表4-8可以看出，工业类期刊多达81种，涉及几乎所有工学门类，其主办单位类型分布也很广（以第一主办机构统计，下同）。大学主办（包括合办）的期刊有12种，各学会或协会主办（包括合办）的期刊有27种，各专业科研院所主办（包括合办）的期刊有31种，各大集团公司主办（包括合办）的期刊有24种。需要特别指出的是，工业类期刊有25种期刊是合

办的，占 30.9%，有些期刊是协会、研究院所、公司合办，显示出工业类期刊办刊面向产学研的特点，这些合办刊物有 13 种被各类期刊源收录，其中有 8 种刊物被国际期刊源收录，包括工业类期刊唯一被 SCI 收录的《现代盐化工》。

从期刊主管部门分析，中国科学技术协会主管 8 种期刊，江苏省教育厅、中国石油化工集团公司各主管 7 种期刊，教育部、中国电子科技集团公司主管 5 种期刊，江苏省苏豪控股集团公司、中国船舶重工集团公司各主管 4 种期刊，江苏省经济和信息化委员会、江苏省科学技术厅各主管 3 种期刊，中海油常州涂料化工研究院有限公司主管 2 种期刊。需要特别注意的是，江苏省苏豪传媒集团有限公司异军突起，主管 4 种期刊，这说明江苏省期刊主办单位已经超越传统的机关事业单位，社会力量开始进入出版传媒领域，为传统出版传媒带来新鲜血液，这类主管单位还包括中海油常州涂料化工研究院有限公司、英大传媒投资集团有限公司等，这为期刊从集群化走向集团化、规模化发展积累了实践经验，有望探索出一条新路。

工业类期刊被各类期刊源收录的期刊总数为 32 种，占期刊总数的 39.5%，处于中低水平，这说明工业类期刊数量虽多，但是总体办刊水平并不高。工业类期刊被 SCI 收录的仅有 1 种，仅 3 种期刊入选国际影响力期刊，占 3.7%，这些都说明工业类期刊国际化办刊水平急需提升。

工业类属于大学科类别，从二级学科角度（参照教育部学位研究中心2012 年学科评估的学科分类）对工业类期刊细分进行考察，具体各二级学科期刊种类及数量如图 4-5。

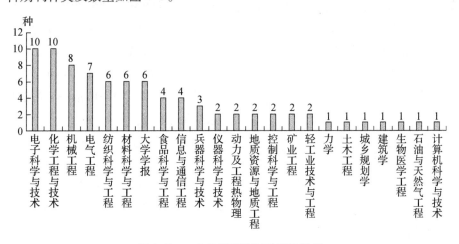

图 4-5 工业类学科期刊种类及数量

　　整个工业类二级学科共 37 个，从图 4-5 可知，除学报属于综合类外，上述期刊覆盖了 22 个二级学科，占 59.5%。事实上，为了讨论和期刊集群建设，有些期刊被我们划分在其他学科期刊，未出现在工业类期刊列表，从这个角度看，除了光学工程、核科学与技术、风景园林学、软件工程 4 个二级学科据查实没有对应的专业期刊，其他二级工业类均有期刊对应，工业类期刊对二级学科的对应率高达到 89.2%。对工业类被各类收录源收录的期刊进行统计，见图 4-6。

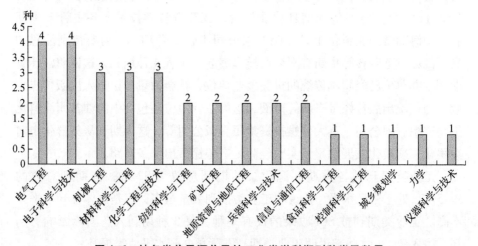

图 4-6　被各类收录源收录的工业类学科期刊种类及数量

　　电气工程类期刊有 2 种入选 EI、2 种被评为国际影响力期刊（《电力系统自动化》《电力自动化设备》），这与江苏省相关学科在学术界和工业界的影响力是相匹配的。电子科学类对应的核心学术期刊没有入选外文收录源，这说明该类期刊需要在现有办刊的良好基础上进一步提高国际化办刊水平，凝聚力量打造期刊集群，扩大影响，特别是在工业信息化时代，应该成为相关学科和产业跟国际接轨的重要媒介。总体上看，江苏省工业类期刊可以参照水利、地学等期刊群，对具有一定集群基础的相近学科期刊进行资源整合，促进期刊自身发展及相应学科和产业的协同发展。

八、航空交通类期刊群分析

　　江苏省作为经济发达省份，航空交通运输相关产业规模巨大，且有东南大学、南京航空航天大学等在交通和航空领域具有高水平研究性的大学，这些为开展相关产学研活动提供了丰厚的基础，也为相关期刊的发展提供了有力支持。具体期刊见表 4-9。

表4-9　江苏省航空交通类期刊

序号	期刊名	主办单位	主管单位	收录情况	国际影响力
1	船舶力学	中国船舶科学研究中心	中国船舶重工集团公司	EI、北大核心、科技核心	
2	轨道交通装备与技术	中国南车集团戚墅堰机车车辆厂	中国南方机车车辆工业集团公司		
3	国外机车车辆工艺	中国南车集团戚墅堰机车车辆厂	中国南方机车车辆工业集团公司		
4	机车车辆工艺	中国南车集团戚墅堰机车车辆厂	中国南方机车车辆工业集团公司		
5	江苏船舶	江苏省造船工程学会江苏省船舶设计研究所	江苏省交通运输厅		
6	汽车维护与修理	中国汽车维修行业协会	交通部		
7	现代交通技术	江苏省交通科学研究院（江苏省交通科学技术情况站）	江苏省交通运输厅		
8	Transactions of Nanjing University of Aeronautics and Astronautics	南京航空航天大学	工业和信息化部	EI、CSCD	
9	振动、测试与诊断	南京航空航天大学	工业和信息化部	EI、CSCD、北大核心、科技核心	

从表4-9可以看出，江苏省航空交通类期刊一共9种，其中中国南车集团戚墅堰机车车辆厂主办了3种期刊，是期刊办刊面向产学研的突出实例。交通运输类期刊被各类期刊收录源收录的共3种，占33.3%，处于较低水平。从表4-9同时可以看出，航空航天类期刊办刊特色明显，均由隶属于工业和信息化部的南京航空航天大学主办，且所有期刊均被收录，其中包括2种EI收录期刊，且具有极高的办刊水平。这与其主办单位在航空航天领域多年的学术积累形成的学科特色和优势是一致的。该类期刊没有入选国际影响力期刊，这表明该类期刊可以借助集群建设，进一步提高办刊质量和影响力。

九、环境科学类期刊群分析

随着经济社会的发展，环境问题越来越凸显，相关研究也成为热点，在这种情况下，江苏省环境科学类期刊也得到长足发展。具体期刊见表4-10。

表4-10　江苏省环境科学类期刊

序号	期刊名	主办单位	主管单位	收录情况	国际影响力
1	电力科技与环保	国电科学技术研究院	中国国电集团公司		
2	环境监测管理与技术	江苏省环境监测中心	江苏省环境保护厅	CSCD、科技核心	
3	环境监控与预警	江苏省环境监测中心	江苏省环境保护厅		
4	环境科技	徐州市环境监测中心站、江苏省环境科学研究院	江苏省环境保护厅	科技核心	
5	生态与农村环境学报	国家环保总局南京环境科学研究所	环境保护部	CSCD、北大核心、科技核心	

从表4-10可以看出，江苏省环境科学类期刊的主办单位除了环境监测中心和科研院所，还包括电力类与环境相关的单位，说明环境问题是一个综合问题，社会各界通过各种方式都参与其中，通过期刊平台，展示相关理

念、相关成果、相关应用，形成了产学研互动的良好局面。从期刊收录角度分析，环境科学类期刊共有 3 种期刊被各类收录源收录，占 60%，处于较高水平，但是尚未有被 SCI 和 EI 收录期刊，该类期刊也没有入选国际影响力期刊，说明该类期刊国际化水平有待提高。

第三节 七省市期刊与优势学科分析

教育部学位研究中心 2012 年对全国各高校和科研院所进行学科评估，该轮学科评估涉及 7 大类一级学科，82 类二级学科。其中理学类（包括数学、地球物理学、物理学、地质学、化学、生物学、天文学、系统科学、地理学、科学技术史、大气科学、生态学、海洋科学、统计学 14 种二级学科），工学类（包括力学、机械工程、矿业工程、光学工程、仪器科学与技术、材料科学与工程、冶金工程、动力及工程热物理、电气工程、电子科学与技术、信息与通信工程、控制科学与工程、计算机科学与技术、建筑学、土木工程、水利工程、测绘科学与技术、化学工程与技术、地质资源与地质工程、矿业工程、石油与天然气工程、纺织科学与工程、轻工技术与工程、交通运输工程、船舶与海洋工程、航空宇航科学与技术、兵器科学与技术、核科学与技术、农业工程、林业工程、环境科学与工程、生物医学工程、食品科学与工程、城乡规划学、风景园林学、软件工程、安全科学与工程 37 种二级学科），农学（包括作物学、园艺学、农业资源与环境、植物保护、水产、草学、畜牧学、兽医学、林学 9 种二级学科），医学（包括基础医学、临床医学、口腔医学、公共卫生与预防医学、中医学、中西医结合、药学、中药学、护理学 9 种二级学科），管理学（包括管理科学与工程、工商管理、农林经济管理、公共管理、图书馆情报与档案管理 5 种二级学科）等。

将七省市辖属各个高校和科研院所入选的优势学科参照中图分类法进行映射，得到七省市相应类别优势学科分布，如表 4-11 所示。

从表 4-11 可以看出，七省市优势学科江苏省占绝对优势，比上海市多 14 个优势学科，且学科覆盖率达到 100%，这与江苏省作为一个科技文化大省是相匹配的，良好的学科基础是创办优质科技期刊的基础和有利条件。

将七省市优势学科分布比例与七省市学科期刊分布比例用图表对比见表 4-12，需要说明的是，为便于比较和阐述问题，本表中科技期刊主要根据国家新闻出版广电总局的期刊分类方案，分为十大类，与第一章表 1-22 略有区别，与本章第二节期刊集群期刊分类也有所区别。

表 4-11　七省市优势学科分布

	自然科学总论 N	数理科学和化学 O	天文学、地理科学 P	生物科学 Q	医学、卫生 R	农业科学 S	工业技术 T	交通运输 U	航空、航天 V	环境科学、安全科学 X	总量
上海	3	7	4	2	21	3	22	2	1	3	68
江苏	2	4	8	1	10	16	35	2	1	3	82
湖北	0	2	6	2	6	23	4	2	0	1	46
陕西	1	2	1	0	1	8	23	2	2	1	41
广东	0	1	4	0	10	8	6	0	0	1	30
浙江	0	4	2	0	8	9	13	1	1	3	41
重庆	0	0	0	0	1	4	8	0	0	1	14

　　为了直观地对照七省市期刊与优势学科，以考察它们之间的关系，将期刊数量比例和学科数量比例用图来表示（见封三图 4-7 和图 4-8）。

　　期刊占比明显大于学科占比的（相差高于 5 个点）江苏省有自然科学总论、医学卫生，上海市有工业技术，湖北省和陕西省有自然科学总论、医学卫生，广东省有自然科学总论、工业技术，浙江省有自然科学总论、医学卫生，重庆市有自然科学总论、医学卫生、交通运输，这反映了这些期刊办刊水平高于本省学科水平，此类期刊吸引了大量的本学科国内外顶级学科学术论文。

　　期刊占比明显低于学科占比的（相差高于 5 个点）江苏省主要是农业科学，上海市是数理科学和化学，湖北省是天文学地理科学、农业科学、工业技术，陕西省是农业科学、工业技术，广东省是天文学地理科学、农业科学，浙江省是数理科学和化学、农业科学、环境科学安全科学，重庆市是农业科学、工业技术，这反映了这些期刊办刊水平低于本省学科水平，此类期刊办刊水平需要提高，吸引本省高水平论文。

　　本章主要从集群的角度分析了江苏省科技期刊的建设与发展，介绍了水利、医药、农林、地球科学 4 个着重发展并取得成效的期刊集群，分享了集群建设中的经验和不足，同时从学科的角度，分析了其他六类期刊集群建设

表4-12　七省市期刊与优势学科对比

		自然科学总论 N	数理科学和化学 O	天文学、地理科学 P	生物科学 Q	医学、卫生 R	农业科学 S	工业技术 T	交通运输 U	航空、航天 V	环境科学、安全科学 X	总量
江苏	期刊数量/种	28	6	15	8	47	23	99	7	3	5	241
	期刊比例	11.62%	2.49%	6.22%	3.32%	19.50%	9.54%	41.08%	2.90%	1.24%	2.07%	100%
	学科数量/种	2	4	8	1	10	16	35	2	1	3	82
	学科比例	2.44%	4.88%	9.76%	1.22%	12.20%	19.51%	42.68%	2.44%	1.22%	3.66%	100%
上海	期刊数量/种	13	13	5	11	79	15	133	22	2	3	296
	期刊比例	4.39%	4.39%	1.69%	3.72%	26.69%	5.07%	44.93%	7.43%	0.68%	1.01%	100%
	学科数量/种	3	7	4	2	21	3	22	2	1	3	68
	学科比例	4.41%	10.29%	5.88%	2.94%	30.88%	4.41%	32.35%	2.94%	1.47%	4.41%	100%
湖北	期刊数量/种	19	13	11	6	60	10	60	12	0	6	197
	期刊比例	9.64%	6.6%	5.58%	3.05%	30.46%	5.08%	30.46%	6.09%	0	3.05%	100%
	学科数量/种	0	2	6	2	4	6	23	2	0	1	46
	学科比例	0	4.35%	13.04%	4.35%	8.7%	13.04%	50%	4.35%	0	2.17%	100%
陕西	期刊数量/种	13	7	10	2	31	14	69	3	5	1	155
	期刊比例	8.39%	4.52%	6.45%	1.29%	20%	9.03%	44.52%	1.94%	3.23%	0.65%	100%

续表

		自然科学总论 N	数理科学和化学 O	天文学、地理科学 P	生物科学 Q	医学、卫生 R	农业科学 S	工业技术 T	交通运输 U	航空、航天 V	环境科学、安全科学 X	总量
陕西	学科数量/种	1	2	1	0	1	8	23	2	2	1	41
	学科比例	2.44%	4.88%	2.44%	0	2.44%	19.51%	56.10%	4.88%	4.88%	2.44%	100%
广东	期刊数量/种	14	1	6	3	49	14	47	4	0	2	140
	期刊比例	10%	0.71%	4.29%	2.14%	35%	10%	33.57%	2.86%	0	1.43%	100%
	学科数量/种	0	1	4	0	10	8	6	0	0	1	30
	学科比例	0	3.33%	13.33%	0	33.33%	26.67%	20%	0	0	3.33%	100%
浙江	期刊数量/种	9	3	6	2	24	15	32	0	0	2	93
	期刊比例	9.68%	3.23%	6.45%	2.15%	25.81%	16.13%	34.41%	0	0	2.15%	100%
	学科数量/种	0	4	2	0	8	9	13	1	1	3	41
	学科比例	0	9.76%	4.88%	0	19.51%	21.95%	31.71%	2.44%	2.44%	7.32%	100%
重庆	期刊数量/种	8	1	0	0	20	4	26	5	0	2	66
	期刊比例	12.1%	1.52%	0	0	30.3%	6.06%	39.39%	7.58%	0	3.03%	100%
	学科数量/种	0	0	0	0	1	4	8	0	0	1	14
	学科比例	0	0	0	0	7.14%	28.57%	57.14%	0	0	7.14%	100%

的可行性，并通过对比上海等相关城市的期刊和学科，指出期刊集群建设必须依托优势学科进行良性发展。

我们必须清醒地看到，由于国情不同，发展阶段不同，中国科技期刊集群化发展不能照搬照抄国外科技期刊集团化、集群化发展模式。江苏省作为科技文化大省，必须抓住期刊经营建设转型的有利时机，利用"十二五"期间现有期刊及学科建设的良好基础，依托所处区域的特色，打造相关领域的产学研展示平台，为实现江苏省"十三五"期间目标做出应有的贡献。

第五章　江苏省科技期刊数字出版与开放存取

　　数字出版是建立在计算机技术、网络技术、通信技术、流媒体技术等现代信息技术基础上的内容加工和传播方式，其主要特征为内容生产数字化、管理过程数字化、产品形态数字化和传播渠道网络化。互联网具有的链接、关联、互动与搜索的功能构成数字出版区别于传统出版的崭新的内容生产与传播方式。科技期刊实现数字化转型，需要办刊者从以往的仅关注印刷版期刊的生产向关注如何利用数字技术实现内容的有效生产和传播转变，主要体现在：实现编辑工作流程的数字化（在线投稿、在线审稿等）；将期刊内容（目次、摘要、全文）进行结构化处理、信息化加工后利用互联网实施最广泛的传播，实现全文内容的开放获取和在线预出版；利用移动终端等新媒体发布期刊内容和信息；充分利用互联网为读者和作者提供个性化、深层次的服务；在互联网上树立期刊品牌形象，扩大期刊的国内外显示度。

第一节　江苏省科技期刊数字化出版

一、数字化出版现状

　　为了解江苏省科技期刊的数字出版收入状况对期刊影响力和发行量等的影响，我们对"十二五"期间江苏省科技期刊数字出版收入情况做了归纳和统计。从目前情况来看，尽管江苏省科技期刊数字出版收入不尽如人意，但是其中也蕴含着巨大的潜力和发展空间。

　　江苏省是我国名列前茅的期刊大省，在全国期刊界有着举足轻重的地位。图 5-1 是 1980—2015 年我国数字出版研究论文的年度分布情况，大致可以分为三个时间段：1995 年之前、1995—2004 年及 2005—2015 年。从这个图上看出，1995 年之前，基本上没有数字出版相关的研究论文，自 1995 年之后至 2004 年的十年间数字出版开始启动，有一些编辑部或者期刊社有了掘第一桶金的快乐,开始有专家关注数字出版的话题,因此在杂志上有了一些这方面的研究论文,而在2005—2015年的十年间,数字出版的话题得到了极大的关注,因此数字出版的论文在杂志上发表更多,全国或者区域性的研讨会也变得更加频繁。这也从另外一个侧面反映了在最近十年间数字出版有了长足的发展,江苏省科技期刊数字出版的总体情况与全国的情况基本一致。尽管数字出版近一些年从无到有,从少到多,但是与我们期望值还有很大距离,仍然需要我们各个编辑部及期刊社做更大努力,上更高的台阶。

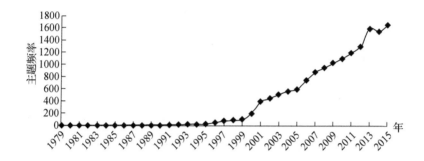

图5-1　1980—2015年我国数字出版研究论文的年度分布

从图5-1中还可以看出,在"十二五"期间,有关期刊数字化研究已经成为期刊界非常关注的研究问题,论文的数量也一直处于高位,与此同时,江苏省科技期刊数字化的发展也十分迅猛,可以归纳总结为以下4点:①期刊数字化的社会影响力日益提高;②数字期刊规范化建设已有良好开端;③期刊数字化已初步融入市场经济的大潮;④期刊出版在逐步向数字化出版转型①。

(一)期刊数字化出版收入

数字出版基本内容一般包括:稿件采编数字化、传播载体数字化、数字化出版人才培养、印刷方式数字化、出版方式数字化。表5-1汇总了江苏省科技期刊2011年数字出版总收入(指中国知网、万方数据、维普资讯等代理期刊网络版、光盘版的产品代理费、著作权使用费之和)占期刊发行总收入的比例。

---

① 汤溪,严文强,王雪芬,等.刊群协同出版模式下江苏省科技期刊数字化发展的思考[J].天津科技,2016,43(12):85-87.

表 5-1 江苏省 2011 年期刊数字出版收入所占比例

范围	刊数/种	所占比例
0 ~10.0%	39	73.6%
（≤0.1%）	(0)	(0)
（0.1%~1.0%）	(9)	(17.0%)
（1.1%~5.0%）	(22)	(41.5%)
（5.1%~10.0%）	(8)	(15.1%)
10.1%~20.0%	6	11.3%
20.1%~30.0%	2	3.8%
30.1%~40.0%	1	1.9%
40.1%~50.0%	3	5.7%
>50%	2	3.8%
合计	53	100%

表 5-1 的统计结果显示，有 73.6% 的期刊的数字出版收入小于年度发行总收入的 10.0%，有 58.5% 期刊的数字出版收入小于 5.0%，有 15.1% 期刊的数字出版收入在 5.1%~10.0%。表明江苏省科技期刊在"十二五"规划的初期，数字出版收入总体来说还很少，有为数不少的期刊的数字出版收入少到可以忽略不计。

表 5-2 汇总了江苏省科技期刊 2012 年期刊数字出版总收入占期刊发行总收入的比例。结果显示，有 64.8% 的期刊的数字出版收入小于年度发行总收入的 10.0%，有 48.2% 期刊的数字出版收入小于 5.0%，有 16.7% 期刊的数字出版收入在 5.1%~10.0%。与 2011 年相比，2012 年的数字出版收入小于年度发行总收入 10.0% 的比例在缩小，缩小了近十个百分点。

表 5-2 江苏省 2012 年期刊数字出版收入所占比例

范围	刊数/种	所占比例
0 ~10.0%	35	64.8%
（≤0.1%）	(0)	(0)
（0.1%~1.0%）	(7)	(13.0%)
（1.1%~5.0%）	(19)	(35.2%)
（5.1%~10.0%）	(9)	(16.7%)

范围	刊数/种	所占比例
10.1%～20.0%	9	16.7%
20.1%～30.0%	1	1.8%
30.1%～40.0%	1	1.8%
40.1%～50.0%	3	5.6%
>50%	5	9.2%
合计	54	100%

表 5-3 汇总了江苏省科技期刊 2013 年期刊数字出版总收入占期刊发行总收入的比例。结果显示，有 70.9% 的期刊的数字出版收入小于年度发行总收入的 10.0%，有 50.9% 期刊的数字出版收入小于 5.0%，有 20.0% 期刊的数字出版收入在 5.1%～10.0%。与 2012 年相比，数字出版收入小于年度发行总收入 10.0% 的比例反而出现增大的趋势，值得我们反思，是政策的问题，还是机制的问题，我们需要进一步弄清，这会有助于江苏省科技期刊数字化出版的良性发展。

表 5-3　江苏省 2013 年期刊数字出版收入所占比例

范围	刊数/种	所占比例
0～10.0%	39	70.9%
（≤0.1%）	（0）	（0）
（0.1%～1.0%）	（7）	（12.7%）
（1.1%～5.0%）	（21）	（38.2%）
（5.1%～10.0%）	（11）	（20.0%）
10.1%～20.0%	8	14.6%
20.1%～30.0%	3	5.5%
30.1%～40.0%	1	1.8%
40.1%～50.0%	2	3.6%
>50%	2	3.6%
合计	55	100%

表 5-4 汇总了江苏省科技期刊 2014 年期刊数字出版总收入占期刊发行

总收入的比例。结果显示，有72.1%的期刊的数字出版收入小于年度发行总收入的10.0%，有52.4%期刊的数字出版收入小于5.0%，有19.7%期刊的数字出版收入在5.1%~10.0%。

表5-4　江苏省2014年期刊数字出版收入所占比例

范围	刊数/种	所占比例
0~10.0%	44	72.1%
（≤0.1%）	（0）	（0）
（0.1%~1.0%）	（8）	（13.1%）
（1.1%~5.0%）	（24）	（39.3%）
（5.1%~10.0%）	（12）	（19.7%）
10.1%~20.0%	8	13.1%
20.1%~30.0%	3	4.9%
30.1%~40.0%	2	3.3%
40.1%~50.0%	2	3.3%
>50%	2	3.3%
合计	61	100%

表5-5汇总了江苏省科技期刊2015年期刊数字出版总收入占期刊发行总收入的比例。结果显示，有79.7%的期刊的数字出版收入小于年度发行总收入的10.0%，有60.9%期刊的数字出版收入小于5.0%，有18.8%期刊的数字出版收入在5.1%~10.0%。数字出版收入小于年度发行总收入10.0%的期刊约有80%，其实从总体情况而言，无论是外在的互联网＋的大环境，还是各级政府和专业学会，这几年都在大力提倡、支持和推广期刊的数字化转型，期刊数字出版收入应该是逐年增加的。这组数据可能与各杂志对数字化期刊收入的理解不一致有一定的关系，因此在统计时就会有不同的归纳方法。

表5-5　江苏省2015年期刊数字出版收入所占比例

范围	刊数/种	所占比例
0~10.0%	55	79.7%
（≤0.1%）	（0）	（0）
（0.1%~1.0%）	（10）	（14.5%）

续表

范围	刊数/种	所占比例
（1.1%~5.0%）	（32）	（46.4%）
（5.1%~10.0%）	（13）	（18.8%）
10.1%~20.0%	5	7.3%
20.1%~30.0%	4	5.8%
30.1%~40.0%	2	2.9%
40.1%~50.0%	1	1.4%
>50%	2	2.9%
合计	69	100%

从表5-1~表5-5及图5-2可以看出江苏省科技期刊的数字化出版取得了不小的进步，尤其是在"十二五"后两年数字化期刊的数量有较大增长的态势，同时为江苏省在"十三五"期间数字化期刊的大发展奠定了良好的基础。

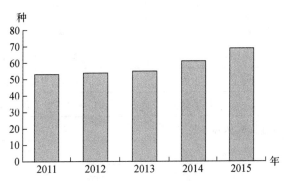

图5-2　2011—2015年江苏省数字化期刊数量

表5-6列出了2015年江苏省有数字出版收入的期刊名称，总共有69种，占江苏省251种科技期刊的27.5%，所占的比例不足1/3，说明还有很大的潜力和发展空间。

表5-6　2015年江苏省有数字出版收入杂志名称

期刊名称	期刊名称
电力系统自动化	实用心电学杂志
农业开发与装备	南通大学学报（医学版）

续表

期刊名称	期刊名称
现代车用动力	指挥控制与仿真
机车车辆工艺	国外医学·卫生经济分册
江苏农业科学	河海大学学报（自然科学版）
中国肿瘤外科杂志	轨道交通装备与技术
电加工与模具	南京航空航天大学学报（自然科学版）
水资源保护	环境监测管理与技术
中国校医	林业科技开发
现代农药	临床神经病学杂志
中国建筑防水	药物生物技术
中学生物学	南京林业大学学报（自然科学版）
高校地质学报	口腔医学
中华皮肤科杂志	中国海洋工程（英文版）
矿业科学技术学报（英文版）	地层学杂志
生物进化	排灌机械工程学报
中国农机化学报	南京农业大学学报
江苏师范大学学报（自然科学版）	指挥信息系统与技术
南京工程学院学报（自然科学版）	水科学与水工程（英文版）
实用临床医药杂志	中国药科大学学报
国际皮肤性病学杂志	土壤
中国矿业大学学报（自然科学版）	Chinese Journal of Natural Medicines
江苏大学学报（自然科学版）	物理学进展
中国临床研究	土壤圈（英文版）
化工矿物与加工	古生物学报
江苏建材	南京中医药大学学报
爆破器材	江南大学学报（自然科学版）
现代雷达	固体电子学研究与进展
蚕业科学	微体古生物学报
现代冶金	中国血液流变学杂志

期刊名称	期刊名称
环境监控与预警	农家致富
弹道学报	南京工业大学学报（自科版）
水利水电科技进展	扬州大学学报（自然科学版）
临床检验杂志	扬州大学学报（农业与生命科学版）
中国血吸虫病防治杂志	

（二）优先数字出版

为了促进数字期刊的快速发展，CNKI 推出了优先数字出版项目，也就是说，在印刷版出版前 1～2 个月甚至更早优先在 CNKI 数字出版。为了解江苏省科技期刊在 CNKI 上全文数字优先出版的情况，我们查阅了 CNKI，得到了 2015 年江苏省在 CNKI 优先数字出版的期刊，统计数据参见表 5-7。

表 5-7　江苏省科技期刊在 CNKI 全文优先数字出版情况（2015 年）

类别	刊数/种	所占比例
单篇	12	85.7%
整期	2	14.3%
合计	14	100%

表 5-7 显示，与 CNKI 签约在其网络平台进行优先数字出版的江苏省科技期刊共有 14 种，占全部 251 种期刊的 5.58%。有些期刊已经与 CNKI 签约，但并未见发布优先出版全文，这与各种期刊的特殊情况有关。经电话采访和调查，得知有如下几种情况使得签约但是没有真正进行整本或者单篇文章的优先数字出版的原因：一是没有专人负责优先数字出版；二是怕麻烦，与其做数字出版，还不如早一点直接发纸质版；三是真正希望进行数字出版的作者积极性也不高，他们不知道这数字出版在职称晋升、学生毕业等方面到底管不管用。正是由于以上的一些具体情况，使得优先数字出版的情况不是十分理想。这跟国际上的一些期刊如 PLoS ONE 的优先数字出版相比较，还有很大的差距，这也是我们江苏省科技期刊界需要努力的方向，当然从另外一个角度来说，专注于做优先数字出版的单位也应该做好这方面的使用和培训工作，使优先数字出版真正起到应有的作用。

二、数字出版现状分析

目前江苏省数字期刊出版发展势头良好。数字出版总产出比"十一五"期间有了较大幅度的增长，但是有数字出版的期刊还不多，截至 2015 年，全省总共只有 69 种，约占江苏省 251 种科技期刊总数的 27.5%。但随着产业融合逐渐深入，原来的行业边界更加不清晰，内容提供商、技术提供商和渠道运营商之间相互融合越来越深入。江苏省新闻出版广电局与国家新闻出版广电总局步调一致，对数字出版发行非常重视，把数字出版提到了议事日程上来。

目前大多数编辑部有两种数字化出版发行方式：一是集成平台将科技期刊纸媒数字化后发往专用的数据库，二是科技期刊将纸本内容数字化后直接放到自己的网站。而通过以上两种方式进行数字出版会有一些问题：

（1）出版发行阶段数字化过程中方式单一。许多期刊仍然停留在纸本期刊数字化的单纯形态，缺乏强劲的竞争力，没有真正利用网络化、新媒体的特征和优势，在运营方面还没有找到合适的推广应用模式，没能与纸质出版达到实质性的相互促进及补充。我们认为只有出版、发行等全部在网络上进行的连续出版物才是实现科技期刊向真正意义的数字出版的迈进。

（2）江苏省科技期刊数字出版整体水平不高，数字期刊还没有建立良好的营利模式，还没有找到比较好的切入点，其实处于一种数字出版的初级水平，离真正意义上的数字出版还有很大的距离，但是万事开头难，只要起步了就是最重要的，后面可以逐步摸索数字出版的成功之路，可以相信，只要我们继续努力，终究会有长足的发展。

（3）科技期刊数字化自身技术有难题。编辑部不是什么样的人才都有，而在进行期刊的数字化出版时，一些技术方面的问题需要有比较专业的人员做这方面的工作，无非是两种解决办法，一是由外面的专业公司负责处理，二是由编辑部内部专人负责。

（4）数字出版的推广是一大问题。即使是数字期刊做好了，还需要进行推送，才能到读者的手中。因此，如何推送、使用何种方式方法推送就成了最重要的问题。现如今，营销手段、营销策略及营销人才比比皆是，可对应编辑部最重要的问题是资金问题，如何解决没有利润的前提下，动用最好的营销手段将数字期刊向读者推送，并且锁定读者群，吸引忠实粉丝就是一门最大的学问，也是值得各个编辑部、期刊社认真加以考虑和解决的大事。

第二节 江苏省科技期刊网站建设

在数字出版和网络传播时代，江苏省科技期刊越来越重视网站建设，网站数量持续增加，技术不断创新，功能逐渐完备，内容日益丰富。期刊自建网站已成为期刊吸引读者的重要窗口，编辑部提高工作效率的有效保障，扩大期刊显示度、提升期刊核心竞争力的有效途径。为了解江苏省251种科技期刊"十二五"期间网站建设现状，我们使用百度、搜狗等搜索引擎对全部期刊的刊名进行全面搜索，分析的内容主要包括：自建网站的期刊数量及其上网形式、自建网站的内容和功能等，以此了解期刊自建网站和建站时间及其运营状况。

一、网站建设现状

"十二五"期间，江苏省科技期刊中有242种建设了自己的网站，占江苏省251种期刊的96.4%。期刊的上网形式以"一刊单独上网"为主，表明江苏省科技期刊基本上都有自己的网站。

（一）期刊自建网站的数量

据2016年统计显示，"十二五"期间，江苏省251种期刊中有242种通过自建网站形式上网，占江苏省科技期刊总数（251种）的96.4%（表5-8）。

表5-8 江苏省科技期刊自建网站的数量（2015年）

类别	数量
期刊总数/种	251
自建网站期刊数/种	242
自建网站期刊所占比例	96.4%

注：统计方法：①统计期刊编辑部或期刊社建立的具有顶级域名的网站；②如果无①类网站，则统计期刊在主办单位网站或主办单位主办的行业信息网的上网情况；仅有1页期刊简介的未计入；③如果无①和②类网站，则统计期刊相关学科或行业信息网的上网情况；仅有1页期刊简介的不计入；④对英文版期刊，如果无①和②类网站，则统计在国外期刊网络出版平台上的上网情况；⑤如果期刊在自建网站的同时加入学科或行业信息网，或在国外的期刊网络出版平台上网，则只统计其自建的网站。

（二）期刊自建网站的上网形式

根据江苏省科技期刊网站域名的种类可将期刊自建网站的上网形式归类为以下 4 种：①一刊单独上网（单刊编辑部注册独立域名）：194 种，占 80.2%；②数刊联合上网（两刊或两刊以上共同注册独立域名）：1 种，占 0.4%；③依托主办单位上网：22 种，占 9.1%；④依托学科信息网上网：25 种，占 10.3%。在国外出版商网络出版平台上网：0 种。详细统计数据参见表 5-9。

表 5-9　江苏省科技期刊自建网站的上网形式（2015 年）

上网形式	刊数（或域名）	占 242 种期刊的比例
一刊单独上网	194	80.2%
数刊联合上网	1（域名）	0.4%
依托主办单位上网	22	9.1%
依托学科信息上网	25	10.3%
合计	242	100%

我们在进行表 5-9 中的江苏省科技期刊自建网站的上网形式查询时，"一刊单独上网"这种期刊自主申请独立域名，所建设的网站一般信息量较大，采编系统、网刊发布、信息发布、综合服务 4 项功能较为齐备，网站的质量较高，占了江苏省科技期刊总数的 4/5。说明在网站数量达到一定程度后，网站质量的提升将成为期刊网站建设的重点，表现在越来越多的期刊网站升级、改版，甚至重建，以使网站的内容更丰富、互动更精彩、功能更强大、布局更合理。根据电话采访的结果，"依托主办单位上网"和"依托学科信息上网"所占比例较以前减少，原因是有更多的期刊建设了具有独立域名的网站，"依托主办单位上网"和"依托学科信息上网"这两种形式逐渐被弃用，这从另一个侧面表明江苏省科技期刊自建网站总体质量有了提高，独立性增强，上网速度较快。

二、期刊网站的功能与内容建设

功能建设是期刊网站建设的基础，在此之上是内容建设。内容建设是期刊网站建设的核心，是实现网站价值最大化的保证。在"十一五"末期、

"十二五"初期，期刊网站建设已经开始起步。陈强等在所调查的江苏省255种科技期刊中有独立网站期刊140种，依托主办单位上网期刊30种，总共有170种期刊开通网站，占期刊总数的66.7%。① 可以看出，江苏省科技期刊中有2/3的期刊开通了网站，而且大部分期刊网站功能较为完善、信息较全面，包括了期刊动态信息、期刊基本信息（期刊简介、编委会组成、投稿须知、来稿要求、联系方式等）、相关资料下载、期刊目录、期刊的征订、广告信息及友情链接等。但是对期刊网站的经营情况调查中发现，170种期刊网站绝大多数都是通过主办单位出资或编辑部自筹经费的方式开通网站和维持网站运行，而且网站信息都是免费浏览，网站基本都没有经营收入，网站经营能力明显不够。

"十二五"末期，再看江苏省科技期刊自建网站上提供的内容信息更加丰富，总体质量有所提升。"十一五"末期，江苏省仅170种科技期刊有自建网站，而到"十二五"末期有242种期刊有自建网站，并且有32.2%的期刊可以在自建网站上发布文章全文，有一些期刊不能发布全文，在电话采访中得知，是因为它们和知网签订了相关的独家协议。江苏省242种期刊的自建网站上绝大部分有"在线投稿""在线审稿""在线查稿""远程编辑"功能，基本上具备了期刊对文章发表需要的各种功能，包括作者投稿、通知缴纳审稿费、稿件初审、学术不端查询、送专家审稿、通知缴纳版面费、送编辑加工及录排出版等。网站的这些功能大大方便了编辑部与作者和专家的交流。

（一）期刊网站发布的内容

据2016年的调查统计显示（表5-10），江苏省242种期刊的自建网站上有196种（81.0%）发布期刊目次，其中有160种（占66.1%）进一步发布文章的摘要，有78种（占32.2%）进一步发布文章的全文。在发布全文的78种期刊网站上，有68种全文为开放存取（Open Access，OA）出版，占242种发布全文期刊的28.1%。

---

① 陈强，黄萍，罗彦卿，等. 江苏省自然科学类期刊网络化现状调查与分析［J］. 农业图书情报学刊，2012，24（10）：156-159.

表 5-10　江苏省期刊自建网站上提供的期刊内容（2015 年）

提供内容	刊数/种	占 242 种期刊的比例
目次	196	81.0%
摘要	160	66.1%
全文	78	32.2%
其中：OA	68	28.1%
付费	0	0

　　"十二五"期间，江苏省科技期刊网站上有 78 种期刊可以提供全文。点击全文内容后可以链接至中国知网或者其他网站上的该刊主页，读者可以免费阅读，有一些期刊以付费方式获取全文。有些期刊网站上的全文只对学会会员开放，有些只对订阅网络版的用户开放。有些期刊的网站具有在线支付系统，可在线支付订刊费用。

1. 开放获取期刊数的统计

　　"十二五"期间，江苏省科技期刊中共有 OA 期刊 68 种，其中有 15 种期刊自建网站为非开放获取（自建网站上无法获取免费全文），但在"中国科技论文在线""中国科学院科技期刊开放获取平台"或国外出版商的网络出版平台实现开放获取。

2. 在线预出版

　　江苏省科技期刊自建网站上的在线预出版具体形式多种多样，主要分为在目次（19 种）、摘要（17 种）和全文（18 种）3 个不同层次实现在线预出版。以目次、摘要和全文 3 种形式在线预出版的期刊有 54 种，占江苏省自建期刊网站总数的 22.3%（见表 5-11）。

表 5-11　江苏省科技期刊网站上在线预出版现状（2015 年）

层次	在线预出版方式	刊数
目次	待发表文章目次	13
	超前 1 期目次	6
摘要	超前 1 期目次摘要	5
	待发表文章目次和摘要	12
全文	超前 1 期目次、摘要和 OA 全文	0
	超前 2 期目次、摘要和 OA 全文	0

续表

层次	在线预出版方式	刊数
全文	超前 1 期目次、摘要和全文	6
	待发表文章目次、摘要和全文	12
	待发表文章目次、摘要和 OA 全文	0
合计		54
占江苏省自建网站期刊总数		22.3%

（二）期刊网站的稿件在线处理功能

实现期刊编辑工作流程的数字化即实现"在线投稿""在线审稿""在线查稿""在线远程编辑"等功能是期刊建设网站的主要目的之一，也是数字出版时代期刊建设网站的主要目的之一，是数字出版时代期刊完成从论文投稿到最终被读者检索和阅读的重要环节。表5-12 给出了 2015 年江苏省科技期刊自建网站上稿件在线处理功能的统计。

表 5-12　江苏省科技期刊自建网站提供的期刊稿件在线处理功能（2015 年）

期刊稿件在线处理功能	刊数/种	占 217 种期刊比例
具有稿件在线处理事务	217	100%
在线投稿	181	83.4%
在线审稿	141	65.0%
在线查稿	148	68.2%
远程编辑	127	58.5%

由表5-12 可见，2015 年江苏省 242 种期刊的自建网站上，共有 217 种期刊具有稿件在线处理功能。其中83.4% 具有"在线投稿"功能、65.0% 具有"在线审稿"功能、68.2% 具有"在线查稿"功能、58.5% 具有"远程编辑"功能。

（三）期刊网站上提供的有关期刊的信息

2015 年江苏省科技期刊自建网站上提供的信息主要是期刊介绍、编辑部联系方式、投稿要求、编委会名单、期刊信息动态、期刊征订启事、被数据库收录情况、版权转让协议、下载中心、期刊文章点击/下载排行、论文模板、期刊获奖情况、编辑部成员介绍、读者在线调查、论文写作指南、稿件处理流程 16 种，我们分别对这些信息进行了统计和归纳，具体详见表 5-13。

表 5-13　江苏省科技期刊自建网站上提供的有关期刊的主要信息

提供有关期刊主要信息	刊数/种	占 217 种期刊比例
期刊介绍	194	89.4%
编辑部联系方式	193	88.9%
投稿要求	186	85.7%
编委会名单	141	65.4%
期刊信息动态	149	68.7%
期刊征订启事	110	50.7%
被数据库收录情况	159	73.3%
版权转让协议	88	40.5%
下载中心	109	50.2%
期刊文章点击/下载排行	88	40.5%
论文模板	91	42.0%
期刊获奖情况	96	44.2%
编辑部成员介绍	28	12.9%
读者在线调查	2	0.9%
论文写作指南	34	15.7%
稿件处理流程	49	22.6%

（四）期刊网站上提供的服务功能和扩展信息

2015 年对江苏省 242 种期刊自建网站的调查统计结果显示（表 5-14），各期刊网站上提供的服务功能和相关信息主要包括检索、相关/友情链接、读者在线留言、广告征集、E-mail、读者会员注册、RSS、广告、行业信息、阅读软件下载、会议消息、读者在线订阅、读者信箱、论坛、常见问题解答、书讯、图书邮购、QQ 留言、视频、在线支付、继续教育（讲座、培训）、博客、微博、QQ 群、微信、二维码、App 27 项，其中出现频次最多的是"检索""相关/友情链接""读者在线留言""广告征集""E-mail"

"读者会员注册""RSS""广告""行业信息""读者在线订阅""会议消息""书讯、图书邮购"及"微博"等。

表 5–14　2015 年江苏省科技期刊自建网站上提供的有关期刊的主要信息

服务功能和拓展信息	刊数/种	占 217 种期刊比例
检索	148	68.2%
相关/友情链接	153	70.5%
读者在线留言	63	29.0%
广告征集	46	21.2%
E-mail	46	21.2%
读者会员注册	59	27.2%
RSS	54	24.9%
广告	43	19.8%
行业信息	54	24.9%
阅读软件下载	15	6.9%
会议消息	29	13.4%
读者在线订阅	44	20.3%
读者信箱	6	2.8%
论坛	1	0.5%
常见问题解答	14	6.4%
书讯、图书邮购	40	18.4%
QQ 留言	9	4.1%
视频	8	3.7%
在线支付	6	2.7%
继续教育（讲座、培训）	6	2.7%
博客	2	0.9%
微博	26	12.0%
QQ 群	3	1.4%
微信	12	5.5%
二维码	16	7.4%
App	1	0.5%

（五）期刊网站总体质量的提升

期刊网站的功能（内容）可简单概括为采编系统、网刊发布、信息发布、综合服务4项：①网刊发布——期刊内容数字化功能，包括印刷版内容的数字化，论文辅助信息（音频、视频）的发布、纯网络版期刊的发布等。②采编系统——期刊在线办公的功能，可实现在线投稿、在线审稿、远程编辑等。③信息发布——发布有关期刊各种信息的功能，使读者通过网站对期刊有更全面、深入的了解。④综合服务——为读者提供服务的功能，如基于期刊内容的系统内和跨系统检索、参考文献的系统内和跨系统链接、读者个性化文献定制、在线留言等；期刊在线经营和管理功能，如读者会员管理、在线订阅、在线支付等；统计功能；其他扩展功能，如发布广告和行业信息、博客、论坛等。建设网站的目的不同、期刊的学科和类别不同、网站的客户服务群体不同，网站上的功能和内容的侧重点则不同。在我们和期刊负责人及期刊编辑交流的过程中我们明显感觉大多数期刊在以上几方面的内容、功能均有明显提升，各期刊的自信心也较几年前有明显增长。

第三节　江苏省科技期刊在主要
全文数据库的上网情况

截至2015年，我国科技期刊数字出版的技术提供商主要有中国学术期刊（光盘版）电子杂志社（以下简称"CNKI"或称"中国知网"）、万方数据科技有限公司（以下简称"万方"）、重庆维普资讯有限公司（以下简称"维普"）。它们的经营模式主要有网上包库、镜像网站、流量计费和网站广告等，与内容提供者（期刊社或编辑部）的合作方式主要有独家许可经营（目前受到一些质疑）和非独家许可经营两种。经过十余年的发展，几家技术提供商已找到成熟的营利模式，步入了良性循环的发展轨道。2015年，江苏省251种科技期刊中分别有248种、237种和244种期刊在CNKI、万方和维普全文上网，分别占各自数据库上网期刊的98.8%、94.4%及97.2%。

江苏省科技期刊还不同程度地加入了其他相关综合性或专业性期刊网，例如，有5种期刊加入了"龙源期刊网"、3种期刊加入了"中国科技论文在线"、5种期刊加入了"读览天下"、1种期刊加入了"中国光学期刊网"、

2 种期刊加入了"中国科学院科技期刊开放获取平台"。

一、在 CNKI、万方和维普全文上网情况

为了解江苏省科技期刊在 CNKI、万方和维普数据库的全文上网情况，我们分别以 251 种江苏省科技期刊的刊名为检索词，逐刊检索并统计江苏省科技期刊在 3 个数据库的全文上网情况，重点调查了江苏省科技期刊在 3 个数据库上网全文的回溯年代和更新时滞。

（一）在 CNKI 全文上网

2015 年，江苏省 251 种期刊中有 248 种在 CNKI 全文上网（全文更新至 2001 年及以后），占江苏省科技期刊总数的 98.8%。CNKI 全文上网期刊的 61.7% 可以回溯至创刊号。回溯年代分布高峰为"1981—1990 年"和"1991—2000 年"，分别占全文收录期刊的 30.0% 和 30.2%。

从全文上网的更新时滞看（表 5-15），"滞后 1～12 个月"的期刊所占比例最大（占 34.3%），原因是有 14 种期刊进行数字优先出版（表 5-15）；"滞后 13 个月以上"的期刊所占比例明显减少，只占 3.2%。

表 5-15　江苏省科技期刊在 CNKI 全文上网情况（2015 年）

全文上网情况		刊数/种	所占比例
全文上网刊数	全文上网	248	98.8%
	未收录或未全文上网	3	1.2%
	合计	251	100%
全文上网回溯年代	1950 年以前	3	1.2%
	1951—1960	15	6.0%
	1961—1970	7	2.8%
	1971—1980	44	17.7%
	1981—1990	74	30.0%
	1991—2000	75	30.2%
	2001 年及以后	30	12.1%
	合计	248	100%
	（从创刊号起全文上网）	153	61.7%

续表

全文上网情况		刊数/种	所占比例
全文上网更新时滞	超前	14	5.6%
	现刊	141	56.9%
	滞后 1 ~ 12 个月	85	34.3%
	滞后 13 个月以上	8	3.2%
	合计	248	100%

（二）在万方全文上网

2015 年，江苏省 251 种科技期刊中有 237 种在万方全文上网，占江苏省科技期刊总数的 94.4%。在医学期刊中，中华医学系列期刊的全文上网几乎都是与万方数据库合作的，从管理层面来说，中华医学系列期刊都隶属于中华医学会。

在万方全文上网的 237 种期刊中有 36 种（占 14.8%）回溯至创刊号。万方回溯年代的分布高峰在 1991—2000 年这 10 年间。

从在万方全文上网的更新情况看，"滞后 1 ~ 12 个月"的期刊所占比例为 9.7%，"滞后 13 个月及以上"的期刊为 3.8%；与此同时，时滞较长的却是"现刊"，为 86.5%（表 5-16）。

表 5-16　江苏省科技期刊在万方全文上网情况（2015 年）

全文上网情况		刊数/种	所占比例
全文上网刊数	全文上网	237	94.4%
	未收录或未全文上网	14	5.6%
	合计	251	100%
全文上网回溯年代	1950 年以前	0	0
	1951—1960	0	0
	1961—1970	0	0
	1971—1980	0	0
	1981—1990	0	0
	1991—2000	123	51.9%
	2001 年及以后	114	48.1%
	合计	237	100%
	（从创刊号起全文上网）	36	14.8%

全文上网情况		刊数/种	所占比例
全文上网更新时滞	超前	0	0
	现刊	205	86.5%
	滞后 1～12 个月	23	9.7%
	滞后 13 个月以上	9	3.8%
	合计	237	100%

（三）　在维普全文上网

2015 年江苏省 251 种科技期刊中有 244 种在维普全文上网，占江苏省科技期刊总数的 97.2%。

在维普全文上网更新时滞的"现刊""滞后 1～12 个月"所占比例分别为 73.8% 及 26.2%（表 5-17）。

表 5-17　江苏省科技期刊在维普全文上网情况（2015 年）

全文上网情况		刊数/种	所占比例
全文上网刊数	全文上网	244	97.2%
	未收录或未全文上网	7	2.8%
	合计	251	100%
全文上网回溯年代	1950 年以前	0	0
	1951—1960	0	0
	1961—1970	0	0
	1971—1980	0	0
	1981—1990	160	65.6%
	1991—2000	58	23.8%
	2001 年及以后	26	10.6%
	合计	244	100%
	（从创刊号起全文上网）	36	14.8%
全文上网更新时滞	超前	0	0
	现刊	180	73.8%
	滞后 1～12 个月	64	26.2%
	滞后 13 个月以上	0	0
	合计	244	100%

二、在各类学科网络平台全文上网

1. 龙源期刊网：16 种

截至 2015 年年底，有 16 种江苏省科技期刊在龙源期刊网全文上网。这 16 种期刊为：《江苏科技信息》《振动工程学报》《数据采集与处理》《中国建筑防水》《无线互联科技》《科技与经济》《科学大众：科学教育》《江苏理工学院学报》《中学生物学》《祝您健康》《口腔医学》《现代医学》《江苏农业科学》《农家致富》《南京航空航天大学学报（自然科学版）》《江苏陶瓷》。

2. 中国科技论文在线：29 种

"中国科技论文在线"是由教育部科技发展中心主办的科技论文网站，有科技论文在线投稿、评审和网络发表功能，旨在开辟新的论文发表渠道，以促进科研成果快速、高效地传播和转化。该平台还致力于将印刷版期刊（主要是高校主办科技期刊）数字化后开放获取。截至 2015 年年底共收录江苏省 29 种科技期刊。

这 29 种期刊为：《传感技术学报》《水资源保护》《数据采集与处理》《电子器件》《水利水电科技进展》《常州工学院学报》《南京师范大学学报（工程技术版）》《食品与生物技术学报》《采矿与安全工程学报》《排灌机械工程学报》《实用心电学杂志》《南京信息工程大学学报》《气象科学》《湖泊科学》《海洋工程》《大气科学学报》《生物加工过程》《中国药科大学学报》《口腔医学》《中国血吸虫病防治杂志》《交通医学》《现代医学》《南京农业大学学报》《扬州大学学报（农业与生命科学版）》《南京航空航天大学学报（英文版）》《南京航空航天大学学报（自然科学版）》《江苏大学学报（医学版）》《南京师大学报（自然科学版）》《南京理工大学学报（自然科学版）》。

3. 读览天下：4 种

"读览天下"是中国领先的移动互联网阅读平台，以收录综合性人文大众类期刊为主，内容涵盖新闻人物、商业财经、运动健康、时尚生活、娱乐休闲、教育科技、文化艺术等领域。据 2015 年的数据显示，江苏省共有 4 种科技期刊被读览天下平台收录（含一刊多版）。这些期刊是《中国建筑防水》《机电信息》《纺织报告》《美食》。大部分期刊为付费阅读期刊。

4. 中国科学院科技期刊开放获取平台

"中国科学院科技期刊开放获取平台"由中国科学院主管，科学出版社与国家科学图书馆共同承办。截至 2015 年年底，网站期刊列表显示共收录35 种江苏省科技期刊。这 35 种期刊为：《岩土工程学报》《石油实验地质》《振动工程学报》《水资源保护》《数据采集与处理》《水利水电科技进展》《南京师范大学学报（工程技术版)》《采矿与安全工程学报》《排灌机械工程学报》《实用心电学杂志》《物理学进展》《无机化学学报》《土壤》《土壤学报》《地层学杂志》《气象科学》《水科学进展》《土壤圈（英文版)》《湖泊科学》《海洋工程》《高校地质学报》《大气科学学报》《中华皮肤科杂志》《中国药科大学学报》《口腔医学》《中国血吸虫病防治杂志》《抗感染药学》《药学与临床研究》《生物医学研究杂志：英文版》《南京农业大学学报》《林业科技开发》《生态与农村环境学报》《弹道学报》《江苏大学学报（医学版)》《南京师大学报（自然科学版)》。

三、在国外网络出版平台全文上网

据 2015 年的数据显示，"十二五"期间，江苏省英文版期刊总数为 11种，在国外出版商网络出版平台上网的江苏省科技期刊为 6 种（表 5–18），没有 1 种在国外网络出版平台全文上网的中文版期刊。

表 5–18　在国外网络出版平台上网的江苏省科技期刊情况（2015 年）

上网年份	数量/种
江苏省英文版期刊总数	11
在国外网络出版平台全文上网的期刊数	6
其中：在国外网络出版平台全文上网的英文版期刊数	6
（占江苏省全部英文版期刊的比例）	（54.5%）
在国外网络出版平台全文上网的中文版期刊数	0

由表 5–19、表 5–20 可见，与江苏省科技期刊合作的国外出版机构共有7 家，可归为 4 类：

（1）世界前 4 大出版商及其网络出版平台——Elsevier 出版公司及其运作的 Science Direct 网络出版平台（荷兰）、Springer 出版公司及其运作的SpringerLink 网络出版平台（德国）、Wiley-Blackwell 出版公司及其运作的Blackwell Synergy 网络出版平台（美国）、Taylor & Francis 出版公司及其运作的 informaworld 网络出版平台（英国）；

（2）国外知名科技社团出版社及其网络出版平台——美国电气电子工程师联合会（IEEE）出版社及其运作的 IEEE Xplore 期刊网络平台、美国物理联合会（AIP）出版社及其运作的 Scitation 网络出版平台、英国物理学会（IOP）出版社电子期刊网络平台和美国光学学会（OSA）的 OpticsInfoBase 全文数据库；

（3）PubMed Central 全文开放获取仓储网络平台（美国）；

（4）中小型知名出版社——自然出版集团（Nature Publishing Group）和牛津大学出版社（Oxford University Press）。

表5-19　在国外出版机构网络出版平台上网的江苏省科技期刊数量（2015 年）

国外出版机构/网络出版平台	总刊数	预出版	OA 或 Free
Elsevier/Science Direct	6	0	6
Springer/SpringerLink	1	1	1
Wiley-Blackwell/Wiley Online Library	0	0	0
Taylor & Francis/informaworld	0	0	0
IEEE/Xplore Digital Library	0	0	0
Optical Society of America/OpticsInfoBase	0	0	0
BioMed Central	0	0	0
Nature Publishing Group/nature.com	0	0	0
Oxford University Press/Oxford Journals	0	0	0
合计	7	1	7

表5-20　在国外出版机构网络出版上网的中国科协科技期刊（2015 年）

国外出版机构/网络出版平台	期刊中文名	全文	期数	刊期
Elsevier/Science Direct	水科学与水工程（英文版）	2008（3）～2016（7），OA	35	季刊
	矿业科学技术学报（英文版）	2012（1）～2017（1），OA	31	双
	土壤圈（英文版）	2006（2）～2017（2），OA	67	双

国外出版机构/网络出版平台	期刊中文名	全文	期数	刊期
Elsevier/Science Direct	生物医学研究杂志(英文版)	2010（1）～2012（11），OA	18	双
	Chinese Journal of Natural Medicines	2008（1）～2016（11），OA	107	月
Springer/SpringerLink	中国海洋工程（英文版）	2011（3）～2017（3），超前1期，OA	7卷33期	

　　江苏省科技期刊在这些网络平台上的在线预出版期刊和OA期刊的数量都有较大幅度的增长。可见，在线预出版期刊和开放获取无论在国内还是国外都是期刊数字出版的发展方向。

第四节　江苏省科技期刊开放获取出版

　　开放获取（OA）是一个使科学研究成果能够通过互联网自由、快速传播的运动。OA期刊的特征是采用数字化出版、网络传播、作者或机构付费、读者免费获得、无限制使用的运作模式，在版权的处置上遵从创作共享协议（Creative Common License）或其他类似协议，在论文质量控制方面采用与传统期刊一致的严格同行评议制度。OA期刊与传统付费订阅期刊的不同之处在于不再利用版权限制论文的获取和使用，而是利用版权和其他技术方法与工具来确保论文的可永久公开获取。

　　近年来，国内外已有越来越多的机构制订了针对其科学研究成果产出的相关OA政策；越来越多的高品质学术期刊出版模式已由"订阅"转变为"OA"，同时涌现出许多高影响力的纯网络OA期刊发布平台。江苏省科技期刊的OA出版也呈快速发展态势，大多数期刊通过自建网站的形式实现开放获取（可免费获取期刊全文），有些期刊通过加入"中国科技论文在线""中国科学院OA期刊平台"和国外出版商的网络出版平台等方式实现开放获取。

一、江苏省开放获取期刊的数量和上网形式

　　"十二五"期间，江苏省科技期刊中OA期刊的数量为68种，占江苏省

整个科技期刊的 27.1%。期刊主要通过自建网站的形式实现 OA 出版，上网形式仍以"一刊单独上网"和"数刊联合上网"两种形式为主。

（一）开放获取期刊的数量

截至 2015 年，江苏省 251 种科技期刊中共有 OA 期刊（指可以免费获取全文的期刊）68 种，其中英文版 OA 期刊仅 2 种（表5-21）。

表5-21　江苏省开放获取期刊的数量（2015 年）

江苏省科技期刊	数量（种）与比例
总数	251
OA 期刊数	68
（其中英文版期刊数）	（2）
OA 期刊占江苏省科技期刊的比例	27.1%

（二）开放获取期刊的上网形式

根据顶级域名的种类可将 68 种 OA 期刊的上网形式归类为（表5-22）：①一刊单独上网（单刊编辑部注册独立域名）：58 种，占总数的 85.2%；②数刊联合上网（两刊或两刊以上的期刊共同注册独立域名）：1 种，占1.5%；③依托主办单位上网：8 种，占 11 8%；④依托学科信息网上网：1 种，占1.5%。

2015 年江苏省 OA 期刊的上网形式仍以"一刊单独上网"和"依托主办单位上网"两种形式为主（占97.0%）。由于目前我国尚缺少大型的 OA 期刊网络平台期刊主要通过自建网站的形式实现 OA 出版。

表5-22　江苏省开放获取期刊的上网形式（2015 年）

上网形式	刊数/种	占比
一刊单独上网	58	85.3%
依托主办单位上网	8	11.7%
数刊联合上网	1	1.5%
依托学科信息网上网	1	1.5%
合计	68	100%

二、开放获取期刊地区、学科和类别分布

2015 年，OA 期刊数量分布最多的地区为南京（48 种）、无锡（5 种）和镇江（5 种）。OA 期刊所占比例明显高于该地区期刊所占比例的地区为南京、无锡和苏州。OA 期刊所占比例最高的学科为"工业技术"（23.2%）、"医学、卫生"（16.3%）和"自然科学总论"（13.9%）。江苏省 68 种 OA 期刊中有 92.6% 为学术类期刊。

（一）开放获取期刊的地区分布

2015 年江苏省 68 种 OA 期刊分布在 13 个地区（见表 5-23）。OA 期刊数超过 5 种的地区依次为：南京 48 种（占 70.6%）、无锡 5 种（占 7.3%）及镇江 5 种（占 7.3%）。

OA 期刊所占比例明显高于江苏省科技期刊所占比例的地区为镇江、南京和无锡，分别高出 3.3、2.1 和 2.1 个百分点，说明这 3 个地区期刊实现 OA 出版的情况好于其他地区。

表 5-23　江苏省开放获取期刊的地区分布（2015 年）

地区	江苏省科技期刊数/种	比例	江苏省 OA 期刊数/种	比例
南京市	172	68.5%	48	70.6%
苏州市	13	5.2%	1	1.5%
无锡市	13	5.2%	5	7.3%
常州市	11	4.4%	2	2.9%
镇江市	10	4.0%	5	7.3%
扬州市	8	3.2%	2	2.9%
泰州市	1	0.4%	0	0
南通市	4	1.6%	2	2.9%
盐城市	2	0.8%	1	1.5%
淮安市	2	0.8%	0	0
宿迁市	0	0	0	0
徐州市	12	4.8%	2	2.9%
连云港市	3	1.2%	0	0
合计	251	100%	68	100%

（二）江苏省开放获取期刊的学科分布

由表5-24可见，2015年江苏省OA期刊数分布最多的前5个学科依次为"工业技术"（20种）、"医学、卫生"（14种）、"自然科学总论"（12种）、"农业科学"（7种）、"天文学、地理科学"（6种）。

学科中OA期刊所占比例高于总体平均值（34.1%）的3个学科依次为"航空、航天"（100%）、"自然科学总论"（44.4%）和"天文学、地理科学"（40.0%）。

表5-24 江苏省开放获取期刊的学科分布（2015年）

学科	江苏省科技期刊数/种	比例	江苏省OA期刊数/种	比例	OA期刊数占学科期刊数比例
	A	A/251	B	B/68	B/A
自然科学总论	27	10.7%	12	17.6%	44.4%
数理科学和化学	9	3.6%	2	2.9%	22.2%
天文学、地理科学	15	6.0%	6	8.8%	40.0%
生物科学	8	3.2%	2	2.9%	25.0%
医学、卫生	45	17.9%	14	20.6%	31.1%
农业科学	27	10.7%	7	10.3%	25.9%
工业技术	104	41.4%	20	29.4%	19.2%
交通运输	7	2.8%	0	0	0
航空、航天	3	1.2%	3	4.4%	100%
环境科学、安全科学	6	2.4%	2	2.9%	33.3%
合计	251	100%	68	100%	27.1%

（三）开放获取期刊的类别分布

江苏省68种OA期刊中有63种为学术期刊，占92.6%，明显高于江苏省全部251种期刊中学术类期刊所占比例85.3个百分点，而其他类别OA期刊所占比例略高于江苏省全部251种期刊中该类别期刊所占比例，其他类期刊主要是半学术半信息类期刊，科普类期刊中OA期刊所占比例最低，并且明显低于江苏省全部18种期刊中该类别期刊所占比例，低了6.7个百分点（表5-25）。

表5-25　江苏省开放获取期刊的类别分布（2015年）

期刊类别	江苏省科技期刊数/种	比例	江苏省OA期刊数/种	比例
学术类	214	85.3%	63	92.6%
科普类	18	7.2%	1	1.5%
其他	9	3.6%	4	5.9%
合计	251	100%	68	100%

三、江苏省开放获取期刊开放全文的特征

2015年，江苏省68种OA期刊回溯年代大多分布在2001年以后的占14.7%。OA期刊开放全文时滞以"现刊"为主（占64.7%）。

（一）开放获取期刊开放全文的回溯年代

2015年，江苏省68种OA期刊知网的回溯年代大多分布在1981年以后（39种），占总数的57.3%（见表5-26）；有80.9%的OA期刊开放全文回溯至创刊号，这个情况明显高于全国的平均水平（36.5%）。OA期刊回溯年代明显加长的主要原因是近两年许多期刊自建网站上的OA全文上网数量有了明显的增加。

表5-26　江苏省开放获取期刊开放全文的回溯年代分布（2015年）

回溯年代	刊数/种	所占比例
1970年及以前	11	16.2%
1971—1980年	18	26.5%
1981—1990年	20	29.4%
1991—2000年	9	13.2%
2001年以后	10	14.7%
合　计	68	100%
回溯至创刊号	55	80.9%

回溯至1950年以前，年代最长的1种江苏省OA科技期刊，其刊名为：《土壤学报》。

回溯至1950—1970年的有10种科技期刊：《河海大学学报（自然科学版）》《石油实验地质》《南京大学学报（自然科学版）》《东南大学学报

（自然科学版）》《天文学报》《药学进展》《中国药科大学学报》《江苏中医药》《南京农业大学学报》《南京航空航天大学学报（自然科学版）》。

回溯至 1971—1980 年的有 18 种科技期刊，分别是：《岩土工程学报》《电力系统自动化》《电子器件》《江苏水利》《水利水运工程学报》《工矿自动化》《资源调查与环境》《江苏大学学报（自然科学版）》《物理教师》《气象科学》《大气科学学报》《江苏农业科学》《江苏林业科技》《扬州大学学报（农业与生命科学版）》《生物质化学工程》《中国生化药物杂志》《石油物探》《南京师大学报（自然科学版）》。

回溯至 1981—1990 年的有 20 种科技期刊，分别是：《现代铸铁》《水资源保护》《数据采集与处理》《食品与生物技术学报》《南京邮电大学学报（自然科学版）》《排灌机械工程学报》《江苏科技大学学报（自然科学版）》《常州大学学报（自然科学版）》《无机化学学报》《水科学进展》《微体古生物学报》《中国校医》《临床麻醉学杂志》《中国血吸虫病防治杂志》《林产化学与工业》《林业科技开发》《振动、测试与诊断》《生态与农村环境学报》《弹道学报》《光电子技术》。

回溯至 1991—2000 年的有 9 种科技期刊，分别是：《实用心电学杂志》《盐城工学院学报（自然科学版）》《高校地质学报》《中华皮肤科杂志》《肾脏病与透析肾移植杂志》《实用临床医药杂志》《中华核医学与分子影像杂志》《南京航空航天大学学报（英文版）》《江苏大学学报（医学版）》。

回溯至 2000 年之后的有 10 种科技期刊，分别是：《南京师范大学学报（工程技术版）》《江苏工程职业技术学院学报》《科学大众：科学教育》《徐州工程学院学报（自然科学版）》《南京信息工程大学学报》《生物加工过程》《口腔生物医学》《Chinese Journal of Natural Medicines》《环境监控与预警》《南通大学学报（自然科学版）》。

（二）开放获取期刊开放全文的时滞

2015 年对江苏省 68 种 OA 期刊开放全文时滞的统计表明（表 5-27），"现刊"所占比例最大（占 64.7%），其次为"滞后 1～12 个月"（占 19.1%）。滞后的原因分为"主动滞后"和"被动滞后"两种。"主动滞后"主要是有些期刊担心 OA 出版会影响期刊印刷版本的发行量和发行收入，首先在网站上发布与印刷版本超前或同步的文章目次和摘要，延迟一段时间后再发布 OA 全文；"被动滞后"是指由于网站运营管理不善或人手短缺而造成的期刊内容（目次、摘要、全文）无法与印刷版本保持同步而出现的上网滞后现象。在 15 种"滞后 1～12 个月"和"滞后 13 个月以上"的 OA 期刊中有 2 种属于前者、13 种属于后者。目前，有越来越多的期刊更加重视 OA 出版，能够及时将 OA 全文在网站或平台上发布。

表 5-27　江苏省开放获取期刊开放全文的时滞分布（2015 年）

时滞	刊数/种	所占比例
超前	9	13.3%
现刊	44	64.7%
滞后 1～12 个月	13	19.1%
滞后 13 个月以上	2	2.9%
合计	68	100%

（三）开放获取期刊开放全文的期刊

2015 年的统计结果表明，江苏省 OA 期刊发布期刊内容的总量有了明显的增长。68 种 OA 全文的期刊有：《现代铸铁》《河海大学学报（自然科学版）》《岩土工程学报》《石油实验地质》《电力系统自动化》《水资源保护》《数据采集与处理》《电子器件》《江苏水利》《水利水运工程学报》《工矿自动化》《南京师范大学学报（工程技术版）》《食品与生物技术学报》《南京邮电大学学报（自然科学版）》《排灌机械工程学报》《江苏工程职业技术学院学报》《实用心电学杂志》《南京大学学报（自然科学版）》《东南大学学报（自然科学版）》《科学大众：科学教育》《资源调查与环境（现为：华东地质）》《盐城工学院学报（自然科学版）》《江苏大学学报（自然科学版）》《江苏科技大学学报（自然科学版）》《徐州工程学院学报（自然科学版）》《南京信息工程大学学报》《常州大学学报（自然科学版）》《无机化学学报》《物理教师》《天文学报》《土壤学报》《气象科学》《水科学进展》《高校地质学报》《大气科学学报》《微体古生物学报》《生物加工过程》《药学进展》《中华皮肤科杂志》《中国药科大学学报》《中国校医》《临床麻醉学杂志》《中国血吸虫病防治杂志》《肾脏病与透析肾移植杂志》《江苏中医药》《实用临床医药杂志》《口腔生物医学》《中华核医学与分子影像杂志》《Chinese Journal of Natural Medicines》《南京农业大学学报》《林产化学与工业》《林业科技开发》《江苏农业科学》《江苏林业科技》《扬州大学学报（农业与生命科学版）》《生物质化学工程》《振动、测试与诊断》

《南京航空航天大学学报（英文版）》《南京航空航天大学学报（自然科学版）》《生态与农村环境学报》《环境监控与预警》《弹道学报》《中国生化药物杂志》《江苏大学学报（医学版)》《石油物探》《光电子技术》《南京师大学报（自然科学版）》《南通大学学报（自然科学版)》。

四、实现开放获取对期刊主要引证指标的影响

为了对比 OA 期刊的学术影响力变化，我们采集了 OA 期刊的"总被引频次、影响因子和即年指数增长率"这 3 个指标进行了对比，由于只有重庆维普的数据库中的 41 种刊物 2011—2015 年的这 3 个数据相对较全，因此这里就统计了这 41 种刊物 2011—2015 年的相关数据。参见表 5-28。

表 5-28　41 种开放获取期刊三项引证指标增长率分布（2011—2015 年）

各种期刊数 增长率	总被引频次增长率 变化期刊数/种	影响因子增长率 变化期刊数/种	即年指数增长率 变化期刊数/种
增长率 >100%（上升）	35	31	32
增长率 ≤100%（持平或下降）	6	10	9
合计	41	41	41
增长率高于全部收录期刊总平均	33	27	27
增长率低于全部收录期刊总平均	8	14	14
合计	41	41	41

注：2011—2015 年中国科技期刊引证报告（CJCR）收录全部期刊总被引平均增长率为 113.4%，影响因子平均增长率为 112.2%，即年指数平均增长率为 138.3%。

由表 5-28 可见，根据采集到的 41 种 OA 期刊的学术影响力指标，分别有 35 种、31 种和 32 种总被引频次、影响因子、即年指数有所提高。41 种 OA 期刊中分别有 33 种、27 种和 27 种的总被引频次、影响因子和即年指数增长率高于总平均。由于开放获取的文章可以被更多地浏览、检索、下载和阅读，可以被更多的人引用，因此显而易见可以获得更高的影响力，但 OA 出版是否必然提高期刊的总被引频次、影响因子和即年指数等引证指标还受到多种因素的影响。开放获取后期刊的学术影响力是否得到提升，还与期刊文章的内容质量、文章的数量、所属学科、发布开放获取全文的时滞、开放获取平台的显示度及该期刊全文上网的大型付费平台的商业模式和读者覆盖面等诸多因素有关，对此今后还需要从学科、影响力、出版规模等方面进行更大范围的实证比较研究。

第五节　江苏省科技期刊新媒体应用平台

在数字出版时代，科技期刊的传播力是指期刊通过各种传播方式的组合，将信息扩散所产生尽可能好的传播效果的能力。这种能力的构成包括传播的信息量、传播速度与准确度、信息的覆盖面及影响效果。期刊综合数字传播力主要体现在期刊从内容（信息）数字化传播的广度（自建网站、加入数据库和平台的等传播渠道的多寡）、传播的深度（目次、摘要、全文3个层次）、传播的信息量（期数、篇数）、传播的媒体形式（PDF，HTML、全媒体、移动媒体、社交媒体等）、传播信息的获取方式（OA 和非 OA）、传播的时效性（超前、同步、滞后）、传播的效果（学术期刊的引证指标、技术和科普类期刊的发行量）等几个方面。

一、江苏省科技期刊综合数字传播力

江苏省科技期刊为提高期刊的数字传播力，较普遍地采取了多重数字化传播方式（表5-29），即在2个或2个以上网络平台发布期刊全文，以最大限度地提高期刊数字传播的广度和深度。这些网络平台是：自建网站、中国知网、万方数据、维普资讯、龙源期刊网、中国科技论文在线、中国科学院OA 平台、读览天下及国外出版商网络出版平台等。

中国知网、万方数据等大型网络平台相当于信息"超市"，拥有大量机构和个人用户，是帮助期刊实现数字化出版最方便快捷又能达到理想效果的选择；而期刊自建网站相当于信息"专卖店"，为作者和读者提供更加个性化的服务，还可弥补大型网络平台提供功能和内容的不足，两者各有优势，互为补充，难以相互替代。

表5-29　江苏省科技期刊在网络平台发布期刊全文情况（2015 年）

发表期刊全文网络平台的数量/个	刊数/种	所占比例
7	0	0
6	1	0.4%
5	20	8.0%
4	38	15.1%
3	177	70.5%
2	13	5.2%

发表期刊全文网络平台的数量/个	刊数/种	所占比例
1	1	0.4%
无	1	0.4%
合计	251	100%

　　在5个以上网络平台发布全文的期刊以学术类期刊为主，目的是扩大期刊影响力，最大限度地增加期刊在互联网上的覆盖面和显示度。在1个或2个网络平台发布全文的期刊主要是那些与中国知网、万方数据和国外出版商签订了独家数字出版协议的期刊，这些期刊中有些除在中国知网、万方数据和国外出版商的网络平台上网外，还在自建网站上发布期刊全文。仅1种期刊（占0.4%）未发布全文。

　　这些表明，越来越多的办刊者增强了数字出版、网络传播的意识并付诸实践，尽可能多地加入了相关网络平台，以提升期刊影响力、促进期刊发展。

　　《数据采集与处理》在6个网络平台发布全文，分别是：龙源期刊网、中国科技论文在线、中国科学院科技期刊开放获取平台、万方数据、重庆维普、中国知网收录。在5个网络平台发布全文的19种期刊分别是：《振动工程学报》《水资源保护》《水利水电科技进展》《中国建筑防水》《南京师范大学学报（工程技术版)》《采矿与安全工程学报》《排灌机械工程学报》《实用心电学杂志》《气象科学》《湖泊科学》《海洋工程》《大气科学学报》《中国药科大学学报》《口腔医学》《中国血吸虫病防治杂志》《南京农业大学学报》《南京航空航天大学学报（自然科学版)》《江苏大学学报（医学版)》《南京师大学报（自然科学版)》。

　　此外，江苏省科技期刊还采用其他一些提高期刊数字传播力的方式，如在自建网站、中国知网、国外出版平台上进行在线预出版（或称数字优先出版)、在中文版期刊网站上增加相对应的英文版、实现开放获取、开通或应用各类新媒休等方式，以提升期刊内容传播的广度、深度、信息量、时效性和效果，达到提高期刊显示度和影响力的目的。

二、江苏省科技期刊新媒体应用

　　互联网已经渗透到了我们生活的方方面面，它正在改变着人们的生产方式、工作方式和学习方式。随着互联网的进一步发展，互联网的应用将从广度向深度发展。新媒体是新的技术支撑体系下出现的媒体形态，如数字期刊、数字报纸、数字广播、手机短信、移动电视、网络、桌面视窗、数字电视、数字电影、触摸媒体等。在科技期刊传播领域，我们将新媒体定义为区别于纸媒和网站的所有网络化应用，包括行业性的论坛、微博、微信、QQ群、飞信、移动终端的推送、二维码、云出版和语义出版等。科技期刊对新媒体的运用，对提高期刊的显示度和影响力无疑会起到一定的促进作用。

（一）期刊启用新媒体应用状况

2015年的数据显示，江苏省科技期刊中启用新媒体期刊汇总（表5-30）。相对较多的新媒体应用方式为微博、二维码及微信的信息推送，分别占12%、7%和6%；最少的是App。

表5-30 江苏省科技期刊自建网站上提供的有关期刊的主要信息（2015年）

服务功能和拓展信息	刊数/种	占217种期刊比例
微博	26	12.0%
QQ群	3	1.4%
微信	12	5.5%
二维码	16	7.4%
App	1	0.5%

据2015年对江苏省科技期刊自建网站的调查结果显示，有一些网站上应用或开通了iPad版下载、富媒体HTML，QQ在线、QQ群、博客、微信、微博、二维码、论坛、短信平台、个性空间、淘宝网店等新媒体或新技术。这些期刊中有学术类期刊、技术类期刊、科普类期刊、综合指导类期刊。这些网站上除提供PDF格式的OA全文外，还提供经内容分析和知识标引富媒体HTML全文，提高了期刊文章在互联网上的显示度，并为读者阅读提供了便利；此外，一些刊网站还提供iPad版全文下载服务，开通了论坛、个性空间、呼朋引伴（社区）、QQ、淘宝网店和期刊手机版；一些网站上开通或应用了论坛、微信、微博、二维码、Android手机版和iPhone版的下载服务。

（二）期刊开通新浪微博状况

为了解江苏省科技期刊微博应用的概貌，2016年手工检索了新浪微博，以刊名作为检索词检索江苏省251种科技期刊，不限定昵称、标签、学校和公司。英文版期刊检索时不添加"英文版"，并同时检索英文名和中文名。结果显示，共有 23 种江苏省科技期刊在新浪开通了微博，占江苏省 251 种科技期刊的 9.16%，大部分期刊微博的名称与刊名相同。

在新浪开通微博的 23 种期刊的名称是：《排灌机械工程学报》《水电与抽水蓄能》《科学大众》《物理之友》《湖泊科学》《地质学刊》《大气科学学报》《药学进展》《中华皮肤科杂志》《中国药科大学学报》《临床皮肤科杂志》《临床检验杂志》《实用老年医学》《临床精神医学杂志》《中华消化内镜杂志》《中国临床研究》《中国养兔杂志》《南京工程学院学报（自然科学版）》《中国生化药物杂志》《机车车辆工艺》《机械制造与自动化》《江苏师范大学学报（自然科学版）》《轨道交通装备与技术》。在开通微博的期刊中，粉丝数超过 1 万人的有 2 种，分别是《大气科学学报》和《轨道交通装备与技术》；100～5000 人的有 7 种，分别是《排灌机械工程学报》《科学大众》《地质学刊》《大气科学学报》《药学进展》《中国药科大学学报》《中华消化内镜杂志》；100 人以下的有 13 种，分别是《水电与抽水蓄能》《物理之友》《中华皮肤科杂志》《临床皮肤科杂志》《临床检验杂志》《实用老年医学》《临床精神医学杂志》《中国临床研究》《中国养兔杂志》《南京工程学院学报（自然科学版）》《机车车辆工艺》《机械制造与自动化》《江苏师范大学学报（自然科学版）》。从整个情况看，微博粉丝比较多的期刊，分为几种情况：一是粉丝对负责期刊的相关人员比较崇拜，其学科做得比较好；二是期刊的微博有专门人员负责，不断推出新的叫供粉丝阅读的文章，说明期刊与读者的互动良好。粉丝数少于 100 人的 15 种科技期刊，均为学术类期刊，说明这方面还有更多的工作要做。

从以上的数据可见，学术类期刊在新浪微博的开通情况和互动情况均不理想，而科普类期刊的微博粉丝数不少，互动也很频繁。这一方面是因为科普类信息与大众的需求更贴近，另一方面也与这些期刊主动利用微博平台宣传期刊，将其作为期刊营销推广的一种方式有关。

2015 年，江苏省 251 种科技期刊中有 73.6% 的期刊数字出版收入小于年度发行总收入的 10.0%，有 41.5% 期刊的数字出版收入小于 5.0%，有 15.1% 期刊的数字出版收入为 5.1%～10.0%。江苏省科技期刊中有 242 种建设了自己的网站，占江苏省 251 种期刊的 96.4%，期刊的上网形式以"一刊单独上网"为主。江苏省科技期刊自建网站上提供的内容信息更加丰富，服务功能日趋多样化，总体质量有所提升。2016 年的调查统计显示，江苏省 242 种期刊的自建网站上有 196 种（81.0%）发布期刊目次，其中有

160 种（占 66.1%）进一步发布文章的摘要，有 78 种（占 32.2%）进一步发布文章的全文。在发布全文的 78 种期刊网站上，有 68 种全文为 OA 出版，占 242 种发布全文期刊的 28.1%。以目次、摘要和全文 3 种形式在线预出版的期刊有 54 种，占江苏省自建期刊网站总数的 22.3%。

2015 年，江苏省 242 种期刊的自建网站上，共有 217 种期刊具有稿件在线处理功能。其中 83.4% 具有"在线投稿"功能、65.0% 具有"在线审稿"功能、68.2% 具有"在线查稿"功能、58.5% 具有"远程编辑"功能。自建网站上提供的信息中主要是期刊介绍、编辑部联系方式、投稿要求、编委会名单、期刊信息动态、期刊征订启事、被数据库收录情况、版权转让协议、下载中心、期刊文章点击/下载排行、论文模板、期刊获奖情况、编辑部成员介绍、读者在线调查、论文写作指南、稿件处理流程 16 种。

各期刊网站上提供的服务功能和相关信息主要包括检索、相关/友情链接、读者在线留言、广告征集、E-mail、读者会员注册、RSS、广告、行业信息、阅读软件下载、会议消息、读者在线订阅、读者信箱、论坛、常见问题解答、书讯、图书邮购、QQ 留言、视频、在线支付、继续教育（讲座、培训）、博客、微博、QQ 群、微信、二维码、App 27 项，其中出现频次最多的是"检索""相关/友情链接""读者在线留言""广告征集""E-mail""读者会员注册""RSS""广告""行业信息""读者在线订阅""会议消息""书讯、图书邮购"及"微博"等。

2015 年，江苏省 251 种科技期刊中分别有 248、237 和 244 种期刊在 CNKI、万方和维普全文上网，分别占各自数据库上网期刊的 98.8%、94.4% 及 97.2%。2015 年，江苏省 251 种期刊中有 248 种在 CNKI 全文上网（全文更新至 2001 年及以后），占江苏省科技期刊总数的 98.8%。

CNKI 全文上网期刊的 61.7% 可以回溯至创刊号。回溯年代分布高峰为"1981—1990 年"和"1991—2000 年"分别占全文收录期刊的 30.0% 和 30.2%。截至 2015 年年底，有 36 种江苏省科技期刊在龙源期刊网全文上网，共收录江苏省 29 种科技期刊。江苏省共有 5 种科技期刊被读览天下平台收录（含一刊多版），平台全文收录江苏省科技期刊 28 种。"中国科学院科技期刊开放获取平台"共收录 35 种江苏省科技期刊。2015 年在国外出版商网络出版平台上网的江苏省科技期刊为 6 种，英文版期刊有 11 种，没有 1 种在国外网络出版平台全文上网的中文版期刊。

OA 期刊的数量为 68 种，占江苏省整个科技期刊的 27.1%。期刊主要通过自建网站的形式实现 OA 出版，上网形式仍以"一刊单独上网"和

"数刊联合上网"两种形式为主。江苏省 OA 期刊的上网形式仍以"一刊单独上网"和"依托主办单位上网"两种形式为主（占 97.0%）。OA 期刊数量分布最多的地区为南京（48 种）、无锡（5 种）和镇江（5 种）。OA 期刊所占比例明显高于该地区期刊所占比例的地区为南京、无锡和苏州。OA 期刊所占比例最高的学科为"工业技术"（23.2%）、"医学、卫生"（16.3%）和"自然科学总论"（13.9%）。江苏省 68 种 OA 期刊中有 92.6% 为学术类期刊。

2015 年江苏省 68 种 OA 期刊分布在 13 个地区（表 5-26）。OA 期刊数超过 5 种的地区依次为：南京 48 种（占 70.6%）、无锡 5 种（占 7.3%）及镇江 5 种（占 7.3%）。2015 年江苏省 OA 期刊数分布最多的前 6 个学科依次为"工业技术"（20 种）、"医学、卫生"（14 种）、"自然科学总论"（12 种）、"农业科学"（7 种）、"天文学、地理科学"（6 种）。江苏省 63 种 OA 期刊中有 92.6% 为学术类期刊明显高于江苏省全部 251 种期刊中学术类期刊所占比例 84.9 个百分点。2015 年，江苏省 68 种 OA 期刊回溯年代大多分布在 2001 年以后的占 14.7%。OA 期刊开放全文时滞以"现刊"为主（占 64.7%）。"现刊"所占比例最大（占 64.7%），其次为"滞后 1~12 个月"（占 19.1%）。2015 年的数据显示，江苏省科技期刊中相对较多的新媒体应用方式为微博、二维码及微信的信息推送，分别占 12%、7% 和 6%；最少的是 App。共有 25 种江苏省科技期刊在新浪开通了微博，占江苏省 251 种科技期刊的 9.96%，大部分期刊微博的名称与刊名相同。

第六章　江苏省科技期刊国际化水平

期刊国际化是指办刊过程中各类国际学术力量的介入，期刊的传播范围跨越了国家和地区的界限。例如，期刊的编委会、编辑部的国际化组成，论文作者和读者来自世界各地，期刊的发行也是突破了国界，更重要的是，期刊所载论文的研究是否与国际接轨，是否围绕国际学术领域关注的问题。当然，这些属于期刊国际化表现的一些形式，真正反映期刊国际化水平方面，主要还在于期刊的国际影响力。例如，是否被国际重要数据库所收录，是否刊载了具有国际影响力的论文，是否有较高的国际学术影响力指标，等等。本章将着重从以上所述方面来探讨江苏省科技期刊的国际化水平。

第一节　江苏省科技期刊国际化概况分析

鉴于上文提到的期刊国际化表现形式及相关指标，本节将重点分析江苏省科技期刊被国际重要数据库收录、刊载海外论文、入选国际品牌期刊、海外发行、外籍编委等指标参数，通过对这些指标参数的统计分析，可以了解江苏省科技期刊国际化发展状况。为了了解江苏省科技期刊国际化发展水平的真实状况，本节将针对上述指标对江苏省与上海市等六省市期刊国际化指标进行比较分析。

一、江苏省科技期刊国际化发展概况

本节的目的是从宏观层面把握江苏省科技期刊国际化发展情况，其内容一方面侧重于对数据绝对量的分析，考察江苏省科技期刊国际化发展的客观状态；另一方面侧重于以大的学科门类和时间角度组织数据，发现某一侧面国际化的表现。其中部分重要指标将在本章后面的若干节中进行更加细致的分析。

1. 被国际重要数据库收录状况

被国际重要期刊数据库收录是考察期刊国际化发展质量和影响力的重要依据。此处考察的重要期刊数据库主要指通过一定指标遴选的期刊数据库。

目前，较有国际影响力的这类数据库主要有 SCI 和 EI。表 6-1 列出了江苏省被 SCI 和 EI 数据库收录的科技期刊的情况。

表6-1 "十二五"期间江苏省科技期刊被 SCI 和 EI 数据库收录情况

数据库名称	种数/种	占期刊总数（2015 年）比例	占中国被收录比例	在七省市中排名	占七省市总数比例	与最多者差距/种
SCI	5	1.13%	2.89%	3（并列）	12.2%	15
EI	16	3.63%	7.41%	1	29.09%	0

由表 6-1 可以看出，截至"十二五"末，江苏省科技期刊被 SCI 数据库收录了 5 种，约占江苏省科技期刊出版总数（以 2015 年为考察对象）的 2%，在全国 173 种被 SCI 收录的期刊中占比不足 3%；期刊收录总数在包括湖北、上海、陕西、重庆、广东和浙江在内的七省市（本章以下简称"七省市"）中与湖北省并列第三，但因绝对数量不高，低于七省市平均水平，比收录最多者上海市少 15 种。根据中科院文献情报中心对 SCI 期刊分区的结果统计，江苏省这 5 种期刊中，有 2 种位于三区、3 种位于四区。

江苏省科技期刊被 EI 数据库收录 16 种，约占 2015 年江苏省科技期刊总数的 6%，在中国大陆 216 种被 EI 收录的科技期刊中占比超过 7%；期刊收录总数在七省市中排名首位，比收录最低者重庆市多了 15 种，比紧随其后的上海市多了 4 种，被 EI 收录的期刊总数高出七省市平均水平一倍多。

此外，江苏省还有 3 种科技期刊被国际上最权威的生物医学文献数据库 Medline 收录。

2. 刊载海外论文概况

海外论文是考察期刊内容国际化和被海外作者认可情况的重要指标。我们以中国科学技术信息研究所提供的 2011—2015 年江苏省科技期刊引证数据为依据，对其所收录的江苏省科技期刊刊载有海外论文的期刊进行统计，详细数据参见表 6-2。

由此可见，总体上看，"十二五"伊始，江苏省科技期刊刊载海外论文开端良好，有 3 个学科门类一半或接近一半的期刊有海外论文；但后续发展乏力，"十二五"末，各学科门类有海外论文的期刊均不足 1/3，有 4 个学科门类下降到 1/5 以下，下降速度最快的是农学和医学，5 年下降了 1/3。此外，各学科刊载海外论文的期刊种数存在一定差异，这种差异一方面表现在静态上，如 2011 年，有海外论文的期刊占比最高的为农学类，而最低者为

表6-2　江苏省科技期刊刊载有海外论文的期刊分布

学科门类	2011 年			2015 年			占比变化
	江苏省期刊总数/种	有海外论文期刊数/种	所占比例	江苏省期刊总数/种	有海外论文期刊数/种	所占比例	
理学	57	24	42.10%	57	15	26.30%	-15.80%
工学	114	28	24.56%	117	20	17.10%	-7.46%
农学	20	10	50.00%	26	4	15.40%	-34.60%
医学	47	22	46.80%	51	8	15.70%	-31.10%
总计	238	84		251	47		-16.60%

工学类，前者是后者的两倍还多；另一方面，在动态发展上，各学科期刊占比均在下降，但下降的速度有所不同，如农学类由"十二五"初期的占比第一下滑到末期的最后一名。

3. 国际品牌期刊入选概况

本节国际品牌期刊是指中国知网评选出的"中国国际最具影响力期刊"和"中国国际影响力优秀期刊"两个类型，前者涵盖影响力排在前5%的期刊，每年175～176种；后者涵盖前5%～10%的期刊，同样有175种左右。以CNKI网站上公布的2012—2016年"中国国际品牌学术期刊"名单为数据来源，我们对江苏省最具国际影响力期刊和国际影响力优秀期刊进行统计。详细数据分别参见表6-3和表6-4。

表6-3　江苏省最具国际影响力期刊分布

年份	排名（种数）				期刊总数/种
	1～50	51～100	101～150	150 以上	
2012	2	0	4	3	9
2013	1	2	4	1	8
2014	1	2	3	1	7
2015	1	1	4	2	8
2016	1	4	1	0	6

表6-4　江苏省国际影响力优秀期刊分布

年份	排名（种数）				期刊总数/种
	1～50	51～100	101～150	150以上	
2012	4	5	1	3	13
2013	4	3	2	2	11
2014	4	4	2	2	12
2015	3	3	5	0	11
2016	4	5	2	2	13

2012—2016年间，江苏省共有12种期刊有过被评为最具国际影响力期刊的历史。这其中，除《Pedosphere》《Chinese Journal of Natural Medicines》和《无机化学学报》3种期刊外（这3种均为SCI来源期刊），其他9种期刊在这5年间均或多或少有被排除在国际最具影响力期刊之外的年份。总体上，江苏省国际最具影响力期刊种数逐年减少，所进入的期刊在其排名中，多数维持在100名以后的位置，除2016年较少外，其他各年均有一半以上的期刊排名在此范围内；2016年入选的6种期刊，有4种排名在1～50名，可见，这一年虽然进入国际最具影响力期刊的种数跌入低谷，但被收录的期刊排名却维持在高段位。

2012—2016年间，江苏省有25种期刊具有进入国际影响力优秀期刊的历史，其中的《China Ocean Engineering》（SCI期刊）、《地层学杂志》《水科学进展》和《中国矿业大学学报》4种期刊5年均进入，其他20种期刊中，有的不能保持该时间段内全部进入；有的晋级为最具影响力期刊，如《Journal of Biomedical Research》《International Journal of Mining Science and Technology》《电力系统自动化》《岩土工程学报》。总体上，江苏省各年进入国际影响力优秀期刊的种数基本平衡，维持在11～13种；排名多数处于1～100名，每年这类期刊占本年度江苏省进入国际影响力优秀期刊总数的70%左右，而1～50名和51～100名的期刊种数基本相当。有个别期刊排名进入前五，其中有的期刊发挥了发展潜力，如《岩土工程学报》在2012年排在影响力优秀第一，次年即晋级到最具影响力队列，并一直保持至今；而有的期刊虽在影响力优秀中排名进入前五，但后续没有更好地发挥发展潜力，如《Numerical Mathematics（Theory，Methods and Applications）》，2013年进入影响力优秀期刊中并排名第二，然而至今一直未进入最具影响力期刊阵营。此外，有些在影响力优秀中较靠前的期刊，是上一年由最具影响力期刊跌落而至，如 2015 年排名第六的期刊《高校地质学报》，是由 2012—2014 年最具影响力期刊跌至；2013 年排名第 30 名的期刊《湖泊科学》，是由 2012 年最具影响力期刊跌至。

4. 海外发行概况

期刊海外发行是向海外展示江苏省期刊，提升江苏省科技期刊国际影响力的重要手段。据统计，2011—2014 年江苏省科技期刊海外发行量基本持平，而到了 2015 年出现了明显下滑（表 6-5），总体下滑了 40%，其中下滑最严重的是理学类期刊，其次是医学类期刊；而农学类期刊表现突出，发行量增长了 50% 以上，工学类期刊也实现了少许增长。理学类期刊在江苏省科技期刊中的发行量中占的份额最大，医学类最少。

表 6-5　江苏省科技期刊海外发行量分布

学科门类	2011 年		2015 年		发行量变化比重
	数量/千份	比重	数量/千份	比重	
理学	8232	73.3%	3245	49.2%	−60.58%
工学	1799	16%	1858	28.2%	3.28%
农学	718	6.4%	1128	17.1%	57.10%
医学	482	4.3%	364	5.5%	−24.48%
总计	11231		6595		−41.28%

5. 外籍编委概况

外籍编委是期刊国际化组稿、采编和传播的重要力量。江苏省科技期刊有外籍编委的期刊集中于 11 种英文期刊，对这 11 种期刊通过网络调研等方式获取外籍编委情况，其中，《China Medical Abstracts（Internal Medicine）》（《中国医学文摘内科学分册》）没有获取到相关数据，表 6-6 主要给出了其他 10 种期刊的外籍编委数据。

除了没查到编委数据的一种期刊（这是一个二次文献期刊）外，总体上，江苏省 10 种英文科技期刊外籍编委人数平均为 32 人左右，平均占比在 46.2% 左右。外籍编委人数最少的没有外籍编委，最多的达到 78 人。人数最多的期刊是《Pedosphere》（《土壤圈》），同时该刊也以 81% 的比例成为外籍编委占比第二的期刊；没有外籍编委的期刊是《Journal of Southeast University（English Edition）》，人数最少的期刊是《Transactions of Nanjing University of Aeronautics & Astronautics》（《南京航空航天大学学报》）。10 种期

表6-6　江苏省11种英文科技期刊外籍编委分布①

序号	期刊名称	编委总数/人	外籍编委/人	外籍编委占比
1	Water Science and Engineering	43	25	58%
2	International Journal of Mining Science and Technology	66	55	83%
3	Journal of Southeast University（English Edition）	41	0	0
4	Numerical Mathematics：A Journal of Chinese Universities，English Series	37	23	62%
5	Analysis in Theory and Applications	49	24	49%
6	Pedosphere	96	78	81%
7	China Ocean Engineering	45	11	24%
8	China Medical Abstracts（Internal Medicine）	—	—	—
9	Journal of Biomedical Research	82	39	48%
10	Transactions of Nanjing University of Aeronautics & Astronautics	80	9	11%
11	Chinese Journal of Natural Medicines	122	56	46%

刊的外籍编委占比范围介于0～83%，占比最高的期刊为《International Journal of Mining Science and Technology》(《国矿业科学技术学报》)，占比达83%。

二、七省市期刊国际化对比分析

有比较才有鉴别，为了更清楚地了解江苏省科技期刊国际化在国内的发展水平，我们采集了上海等六个省市的数据进行对比，以此展现江苏省科技期刊国际化的优势、劣势及与其他省市（尤其是表现优秀的省市）的差距，为发现国际化发展中存在的问题及其制订应对策略提供依据。

---

① 表中"—"代表此项数据未能获得，若为"0"则代表此项数据的值为0，本章以下表格相同。

1. 国际品牌期刊对比分析

为发现江苏省入选中国国际品牌期刊在全国①中的地位和与其他省市的差距，我们以 2015 年 CNKI 国际品牌期刊数据为数据源，对入选中国最具国际影响力（表6-7）和中国国际影响力优秀期刊（表6-8）分别进行了统计分析。

表6-7 江苏省入选最具国际影响力期刊与其他省市对比（2015 年）

全国总体分布			江苏省科技期刊		
全国总数/种	入选的 17 个省市平均值/种	全国平均值（含未入选省市）/种	总数/种	占全国比重	在入选的 17 个省市中的排名
175	10	5	8	4.57%	3（并列）

从表6-7 最具国际影响力期刊对比中，我们可以看出：江苏省最具国际影响力期刊在全国有期刊入选的 17 个省市中，低于全国平均值，比重也不足 1/20。其中的主要原因是仅北京市就入选了 108 种，提升了平均值。中国（不含港澳台地区）有 15 个省市没有期刊入选最具国际影响力期刊。江苏省在全国 17 个省市中，入选的期刊种数与湖北省并列位于第三，处于上游。

表6-8 江苏省入选国际影响力优秀期刊与其他省市对比（2015 年）

总体分布			江苏省科技期刊		
全国总数/种	入选的 22 个省市平均值/种	全国平均值（含未入选省市）/种	总数/种	占全国比	在入选的 22 个省市中的排名
175	8	5	11	6.32%	2

从表6-8 入选国际影响力优秀期刊可知，江苏省国际影响力优秀期刊在全国有期刊入选的 22 个省市中，即使因有北京市 92 种入选提升平均值，也高于全国平均值。全国有 10 个省市没有入选国际影响力优选期刊。江苏省在入选的 22 个省市中排名第二。

2. 七省市英文期刊数量对比分析

英文是国际科技交流的通用语言，采用英文出版科技期刊是推进期刊国际化的重要手段之一，表6-9 列出了七省市英文期刊分布情况。

---

① 本书统计数据未包含港澳台地区。

表 6-9　七省市英文科技期刊数量与比例统计（2015 年）

省市名称　内容	第一梯队	第二梯队		第三梯队		第四梯队		均值
	上海	湖北	江苏	浙江	广东	重庆	陕西	
英文科技期刊数量/种	34	13	11	8	7	4	3	11
占本地区期刊数比例	11.5%	6.6%	4.6%	8.6%	5%	6.1%	1.9%	6.3%

由此可见，江苏省与七省市期刊总数的平均值相当。以绝对数量为依据，可将七省市英文期刊数量分为四个梯队，江苏省与湖北省处于第二梯队，但与第一梯队的上海市相去甚远，期刊数量不足上海市的 1/3；不仅如此，江苏省与第三梯队差距并不大。从占本地区期刊数比例来看，江苏省英文科技期刊占比排在倒数第二位，江苏省丰富的期刊资源向英文版转化还有很大的上升空间。

3. 七省市 SCI、EI 收录期刊对比分析

中国科学院文献情报中心采取了金字塔式的 SCI 期刊分区计算，非常科学地反映了 SCI 收录期刊的分区布局，为了了解江苏省被 SCI 收录的科技期刊分区状况，以及 EI 对江苏省科技期刊的收录状况，特别设计了表 6-10，给出了 SCI、EI 对七省市科技期刊收录的对比数据。

表 6-10　2015 年七省市 SCI、EI 收录期刊对比

省市	EI	SCI				
		分区 I 期刊数	分区 II 期刊数	分区 III 期刊数	分区 IV 期刊数	总数
上海	12	1	2	4	13	20
江苏	16	—	—	2	3	5
湖北	11	—	—	—	5	5
浙江	4	—	—	—	6	6
陕西	7	—	—	—	4	2
广东	4	—	—	—	3	3
重庆	1	—	—	—	0	0

由此可见，江苏省 EI 收录数排在七省市中的首位，SCI 收录数虽排名第三，但与第一位的上海市存在显著差距。而从 SCI 分区上看，江苏省与上海市之间的差距进一步被拉大，江苏省的全部 5 种 SCI 期刊只有 2 种位于分区 III，其他三种均位于分区 IV，而上海市有 1/3 期刊在分区 I ~ III 内。当

表6-11　七省市有海外论文期刊对比（2015年）

地区及数量	学科类别	自然科学总论 N	数理科学和化学 O	天文学、地理科学 P	生物科学 Q	医学、卫生 R	农业科学 S	工业技术 T	交通运输 U	航空航天 V	环境科学、安全科学 X	总量
上海	数量/种	4/14	7/13	3/5	7/12	21/83	2/17	31/141	5/26	0/2	1/3	81/316
	比例	28.6%	53.8%	60.0%	58.3%	25.3%	11.8%	22.0%	19.2%	0	33.3%	25.6%
江苏	数量/种	5/27	4/6	5/15	1/9	8/51	4/26	18/102	0/7	1/3	1/5	47/251
	比例	18.5%	66.7%	33.3%	11.1%	15.7%	15.4%	17.6%	0	33.3%	20.0%	18.7%
湖北	数量/种	3/20	6/13	5/11	3/6	18/59	4/12	19/63	6/14	0/0	3/6	67/205
	比例	15.0%	46.2%	45.5%	50.0%	30.5%	33.3%	30.2%	42.9%	0	50.0%	32.7%
陕西	数量/种	2/13	3/7	0/10	1/2	4/33	0/14	9/71	1/3	1/5	0/1	21/159
	比例	15.4%	42.9%	0	20.0%	12.1%	0	12.7%	33.3%	20.0%	0	13.2%
广东	数量/种	4/15	1/1	2/6	1/3	14/54	3/15	13/51	1/5	0/0	1/3	40/153
	比例	26.7%	100%	33.3%	33.3%	25.9%	20.0%	25.5%	20.0%	0	33.3%	26.1%
浙江	数量/种	3/11	2/3	0/6	0/2	3/25	2/18	4/38	0/0	0/0	1/2	15/105
	比例	27.3%	66.7%	0	0	12.0%	11.1%	10.5%	0	0	50.0%	14.3%
重庆	数量/种	3/8	0/1	0/0	0/0	1/19	2/7	7/26	0/5	0/0	1/2	14/68
	比例	37.5%	0	0	0	5.3%	28.6%	26.9%	0	0	50.0%	20.6%
平均	数量/种	3/15	3/6	2/7	2/5	10/46	2/16	14/70	2/9	0.3/1.4	1/3	41/180
	比例	20.0%	50.0%	28.6%	40.0%	21.7%	12.5%	20.0%	22.2%	21.4%	33.3%	22.8%
江苏排名	数量排名	1	3	1	3	4	1	3	5	1	2	3
	比例排名	5	2	2	5	4	4	5	5	1	6	5

然，与另外五省市比较，江苏省被收录的 SCI 期刊在分区方面，还是占有一定优势，但在被收录总数上比浙江省还少 1 种。

4. 七省市有海外论文的期刊对比分析

根据中国科学技术信息研究所提供的期刊海外论文数据，我们进行了地区统计和学科分类，得到了七省市有海外论文的期刊数量，并计算出比例，得到表 6-11，为了清晰地勾画表 6-11，我们仅以 2015 年为例。

总体上，江苏省有海外论文的科技期刊在七省市中排名第三，而占比却滑到了第五。具体而言：七省市工业技术类和医药卫生类有海外论文的期刊数量普遍较多，而航空航天与环境科学普遍偏少；在各地区期刊数量普遍优势的学科中，江苏省在工业技术类中绝对数量排名第三，占比排名第五。在医药卫生类中绝对数量和占比均排在第四，普遍优势的两个学科江苏省处于中下游水平；在占比对比中，数理化学和生物科学两种学科表现优秀，江苏省前者期刊数量和比例排名各为第三和第二，后者各为第三和第五，结合表中具体数据分析，生物科学类表现一般，而数理化学类表现尚佳。江苏省绝对数量排名靠前的学科，其占比除天文地学排名第二和航空航天因数据量普遍偏小数据意义不大外，其他均较为靠后。

第二节　江苏省科技期刊被国际数据库收录情况

SCI 和 EI 数据库是世界上公认的两大重要索引数据库。其中，SCI（Science Citation Index，科学引文索引）数据库是 1960 年由美国科学情报研究所（Institute for Scientific Information，简称 ISI）开发，收录发表在较重要的学术期刊上的论文的相互引用情况，目前已成为国际权威性的科学评价工具。截至 2015 年年底，我国共有 173 种期刊入选该数据库，江苏省有 5 种期刊入选，占比 2.89%；EI（The Engineering Index，美国工程索引）数据库是 1884 年由美国工程师学会所创立，EI 是科技界尤其是工程类科学研究成果的重要检索工具。截至 2015 年，我国共有 216 种期刊被 EI 收录，江苏省有 16 种期刊被收录，占比 7.41%。

一、江苏省科技期刊被 SCI 收录分析

1. 被 SCI 收录期刊办刊资源国际化分析

SCI 主要收录英文期刊，但对一些较为突出的非英文期刊（需要有较好的英文摘要等信息）也会收录，江苏省被 SCI 收录期刊的 5 种科技期刊中，

就有 1 种非英文出版的科技期刊。表 6-12 列出了被 SCI 收录的江苏省科技期刊的相关数据。

表 6-12 被 SCI 收录的江苏省科技期刊办刊资源国际化相关数据

期刊名称	采编系统	外籍编委占比	主办单位	发文情况（2015 年）	
				海外论文比	海外论文国家/地区数
China Ocean Engineering	英文	24%	中国海洋学会、南京水利科学研究院	32.86%	11
Chinese Journal of Inorganic Chemistry	中英	0	中国化学会	2.21%	7
Pedosphere	中英	62%	中科院南京土壤研究所	78.41%	29
Numerical Mathematics：Theory, Methods and Applications	英文	81%	南京大学	80.65%	9
Chinese Journal of Natural Medicines	英文	46%	中国药科大学、中国药学会	10.53%	6

表 6-12 中列出的 5 种期刊中，除《Chinese Journal of Inorganic Chemistry》外，其他 4 种均为英文版期刊。5 种期刊均具有英文采编系统，还有 2 种期刊兼具中英文两种采编系统；5 种期刊的主办单位类型涉及学会、高校和科研院所，并且国家级专业学会是其重要力量。以 2015 年为例，深入到 SCI 数据库对期刊发文进行调研分析发现，各期刊海外作者发文比例差距较大，而这其中最高的为南京大学主办的《Numerical Mathematics：Theory, Methods and Applications》，海外论文比例高达 80.65%，而最低的中文版《Chinese Journal of Inorganic Chemistry》，因为以中文出版，所以海外论文的比例仅有 2.21%；海外论文作者涉及的国家/地区数来看，多数期刊涉及 5~10 个，只有《Pedosphere》达到 29 个。

2. 被 SCI 收录期刊的国际影响力分析

再进一步分析这 5 种期刊的国际化影响力发展，以 SCI 数据库 2011—2015 年数据为基本数据源，对影响力相关指标进行查询统计得到表 6-13，表 6-13 为江苏省 5 种被 SCI 收录的期刊的相关学术影响力数据。

表 6–13　被 SCI 收录的江苏省科技期刊影响力数据统计（2011—2015 年）

期刊名称	总发文量/篇	总被引/次	篇均被引/次	年均被引/次	h 指数	影响因子	
						2011 年	2015 年
China Ocean Engineering	321	690	2	138	9	0.468	0.435
Chinese Journal of Inorganic Chemistry	1956	3612	2	722	14	0.628	0.488
Pedosphere	437	3050	7	610	22	1.161	1.535
Numerical Mathematics: Theory, Methods and Applications	155	456	3	91	11	0.692	0.656
Chinese Journal of Natural Medicines	445	1822	4	364	14	0	1.382

总体来看，各期刊影响因子均不高，而且多有下降趋势。2 种期刊具有增长态势，其中，《Pedosphere》涨幅较大；作为新晋期刊的《Chinese Journal of Natural Medicines》也表现较为突出，大部分相关指标增幅较大；而《China Ocean Engineering》各指标相比其他 4 种期刊有一定差距；《Pedosphere》的国际化影响力在 5 种期刊中表现较为突出；《Chinese Journal of Inorganic Chemistry》年均被引最高而篇均被引靠后，发文量较多是其主要原因。

二、江苏省科技期刊被 EI 收录分析

1. 被 EI 收录期刊的国际化分析

以 2011—2015 年 EI 数据库为数据源，对江苏省 16 种 EI 收录的科技期刊部分办刊内容资源进行统计，详细数据参见表 6–14。

表 6–14　被 EI 收录的江苏省科技期刊论文国际化相关数据（2011—2015 年）

序号	期刊中文名称	学科	发文量/篇	海外论文涉及国家（地区）	海外论文数量/篇
1	采矿与安全工程学报	矿山工程技术	756	4	10
2	船舶力学	水路运输	824	9	26

序号	期刊中文名称	学科	发文量/篇	海外论文涉及国家（地区）	海外论文数量/篇
3	电力系统自动化	电气工程	4254	20	144
4	电力自动化设备	电气工程	3425	8	30
5	东南大学学报（英文版）	工程类综合	896	16	54
6	东南大学学报（自然科学版）	工程类综合	2663	12	42
7	矿业科学技术（英文版）	矿山工程技术	732	40	298
8	南京航空航天大学学报（英文版）	工程类综合	711	23	63
9	水科学进展	水利工程	563	15	48
10	水科学与水工程（英文版）	水利工程	224	23	54
11	岩土工程学报	土木工程	2378	11	107
12	振动测试与诊断	航空、航天科学技术	975	8	13
13	振动工程学报	力学	1681	7	20
14	中国海洋工程（英文版）	海洋科学、水文学	492	28	115
15	中国矿业大学学报	矿山工程技术	824	12	28
16	湖泊科学	海洋科学、水文学	2016 年新晋期刊无数据		

《湖泊科学》为 2016 年新晋期刊，此处暂不作讨论。由表 6-14 可知，江苏省 EI 收录的科技期刊学科主要集中于矿山工程、综合性工程技术学报、电气工程、水利工程和海洋科学等学科领域；所有期刊均有海外作者发表的论文，其中，《矿业科学技术（英文版）》论文作者涉及国家或地区数量最多，达到 40 个，海外作者论文数量也最大；而与其隶属于同一学科的《采矿与安全工程学报》的海外论文数量及作者涉及的国家数量都最少。15 种期刊的海外论文数量大多数在 50 篇以下，这类期刊占 53%；但也有 4 种期

刊海外论文超过 100 篇，占比达 27%，其中涉及海外作者论文最多的《矿业科学技术（英文版）》，海外论文数量高达 298 篇。

2. 被 EI 收录的期刊办刊外部资源国际化分析

为进一步发现江苏省被 EI 收录的 16 种期刊办刊外部资源国际化状况，通过网络调研方式，对这 16 种期刊的海外编委、采编系统等数据查询，具体数据参见表 6-15。

表 6-15　被 EI 收录的江苏省科技期刊办刊外部资源国际化发展

序号	期刊中文名称	主办单位	外籍编委数/人	采编系统	外籍编委占比
1	采矿与安全工程学报	中国矿业大学、中国煤炭工业劳动保护科学技术学会	0	中英	0
2	船舶力学	中国船舶科学研究中心、中国造船工程学会	14	无	20%
3	电力系统自动化	国网电力科学研究院	11	中英	65%
4	电力自动化设备	南京电力自动化研究所有限公司、国电南京自动化股份有限公司	0	中文	0
5	东南大学学报（英文版）	东南大学	0	英文	0
6	东南大学学报（自然科学版）	东南大学	0	中文	0
7	矿业科学技术（英文版）	中国矿业大学	55	英文	81%
8	南京航空航天大学学报（英文版）	南京航空航天大学	9	中文	11%
9	水科学进展	南京水利科学研究院、中国水利学会	11	中文	16%
10	水科学与水工程（英文版）	河海大学	55	英文	58%
11	岩土工程学报	中国水利学会、中国土木工程学会、中国力学学会等 6 个学会	13	中英	12%

序号	期刊中文名称	主办单位	外籍编委数/人	采编系统	外籍编委占比
12	振动测试与诊断	南京航空航天大学、全国高校机械工程测试技术研究会	0	中文	0
13	振动工程学报	中国振动工程学会	0	中文	0
14	中国海洋工程（英文版）	中国海洋工程学会	11	中英	24%
15	中国矿业大学学报	中国矿业大学	0	中文	0
16	湖泊科学	中国科学院南京地理与湖泊研究所、中国海洋湖沼学会	3	中文	4%

　　要特别强调的是《矿业科学技术（英文版）》与 Elsevier 合作出版，不像很多期刊的英文采编系统实际上主要面向的是本国人员文章的英文版投稿，该刊采编系统依附于 Elsevier 平台之上，为真正面向海外人员投稿和宣传提供了十分便利的条件，这为期刊采编系统国际化提供了重要方向。除了《船舶力学》没有采编系统外，其他 15 种期刊中，8 种仅有中文采编平台，5 种有中英文采编平台，2 种仅有英文采编平台。

　　从主办单位来看，除《电力自动化设备》主办单位为公司外，其他 15 种期刊主办单位均来自于高校、学会或研究院所中的某个单位，《岩土工程学报》主办单位最多，达 6 个；其他各期刊中，有六成左右为 1 个主办单位，其余四成左右为 2 个主办单位，1 个主办单位的期刊多数来自于高校，2 个主办单位的期刊都有相关学会或研究会参与。

　　从外籍编委上看，16 种期刊中，有 7 种期刊没有外籍编委，另外 9 种期刊均有外籍编委，其中《矿业科学技术（英文版）》和《水科学与水工程（英文版）》编委数最多，前者的外籍编委占比也最高。

第三节　中国科技期刊国际影响力
提升计划——江苏状况

　　2013 年，中国科协联合财政部、教育部、国家新闻出版广电总局、中国科学院、中国工程院共同实施中国科技期刊国际影响力提升计划。该计划重点支持一批学术质量较高、国际影响力较大的英文科技期刊，着力提升学术质量和国际影响力；同时争取每年创办 10 种代表中国前沿学科和优势学科，或能填补国内英文科技期刊学科空白的高水平英文科技期刊。一期项目入选期刊已达 125 种。2016 年，上述部门继续组织实施中国科技期刊国际影响力提升计划。二期项目紧紧围绕建成创新型国家的总体目标，贯彻落实国家"十三五"规划纲要精神，力争通过一个时期的努力，引导一批重要学科领域英文科技期刊提升学术质量和国际影响力，在学科国际排名中进入前列；支持创办一批代表我国前沿学科、优势学科，或能填补国内英文科技期刊学科空白的高水平英文科技期刊，初步形成具有我国自主知识产权的国际一流科技期刊群，增强科技期刊服务创新能力，为全面建成小康社会和创新型国家做出应有贡献。二期项目遴选已出版英文科技期刊 105 种，拟创办英文科技期刊 20 种[①]。

"提升计划"一是面向全国英文科技期刊择优奖补，推动一批重要学科领域英文科技期刊提升国际影响力，设置 A（基本要求为进入 SCI Ⅱ 区以上或相当水平）、B（SCI Ⅳ 区以上）、C 三类项目，每 3 年评审 1 次，并对入选期刊连续 3 年每年分别资助 200 万元、100 万元和 50 万元，每批次有 15 种 A 类期刊，40 种 B 类期刊，50 种 C 类期刊，可连续获得资助；二是面向全国拟创办英文科技期刊择优支持，打造一批能够代表我国前沿学科、优势学科或填补国内学科空白的高水平英文科技期刊，设置 D 类项目，每年评审，一次性资助 50 万元，2013—2015 年各入选 10 种期刊。表 6-16 列出了江苏省有正式刊号英文科技期刊受提升计划资助的总体情况。

表 6-16　江苏省受资助的英文期刊总体情况

地域范围	资助批次	A 类	B 类	C 类	D 类
全国	一期	15	40	50	30
	二期	15	40	50	20
	总计	30	80	100	50
江苏	一期	0	3	1	0
	二期	0	2	2	0

① 参见中国科技期刊国际影响力提升计划 [EB/OL]．[2017 - 09 - 11]．http://210.14.113.165/Jweb_qkgjyxl/CN/volumn/home.shtml.

地域范围	资助批次	A 类	B 类	C 类	D 类
江苏	总计	0	5	3	0
	占全国比例	0	6.25%	3%	0
	占江苏省英文期刊比例	0	45.45%	27.27%	0

江苏省累积有 6 种期刊被不同批次和类别的提升计划资助，占英文期刊总数的 54.55%。由表 6-16 可知，江苏省有正式刊号的科技期刊在 A 类和 D 类资助中尚空缺。需要指出的是，南瑞集团旗下国网电力科学研究院主办的《Journal of Modern Power Systems and Clean Energy》入选首批 D 类计划，并于 2015 年 9 月被 SCIE 收录，但目前尚未取得国内正式刊号。江苏省科技期刊在资助批次上没有显著差异，但在资助类别上，B 类多于 C 类。

为进一步明确江苏省 11 种英文科技期刊受资助情况，表 6-17 列出了受资助分布情况（表 6-17）。

表 6-17　江苏省英文科技期刊受资助分布

序号	期刊名称	学科	主办机构	资助批次/资助等级
1	水科学与水工程	工程学	河海大学	一期/C 类
2	矿业科学技术学报	工程学	中国矿业大学	一期/B 类，二期/B 类
3	东南大学学报：英文版	工程学	东南大学	无资助
4	高等学校计算数学学报：英文版	数学	南京大学	一期/B 类，二期/C 类
5	分析、理论与应用	数学	南京大学	无资助
6	土壤圈	土壤学	中科院南京土壤研究所	二期/B 类
7	中国海洋工程	工程学	中国海洋学会、南京水利科学研究院	无资助
8	中国医学文摘内科学分册	医学	东南大学	无资助
9	生物医学研究杂志	医学	南京医科大学	二期/C 类

续表

序号	期刊名称	学科	主办机构	资助批次/资助等级
10	南京航空航天大学学报	工程学	南京航空航天大学	无资助
11	中国天然药物	医学	中国药科大学、中国药学会	一期/B类

由表 6-17 可知，江苏省受资助的英文期刊学科分布于工程学、数学、土壤学和医学，相关期刊的主办单位除《土壤圈》为科研院所，其他均为高校。根据全国高校学科评估结果（2012），江苏省共有 20 种学科进入前三名，这些学科在全国具有显著优势，如：地质学、天文学、交通运输工程、生物医学工程、食品科学与工程、水利工程、安全科学与工程等，但这些学科中的绝大部分没有相配套的英文期刊，相应地也失去了获得提升计划资助的机会。

除上述英文期刊外，江苏省还有 7 种无国内正式刊号的英文科技期刊，详细名单参见表 6-18。

表 6-18　江苏省无国内正式刊号的英文科技期刊

序号	期刊名称	中文刊名	学科类别	数据库收录	主办机构	国际出版商
1	Palaeoworld	远古世界	古生物学	SCI	中国科学院南京地质古生物研究所	Elsevier
2	Journal of Modern Power Systems and Clean Energy	现代电力系统与清洁能源学报	电力能源	SCI	国网电力科学研究院	Springer、Nature
3	Horticulture Research	园艺研究	园艺学	SCI	南京农业大学	Springer、Nature
4	NPJ Quantum Materials	NPJ–量子材料	量子材料	无	南京大学	Springer、Nature
5	NPJ Flexible Electronics	NPJ–柔性电子	电子	无	南京工业大学	Springer、Nature

序号	期刊名称	中文刊名	学科类别	数据库收录	主办机构	国际出版商
6	Interventional Neurology	介入神经病学	医学	ESCI	南京军区总院	Karger
7	Translational Lung Cancer Research	肺癌转化研究	医学	PubMed	南京军区总院	AME

虽没有取得国内正式刊号，但这些期刊在国际化发展中表现优秀，其中3种被 SCI 收录，所有期刊均由国际出版商出版；值得一提的是，《NPJ－量子材料》在 2017 年被 SCI 收录。而且这些期刊对于匹配优势学科有重要的补充作用。7 种期刊中，只有《Journal of Modern Power Systems and Clean Energy》被提升计划 D 类资助，江苏省推动科技期刊受提升计划资助的分步走战略中，应重点兼顾到这些期刊。

第四节　江苏省入选中国国际品牌学术期刊

中国国际品牌学术期刊由《中国学术期刊（光盘版）》电子杂志社有限公司和清华大学图书馆发起，根据《中国学术期刊国际引证年报》数据遴选的"中国最具国际影响力学术期刊""中国国际影响力优秀学术期刊"。"十二五"期间，江苏省相继有 27 种期刊入选"中国最具国际影响力学术期刊"和"中国国际影响力优秀学术期刊"。

一、江苏省入选最具国际影响力期刊分析

由于 CNKI 对国际品牌期刊的遴选始于 2012 年，并且在 2013 年开始才给出 CI（影响力指数）值，鉴于下面数张表格中设计有 CI 值，故这些表格的统计时间为 2013—2015 年。表 6-19 列出了 2013—2015 年三年期间江苏省入选最具国际影响力的期刊，共有 9 种。

表 6-19　江苏省入选最具国际影响力期刊（2013—2015 年）

序号	刊名	主办单位	CI 年均值	排名		
				2013 年	2014 年	2015 年
1	Pedosphere	中国科学院南京土壤研究所	186	33	33	34
2	Chinese Journal of Natural Medicines	中国药科大学等	87	103	113	110
3	无机化学学报	中国化学会	107	58	83	109
4	古生物学报	中国古生物学会等	65	145	154	165
5	International Journal of Mining Science and Technology	中国矿业大学	78	153	—	107
6	高校地质学报	南京大学	71	141	142	—
7	电力系统自动化	国网电力科学研究院	110	54	80	106
8	岩土工程学报	中国水利学会等	77	107	112	161
9	The Journal of Bio-medical Research	南京医科大学	99	—	—	86

需要说明的是：CI 是 CNKI 为评估期刊国际影响力而发明的综合考虑被引频次和影响因子的综合模型。每种期刊的 CI 定义为：

$$CI = \sqrt{2} - C = \sqrt{2} - \sqrt{(1 - A)^2 + (1 - B)^2} 。$$

其中，A 为某刊采用线性归一法进行标准化后的影响因子，B 为该刊采用线性归一法进行标准化后的总被引频次。A 和 B 的值均在 [0，1] 之间。为方便使用，发布的 CI 值均乘以 1000，可以看出，期刊的 CI 值越大，其国际影响力也越大。CNKI 按 CI 指数高低依次筛选中国最具国际影响力学术期刊候选名单。2013—2015 年每年入选的最具影响力各期刊，其 CI 值均超过50，蝉联三年冠军的是来自上海市的《Cell Research》，其各年 CI 值在 1300 左右。

由表 6-19 可见，这 9 种期刊主办单位分布于高校（4 种）、科研院所（2 种）和学会（3 种）3 种类型；《Pedosphere》的 CI 年均值最高，排名也最靠前；除《Pedosphere》《International Journal of Mining Science and Technology》《The Journal of Biomedical Research》3 种期刊排名略有上升外，其他 6 种期刊排名三年间均出现不同程度的下降。

为把握江苏省入选最具国际影响力期刊在全国范围内的表现，以及与表现优秀省市的差距，表 6-20 列出了江苏省入选最具国际影响力期刊的总体情况。

表 6-20　江苏省入选最具国际影响力期刊总体情况及比较（2013—2015 年）

区域	年份	入选种数/种	中英文种分布占比		各范围 CI 占比				刊均CI
			中文占比	英文占比	200 以上	(150,200]	(100,150]	(50,100]	
江苏省	2013	8	62.5%	37.5%	0	12.50%	25.00%	62.50%	102
	2014	7	71.43%	28.57%	0	14.29%	28.57%	57.14%	101
	2015	8	50%	50%	0	12.50%	0	87.50%	97
北京市	2013	107	52.33%	47.66%	15.89%	7.48%	28.97%	47.66%	139
	2014	110	45.45%	54.55%	15.45%	10.91%	25.45%	48.18%	139
	2015	108	39.81%	60.19%	16.67%	12.96%	24.07%	46.30%	142
全国平均	2013	5	50.29%	49.71%	14.29%	10.86%	25.14%	49.71%	144
	2014	5.5	44.89%	55.11%	16.48%	10.23%	25.00%	48.30%	145
	2015	5	38.86%	61.14%	17.14%	12.00%	19.43%	51.43%	147

由此可知，在 2013—2015 年三年间，江苏省入选期刊种数基本持平，高于全国平均水平，但与入选种数最多的北京市差距很大；江苏省入选期刊中英文期刊比例低于全国平均水平和北京市；在 CI 值上，江苏省约 2/3 入选期刊 CI 分布于 50~100，高 CI 值期刊较少。而全国平均水平和北京市虽然大部分期刊的 CI 也分布于 50~100，但高 CI 值期刊明显高于江苏省；特别是，江苏省科技期刊中 CI 值高于 200 的尚无一种期刊。不仅如此，江苏省刊均 CI 也显著低于全国平均水平和北京市。当然，全国入选期刊的 60% 以上来自于北京市，全国平均水平由北京市所主导，因此，江苏省的各项指标低于平均水平，并不代表着江苏省低于全国绝大多数省市。

为进一步了解江苏省入选期刊本身的基本情况，表 6-21 列出了江苏省入选期刊的主办单位和学科分布情况。

表6-21　江苏省入选最具国际影响力期刊主办单位及学科分布（2013—2015年）

年份	主办单位类型			学科分布									
	高校	协会、学会	研究院所	N	O	P	Q	R	S	T	U	V	X
2013	3	3	2	0	1	1	1	1	1	3	0	0	0
2014	2	3	2	0	1	1	1	1	1	2	0	0	0
2015	3	3	2	0	1	0	1	2	1	3	0	0	0

注：N为自然科学总论；O为数理科学和化学；P为天文学、地理科学；Q为生物科学；R为医学、卫生；S为农业科学；T为工业技术；U为交通运输；V为航空航天；X为环境科学、安全科学。

由此可知，江苏省各年入选期刊的主办单位局限于高校、协会学会和研究院所3种类型，而且来自于3种主办单位的期刊数量基本持平；在学科分布上，江苏省入选期刊集中于T类，即工业技术类；而在自科总论、交通运输、航空航天和环境科学类别中尚空缺。

二、江苏省入选国际影响力优秀期刊分析

表6-22列出了2013—2015年三年间江苏省入选的国际影响力优秀期刊，这类期刊共有15种。

表6-22　江苏省入选国际影响力优秀期刊排名与CI变化（2013—2015年）

刊名	2013年		2014年		2015年		状态变化	
	排名	CI	排名	CI	排名	CI	排名	CI
Numerical Mathematics（Theory, Methods and Applications）	2	57	12	53	47	44	下降	下降
土壤学报	30	49	39	47	43	45	下降	下降
中国矿业大学学报	47	46	66	43	124	32	下降	下降
China Ocean Engineering	56	45	62	44	140	30	下降	下降
水科学进展	57	44	90	40	114	34	下降	下降
电力自动化设备	157	31	145	32	96	36	上升	上升
中华男科学杂志	168	30	160	31	146	30	上升	持平

续表

刊名	2013 年		2014 年		2015 年		状态变化	
	排名	CI	排名	CI	排名	CI	排名	CI
湖泊科学	30	49	8	54	71	40	先升后降	先升后降
地层学杂志	144	33	79	41	53	43	上升	上升
东南大学学报（自然科学版）	107	37	157	31	—	—	退出	
物理学进展	90	39	—	—	—	—	退出	
International Journal of Mining Science and Technology	—	—	31	49	—	—	该刊 2013 年和 2015 年均在最具国际影响力队列	
Journal of Biomedical Research	—	—	119	35	—	—	2015 年进入最具国际影响力期刊	
高校地质学报	—	—	—	—	6	57	由最具影响力下跌而至	
中国血吸虫病防治杂志					118	33	新晋	

　　由此可见，总体上，有 40% 的期刊排名呈下降态势，只有两种期刊的排名出现上升，值得一提的是，这两种期刊（《电力自动化设备》和《地层学杂志》）排名上升幅度比较大，展现了较大的上升空间；有两种期刊退出国际影响力优秀期刊行列，《高校地质学报》由前一年的最具国际影响力期刊下跌而至，而《中国血吸虫病防治杂志》则是 2015 年首次进入国际影响力优秀期刊，而且前者排名较为靠前。

　　明确江苏省入选国际影响力优秀期刊在全国的地位，可以宏观上了解江苏省科技期刊的整体发展水平；发现江苏省与全国表现最优秀省市的差距，可以为江苏省科技期刊竞争与发展提供一定依据。为此，表 6-23 列出了江苏省入选国际影响力优秀期刊分布及对比情况。

　　中国国际影响力优秀期刊的 CI 值均在 100 以下。由表 6-23 可见，2013—2015 年间，江苏省入选国际影响力优秀期刊维持在 11～12 种，是全国各省市平均水平的 2 倍多，但显著低于入选种数最多的北京市；整体上看，国际影响力优秀期刊的英文期刊明显低于最具国际影响力期刊，这在北京市和全国均如此；江苏省英文期刊比例与北京市和全国相差不大；江苏省

入选

表 6-23　江苏省入选国际影响力优秀期刊分布及比较（2013—2015 年）

区域	年份	入选种数/种	中英文种分布占比		各范围CI 占比		刊均CI	CI 最高者	
			中文占比	英文占比	(50,100]	(1,50]		刊名	CI
江苏省	2013	11	81.82%	18.18%	9.09%	90.91%	42	Numerical Mathematics（Theory, Methods and Applications	57
	2014	12	66.67%	33.33%	16.67%	83.33%	42	湖泊科学	54
	2015	11	81.82%	18.18%	9.09%	90.91%	38	高校地质学报	57
北京市	2013	89	77.53%	22.47%	13.48%	86.52%	41	地质科学	56
	2014	87	78.16%	21.84%	17.24%	83.76%	40	中国地质	56
	2015	92	72.83%	27.17%	11.96%	88.04%	39	International Journal of Minerals Metallurgy and Materials	59
全国平均	2013	5	81.14%	18.86%	13.14%	87.86%	41	生理学报	58
	2014	5	79.89%	20.11%	15.52%	84.48%	41	中国机械工程	58
	2015	5	74.29%	25.71%	11.43%	89.57%	39	International Journal of Minerals Metallurgy and Materials	59

期刊的刊均 CI 值也同样与两者没有太大差距，但在高 CI 值比例上，江苏省落后于北京市和全国平均水平；高 CI 值的影响力优秀期刊有望竞争最具影响力期刊席位，江苏省的《Numerical Mathematics（Theory, Methods and Applications）》《湖泊科学》和《高校地质学报》3 种期刊具有这样的能力，但全国和北京市同样也有许多期刊与其 CI 值相差不大，因此，这 3 种期刊也面临着很大的竞争压力。

进一步地，通过表 6-24 可以了解江苏省入选国际影响力优秀期刊的基本情况。

表6-24 江苏省入选国际影响力优秀期刊主办单位及学科分布（2013—2015年）

年份	主办单位类型						学科分布									
	高校	协会、学会	企业	科研院所	政府机构	医院	N	O	P	Q	R	S	T	U	V	X
2013	2	4	1	2	1	1	1	2	4	0	1	1	2	0	0	0
2014	4	3	1	2	1	1	1	1	4	0	2	1	3	0	0	0
2015	3	3	1	3	0	1	0	1	5	0	2	1	2	0	0	0

注：N为自然科学总论；O为数理科学和化学；P为天文学、地理科学；Q为生物科学；R为医学、卫生；S为农业科学；T为工业技术；U为交通运输；V为航空航天；X为环境科学、安全科学。

由表6-24可见，与最具影响力期刊相比，影响力优秀期刊的主办单位类型更为丰富，包括高校、协会学会、企业、科研院所、政府机构和医院6种类型，但其中的高校、协会学会和科研院所仍占据主导地位，企业主办的期刊为南京电力自动化研究所有限公司主办的《电力自动化设备》，政府机构主办的期刊为教育部主办的《Numerical Mathematics（Theory，Methods and Applications）》，医院主办的期刊为南京军区南京总医院主办的《中华男科学杂志》。

学科分布上，江苏省国际影响力优秀期刊集中于P类，即天文地学；其次为T类工业技术，相比最具影响力期刊而言，在N类自科总论实现了突破，而在U、V、X三类仍空缺。

三、江苏省国际品牌期刊变动分析

统计发现，江苏省入选国际品牌期刊（包括最具国际影响力期刊和国际影响力优秀期刊）有一定规模和结构的变动，这些变动一定程度上反映了江苏省入选国际品牌期刊可能的发展态势。表6-25列出了2012—2015年江苏省入选国际品牌期刊变动情况。

为充分反映变动方向，我们将变动类型分为：入选4年和入选3年期刊、最具国际影响力降为国际影响力优秀期刊、国际影响力优秀升为国际最具国际影响力期刊和2015年退出国际品牌期刊5种类型。

2012—2015年，江苏省有14种期刊入选国际最具影响力期刊，23种期刊入选国际影响力优秀期刊。这其中，有4种期刊4年全部入选国际最具影响力期刊，占全部入选国际最具影响力期刊的28.57%；同样有4种期刊

表6-25 江苏省入选国际品牌期刊变动情况（2012—2015年）

入选4年		入选3年		最具影响力降为影响力优秀	影响力优秀升为最具影响力	2015年退出国际品牌
最具影响力	影响力优秀	最具影响力	影响力优秀			
Pedosphere	China Ocean Engineering	电力系统自动化	电力自动化设备	高校地质学报	Journal of Biomedical Research	东南大学学报（自然科学版）
古生物学报	地层学杂志	高校地质学报	湖泊科学	东南大学学报（自然科学版）	International Journal of Mining Science and Technology	Numerical Mathematics (Theory, Methods and Applications)
无机化学学报	水科学进展	岩土工程学报	体育与科学	湖泊科学	电力系统自动化	
中国天然药物	中国矿业大学学报	International Journal of Mining Science and Technology	土壤学报	土壤学报	岩土工程学报	
			中华男科学杂志			
			Numerical Mathematics (Theory, Methocs and Applications)			

4 年全部入选国际影响力优秀期刊，占全部入选国际影响力优秀期刊的 17.39%。有占 28.57% 的 4 种期刊 3 年入选国际最具影响力期刊；有占 26.09% 的 6 种期刊 3 年入选国际影响力优秀期刊。可见，入选国际最具影响力期刊和影响力优秀期刊中，各有大约一半的期刊分别入选 3~4 年。

　　上述描述的是期刊入选的稳定性问题，当然还有部分期刊存在浮动。例如，有 4 种期刊由最具影响力降为影响力优秀，这类期刊 CI 值显著下降，开端良好，后劲乏力；有 4 种期刊由国际影响力优秀升为国际最具影响力，它们的 CI 值上升明显，厚积薄发，冲劲十足；另外，有 2 种期刊 2015 年不在两类期刊行列，退出国际品牌期刊。在这些变动的期刊中，有的期刊呈现阶梯形降级，如《东南大学学报（自然科学版）》2012 年为最具影响力期刊，而后降为国际影响力优秀期刊，最后退出国际品牌期刊；有的期刊曾连续保持良好发展态势，但最终却没有坚持到底，如《高校地质学报》曾连续 3 年入选国际最具影响力期刊，但最终滑落到国际影响力优秀期刊阵营；有的期刊表现出了良好的发展势头，如《电力系统自动化》《岩土工程学报》和《International Journal of Mining Science and Technology》3 种期刊均由国际影响力优秀上升为最具国际影响力，并在最具国际影响力期刊阵营中维持了 3 年。

四、江苏省国际品牌科技期刊国际化发展状况

1. 江苏省国际品牌科技期刊国际化办刊资源分析

　　表 6-26 列出了 2013—2015 年江苏省入选国际品牌期刊的国际化办刊资源情况。

表 6-26　江苏省入选国际品牌期刊国际化办刊资源（2013—2015 年）

序号	期刊名称	外籍编委/人	外籍占比	采编系统
1	China Ocean Engineering	11	24%	中英
2	Chinese Journal of Natural Medicines	56	46%	英文
3	International Journal of Mining Science and Technology	55	83%	英文
4	Numerical Mathematics（Theory, Methods and Applications）	23	62%	英文
5	Pedosphere	78	81%	英文

续表

序号	期刊名称	外籍编委/人	外籍占比	采编系统
6	The Journal of Biomedical Research	39	48%	英文
7	地层学杂志	0	0	中文
8	电力系统自动化	10	14%	中英
9	电力自动化设备	0	0	中文
10	东南大学学报（自然科学版）	0	0	中文
11	高校地质学报	2	6%	中文
12	古生物学报	0	0	中文
13	湖泊科学	5	7%	中文
14	水科学进展	11	15%	中文
15	土壤学报	0	0	中英
16	无机化学学报	0	0	英文
17	物理学进展	1	3%	中英
18	岩土工程学报	13	12%	中英
19	中国矿业大学学报（自然科学版）	14	26%	中英
20	中国血吸虫病防治杂志	7	11%	中英
21	中华男科学杂志	12	5%	中文

由此可见，有 29% 左右期刊无外籍编委，另外约 71% 的期刊均具有外籍编委。外籍编委数量集中于两个范围内，即 1～10 人和 11～20 人，各占 21 种期刊的 24% 左右，两者相加大致构成期刊总数的一半；外籍编委数量最多的期刊是《Pedosphere》，达 78 个；外籍编委占比集中于 10%～30%，这类期刊占 48%；外籍编委占比超过 80% 的期刊是 2 种英文期刊《International Journal of Mining Science and Technology》和《Pedosphere》。

从采编系统看，所有期刊均具有网上采编系统。有 28.6% 的期刊仅有英文采编系统，有 42.9% 的期刊仅有中文采编系统，另有 28.6% 的期刊同时拥有中英文采编系统，显然在江苏省国际品牌期刊中，有一半左右的期刊没有实现采编系统的国际化。而且总体上看，有英文采编系统的期刊相应地外籍编委占比也较高。

2. 江苏省国际品牌科技期刊被国际数据库收录情况

表 6-27 列出了 2012—2016 年江苏省入选国际品牌期刊的国际书库收录

情况，其中的数据库名代码全称可参见本章附录：《国际数据库全称表》。

表6-27　江苏省入选国际品牌期刊国际数据库收录（2012—2016年）

序号	期刊名	数据库名
1	地层学杂志	JST、PA、ZR
2	电力系统自动化	AJ、EI、SA
3	电力自动化设备	AJ、CSA、EI、IN、Scopus
4	东南大学学报（自科科学版）	AJ、CA、CSA、EI、MR、IN、ZM
5	高等学校计算数学学报（英文版）	AJ、MR、WOS、ZM
6	高校地质学报	AJ、CA、JST
7	古生物学报	JST、ZR
8	矿业科学技术学报（英文版）	AJ、CA、CSA、EI
9	海洋工程	CSA、JST
10	湖泊科学	CA、CSA、EI、ZR
11	南京大学学报（自然科学）	AJ、CA、MR、ZM
12	南京农业大学学报	CA、CABI、JST、ZR
13	生物医学研究杂志（英文版）	AJ、CA
14	水科学进展	CA、EI
15	水科学与水工程（英文版）	CA、CSA、EI、IC
16	土壤圈（英文版）	AJ、BA、CA、CABI、CSA、JST、WOS
17	土壤学报	CA、CABI、JST
18	微体古生物学报	BA、JST、WOS、ZR
19	无机化学学报	CA、JST、WOS、RSC
20	物理学进展	JST
21	岩土工程学报	CA、JST、CSA、EI
22	中国海洋工程（英文版）	AJ、CSA、EI、JST、PA、WOS
23	中国矿业大学学报（自然科学版）	AJ、CA、CSA、EI
24	中国天然药物（英文版）	AJ、BA、CA、CABI、EM、IM、IP、WOS、MEDLINE
25	中国血吸虫病防治杂志	CA、IC、CABI、EM、IM、ZR

续表

序号	期刊名	数据库名
26	中国药科大学学报	CA、IP、CSA、CABI、EM、JST
27	中华男科学杂志	CA、IM

由此可见，江苏省国际品牌期刊集中于被4种国外数据库收录，这类期刊占期刊总数的37%；被2种和3种数据库收录的期刊也较多，分别占19%和15%。被国外数据库收录最多的是医学期刊《中国天然药物（英文版）》，共有9种数据库收录该刊；《土壤圈（英文版）》和《东南大学学报（自然科学版）》以7种并列排在第二位。

第五节　江苏省科技期刊国际化发展对策

国际化发展是期刊发展的目标和手段之一，它具有期刊发展的共性，也存在以国际影响力提升为导向而形成的个性。江苏省科技期刊的国际化发展还存在诸多问题，这些问题可以通过大数据与互联网＋等目前期刊发展普遍采用的思维和技术来提出解决方案，也需根据国际化要求的个性和江苏省科技尤其是优势学科、特色产业需求，来谋划有针对性的解决策略。基于以上考虑，本节主要围绕"国际化什么""为什么国际化""如何国际化"和"国际化成什么样"等问题，探讨江苏省科技期刊国际化发展中存在的问题及其解决对策。

一、江苏省科技期刊国际化发展存在的问题

1. 出版周期过长，限制国际化传播效率

期刊出版频率直接影响期刊国际化传播速度和影响力提升。本书第二章统计分析发现，江苏省250余种科技期刊中，有90%以上的期刊为月刊至季刊，仅有的16种周刊、旬刊和半月刊，基本上是科普类或教辅类期刊。

出版周期长对期刊国际化发展的负面影响主要体现在三方面：一是造成期刊国际化传播的时滞，限制科技期刊对科技成果报道的时效性，降低期刊的海外发行量，从而最终会一定程度上影响科技期刊的国际影响力提升；二是会显著缩小期刊发文规模。期刊发文量与出版周期密切相关，出版周期短的期刊发文量相对较多，反之，出版周期长的期刊发文量相对较少。而发文规模是期刊国际化发展的重要内容支撑；三是削弱与国外期刊的竞争力。众

所周知，国外很多著名科技期刊双月刊和季刊相对较少，周刊占有重要席位。近年来，周刊和快报类科技期刊发展迅速，大有占据主流之势，科技成果发表时滞大为缩短。例如，《Science》对重大科技成果从搜集信息到刊出的最短纪录仅为 20 小时。江苏省科技期刊长周期的出版模式势必削弱其与国外期刊在稿源争取和最新研究成果传播等方面的竞争力。

2. 海外论文较少，降低内容国际化水平

海外论文是体现期刊内容国际化的重要指标，也从一个侧面反映了期刊国际化采编能力。2011 年江苏省的 3 种学科有海外论文期刊占相应学科期刊总数接近一半，然而到了 2015 年，这一数据降到了不足原来的 1/5，原来有海外论文的期刊中，有一半左右海外论文消失，具有海外论文的期刊占比急剧下降。不仅如此，有海外论文的期刊中，海外论文比例也较低，以 2014 年为例，海外论文比多数集中于 5% 以下，仅有 2% 的期刊海外论文比超过 30%，这些期刊基本来自于占江苏省科技期刊总数不足 5% 的英文期刊。

海外论文较少显著降低期刊内容国际化水平。期刊内容国际化是期刊国际化的核心和主导要素，仅通过本土稿源的英文化处理等来实施国际化，侧重的是国内科技成果的国际性推广，期刊国际化影响力很大程度上取决于成果影响力；而吸收海外稿源，通过吸引海外优秀科技成果，不仅可以借助海外作者本身的影响力促进期刊国际化传播，还有助于加强与海外作者的合作、跟踪国际热点和前沿，从而更进一步深化期刊国际化影响力。

3. 外部支撑要素国际化水平较低，阻碍国际化全面发展

目前江苏省科技期刊外部支撑要素国际化水平还较低。①江苏省英文期刊种类较少，有国内正式刊号的英文期刊只占科技期刊总数的 4% 左右，无国内正式刊号的英文期刊也只有 7 种。②江苏省科技期刊中具备英文采编系统的期刊比例较低，例如，被 EI 收录的期刊中只有 40% 有英文采编系统；2013—2015 年的 25 种入选中国国际品牌的期刊中，只有 45% 左右有英文采编系统，采编系统不能够适应这类期刊的国际化发展。不仅如此，通过对 20 家江苏省科技期刊抽样调研发现，除没有采编系统、网站无法访问等情况外，其他无一例外没有英文采编系统。③江苏省科技期刊外籍编委比例较低。11 种英文科技期刊和 5 种 SCI 收录期刊平均外籍编委比例超过了一半，表现良好；然而，其他类别期刊外籍编委构成没有达到其应有的水平：在 16 种 EI 收录期刊中，有 40% 左右的期刊无外籍编委，有 30% 左右的期刊外籍编委比例低于 30%，仅有 20% 的期刊外籍编委超过一半。2013—2015 年的江苏省 25 种入选国际品牌期刊中，有 27% 左右期刊无外籍编委，外籍编委占比 10%~30% 的期刊占这类期刊总数的 1/3 左右。

英文期刊是中国期刊走向国际的"敲门砖"，采编系统是期刊国际化发展的窗口和与海外作者交流的重要通道，外籍编委是推动期刊内容及审稿、海外传播、稿源征集等国际化的重要力量，这三者构成了支撑期刊国际化发展的重要外部要素。这些要素国际化水平直接决定了期刊内容的国际传播及国际影响力的提升。江苏省期刊语种、采编系统和编委会等方面较低的国际化水平会严重阻碍期刊国际化全面发展。

4. 比较优势和发展态势不容乐观，国内竞争力不够强大

江苏省科技期刊国际化发展的各项指标与北京市差距较大，即使与七省市相比也没有显著优势：SCI 收录的期刊种数仅为上海市的 1/4，与其他五省市不相上下；英文期刊数量仅为上海市的 1/3，与湖北省和浙江省差距甚微；有海外论文的期刊数量虽排第三，但与第一、第二名差距较大，占比排名倒数第三……在发展态势上，各学科有海外论文的期刊种数显著下降；5 个学科门类中的 3 种学科期刊海外发行量急剧下降；入选中国最具影响力期刊的种数还达不到全国平均水平；入选的中国国际品牌期刊总体上处于全国排名的中下游水平；2/3 的中国国际最具影响力入选期刊排名和 CI 值在下降……

上述种种不足不仅体现了江苏省科技期刊国际化水平在全国中的地位不高，与其他省市相比没有优势，而且更为重要的是，导致了江苏省科技期刊在国际化发展中与国内其他省市期刊在资源等各方面的竞争力量不足，由此会降低江苏省科技期刊的国内知名度，弱化竞争优势，限制资源争取，从而阻碍国际化发展。

5. 各学科发展不平衡，减缓整体国际化推进速度

在七省市中，江苏省科技期刊数量仅次于上海市排在第二位，江苏省科技期刊在全国科技期刊系统中占有重要地位，整体推进江苏省科技期刊国际化发展，不仅有助于省内办刊质量和影响力的提升，还对国家全局性期刊国际化发展大有裨益。然而，目前江苏省科技期刊国际化发展存在明显不平衡。例如，入选中国国际品牌期刊的学科集中于工业技术类、天文学等，而交通运输、航空航天与环境科学空缺；农学、医学和理学类期刊中具有海外论文的期刊占比显著高于其他学科；理学期刊海外发行量显著高于其他学科；在诸如地质学、天文学、交通运输工程、生物医学工程、食品科学与工程、水利工程、安全科学与工程等江苏省优势学科中，与之相配套的高水平期刊较少，优势学科资源的利用能力和面向特定学科的科技服务功能较弱。

　　各学科发展不平衡给期刊国际化发展带来的负面影响主要包括三方面：一是减缓了江苏省科技期刊整体国际化推进速度。江苏省科技期刊由各种学科、各类型主办单位所构成，各类期刊在自身领域均发挥着不可替代的作用，唯有整体推进国际化发展，才能彰显江苏省作为中国期刊大省的责任，也才能使期刊大省转为期刊强省。目前普遍存在的国际化发展不平衡现象一定程度上阻碍了整体化推进的速度；二是不利于江苏省科技期刊的国际化统筹管理。例如，为推进国际化发展，江苏省若采取期刊集群建设模式，如何对发展资源与水平良莠不齐的期刊进行整合与融合？为使"借船出海"转向"造船出海"，江苏省如何构建适应绝大多数期刊的国际化出版、传播与内容服务平台？如何兼顾发展水平较低、资源存在欠缺期刊的建设？如何分配有限的财政、政策、信息资源？等等，诸如此类问题给江苏省科技期刊国际化整体统筹管理带来了一定挑战；三是弱化了江苏省优势学科和与之对应学科期刊的互动发展，这不仅会导致相关高水平科技成果外流，而且也会使期刊失去大量优秀稿源。根据 2012 年全国高校学科评估结果，江苏省整体学科水平排在前三位的学科达 20 种，而这些学科大多缺少与之配套的期刊支撑。优势学科可以为期刊发展提供丰富的学科资源和研究者资源，发展水平较低的期刊显然在利用这些资源的过程中，与国内外相关学科期刊竞争中处于劣势地位。

二、江苏省科技期刊国际化发展对策

1. 紧跟国际学术热点与前沿，推动期刊内容影响力提升

　　实现持续深化的期刊国际化发展，应始终将期刊内容国际化置于首位。内容国际化是指期刊研究视野要面向国际性重要问题，研究内容要紧随国际热点和前沿，研究规范和标准要与国际保持一致。大数据与云计算技术的迅猛发展，不仅可以实现以文献为载体的正式学术交流中科研信息的整合，还可以深度挖掘以网络社会化媒体为载体的非正式学术交流中的科研信息，不仅如此，还能够通过语义关联技术对全文文本内容进行关联分析。通过上述方式对各种来源、结构的信息资源整合、挖掘与关联分析，深刻洞察国际学术热点与前沿，为期刊组稿、审稿提供依据。

　　提升期刊内容国际化影响力，需在内容国际化基础上，加强支撑期刊内容呈现与传播中各要素的国际化建设，如出版相应的英文期刊破除语言障碍；充分利用互联网平台和数字化技术，实现期刊全文的数字化呈现、碎片化服务和开放性存取，提高期刊全文的易用性、易获取性和内容服务效率；

整体上缩短期刊出版周期，优化管理机制，对重要创新性成果淡化刊、期概念，优先出版、及时报道；争取国内国际有影响力专家的支持，激励他们在各种学术交流平台推介期刊；建立市场化运作模式，实现与国际出版集团合作，提高期刊国际发行量。

2. 重视学科研究力量追踪与分析，拓展国际合作队伍规模

国际合作队伍是期刊国际化采编、传播和影响力提升的重要保障。期刊国际合作队伍建设应秉持开放性理念、前瞻性眼光，构建国际化多元治理主体，发挥期刊管理部门、编委会、学者、编辑人员和出版单位等不同主体的功能。国际大型出版集团 Elsevier 与全球学术界 7000 名期刊编辑、7 万名编委会成员、30 万名审稿人和 60 万名作者建立了广泛的合作关系①，有效推动了期刊稿源、审稿和编辑加工的国际化。

拓展国际合作队伍规模，一方面需深度挖掘学科研究队伍及其研究优势，发现潜在作者队伍、编委会成员和审稿人员，并依此有目的、有针对性地拓展国际化约稿范围，以此为期刊采编国际化提供人力资源保障；另一方面，需准确、快速描述学科研究主题时空分布总体特征和演化趋势，为国际传播、推广和发行提供指向。大数据时代，对各不同载体公开信息源的深度挖掘与分析技术的发展，为上述内容的实现提供了保障。

3. 构建数字化内容服务平台，加快国际传播速度

期刊国际传播是期刊国际影响力的基础，传播速度是期刊在国际相应领域占据主导权、提升影响力的关键。数字时代，科研人员对研究资源获取的需求发生了重大变革，他们更倾向于采用网络平台途径获取更新的研究资料，他们更希望获得更深度的内容服务、更具针对性的碎片化内容，他们也渴望与同行专家进行学术交流。为此，期刊应提高主动服务意识，面向国际需求拓展服务对象，充分利用互联网＋平台和资源组织技术，以需求为导向变革期刊服务模式。

数字化内容服务平台可采取两种方式实现，一是与国外大型出版商合作（如 Elsevier、Springer 等），国内学者们将其形容为"借船出海"。在他们网络平台基础上，构建自身国际化采编、开放获取等平台（如江苏省英文科技期刊《矿业科学技术（英文版）》与 Elsevier 的合作），江苏省 7 种无国内正式刊号的英文期刊均采取了与国外出版商合作出版的模式。与国外出版

① 闻丹岩. 数字化内容服务平台对科技期刊国际化的影响［J］. 中国科技期刊研究，2014，25（01）：148－149.

商合作，可以借助他们在国际上已经建立的影响力优势和雄厚的发展资源，推动期刊国际影响力的提升。这其中，需要特别注意的是，注重科研成果的知识产权保护，避免国内学者资源获取的二次收费问题。

二是构建专属于江苏省并具有个性化特征的数字化内容平台，可相应地将其形容为"造船出海"。江苏省具有深厚的科研和期刊资源基础，对这些资源进行整合，通过集群化建设等模式，构建符合自身特征和需求的国际化内容服务平台，实现信息采集、期刊采编、在线服务、学术交流、期刊评价、按需出版、咨询分析和流程管理的一体化。这其中值得思考的是，如何借助资源组织技术与关联分析技术，改变原有期刊内容的出版模式，满足更加深化和个性化的服务需求，如利用 HTML 和 XML 语言对文章内容及其附属相关数据、信息等进行拆分、标注，"打碎"文章内容，并通过关联技术实现语义分析和按需整合。另外，如何增强数字内容平台的交互功能，为学者提供学术交流平台，如可以建立类似于 Research Gate 的学术社区，打造学者交流园地。

4. 借力优势学科资源，打造示范性国际化期刊

如前所述，江苏省整体水平得分排在前三名的学科达 20 种；以理工科为例，江苏省共有 51 种学科进入全国前十名，占全国总数的 10% 左右。江苏省优势学科资源丰富，这些学科在国内外具有较强的竞争力，借助它们丰富的资源和已积累的竞争力可以有力地支撑和推动相应学科期刊的国际化发展。

鉴于江苏省科技期刊的实际情况，其期刊国际化发展可以实施分步走战略，目前已经具有一定国际化影响力的期刊要继续挖掘发展潜力，争取在特色性建设和服务功能开发上进一步深化。而在国际影响力尚显薄弱的期刊中，应首先重点打造具有优势学科资源的科技期刊，以示范性国际化期刊为目标，从资源供给、政策倾斜等方面加大投入力度，由政府和期刊管理部门主导创造学科资源与期刊合作平台，推动其短时间内树立起国际品牌，在国际舞台上崭露头角，逐渐深化国际影响力。甚至围绕江苏省优势学科和产业发展特征，开创特色新刊，推动期刊与江苏省科技发展的互动性发展。没有优势学科资源支撑的科技期刊，在后续发展中，应以期刊集群化建设为主要模式，借助上述两类期刊的国际化发展基础，通过集群服务等方式，树立国际形象，逐渐夯实国际化发展基础。

5. 培育跨学科编辑团队，提高采编流程国际化水平

编辑人员队伍是提高期刊国际化能力的重要人员支撑，现代期刊发展环境要求编辑人员应具有敏锐的学科研究热点和前沿洞察力，过硬的期刊传播与营销能力，熟练的英语表达与沟通能力等。这就要求编辑人员不仅要具有相应学科背景，还要能够熟练掌握和应用信息分析、传播学和英语等相关技术与方法。因此，培育跨学科编队团队应成为江苏省科技期刊人才培养的重要方向。跨学科编辑团队能够根据学科研究热点及其时空分布、学科资源国际分布并结合当前国际社会关注的重点、焦点，策划期刊选题；主动联系国际相关领域权威作者，争取优秀稿源；并基于现代数字化手段，推动编辑加工流程变革，以适应期刊面向国际快速传播、深入服务的要求。

培育跨学科编辑团队，不仅要采用传统的"引进来""走出去"方式，在内部编辑团队培养上多下功夫；还需要加强机构之间的合作，通过一定激励机制建设，以兼职、顾问和项目委托等方式，吸引相关人员参与到期刊采编过程中，充分利用其他机构在科技资源获取与分析、科技成果传播和与国际上学术机构合作基础等优势，弥补期刊人力资源结构不合理和复合型人才短缺等问题。

6. 加强统筹管理，优化国际化办刊资源配置

期刊管理部门和相关组织应以历史性、前瞻性和与江苏省科技发展适应性视角，整体上把握江苏省科技期刊的国际化发展情况，从国际化发展层次、发展进程、发展潜力及与江苏省优势学科和重点产业匹配性等综合角度，对当前江苏省 250 余种科技期刊进行分类、分级管理。实际上，250 余种期刊全部实施国际化发展战略并不现实，相关管理部门与组织要根据实际情况合理规划江苏省科技期刊国际化发展策略，将国际化办刊资源向有能力、有潜力并适应江苏省科技与产业发展需求的科技期刊倾斜，将部分科技期刊打造成江苏省科技与国际交流的窗口，以及凝集国际科学共同体的平台。

附　录

国际数据库全称

数据库简称	数据库全称名	数据库中文名
AJ	Abstracts Journal	文摘杂志
BA	BIOSIS Proviews	生物学文摘数据库
CA	Chemical Abstract	化学文摘

续表

数据库简称	数据库全称名	数据库中文名
CABI	Center for Agriculture and BioscienceInternational	国际农业与生物科学研究中心
CSA	Cambridge Scientific Abstracts	剑桥科学文摘
EI	Compendex	工程索引
EM	Embase	医学文摘
FS	Food Science and Technology Abstracts	食品科技文摘
IC	Index of Copumicus	哥白尼索引
IM	Index Medicus/Medline	医学索引
IP	International Pharmaceutical Abstracts	国际药学文摘
JST	Japan Science & Technology	日本科学技术振兴机构
MR	Mathematical Reviews	数学评论
PA	Petroleum Abstracts	石油文摘
RSC	Royal Society of Chemistry	英国皇家化学学会系列数据库
IN	INSPEC	科学文摘（即 SA 网络版）
WOS	Web of Science	SCI
WT	World Textiles Abstracts	世界纺织文摘
ZM	Zentralblatt MATH	数学文摘
ZR	Zoological Record	动物学记录

第七章　江苏省科普期刊现状与发展

一直以来，党和政府高度重视科普工作，先后颁布了《科普法》和《全民科学素质行动计划纲要》，并把科普作为提升我国全民科学文化素质的一个重要组成部分。2016 年召开的全国科技创新大会上，习近平总书记指出，科技创新、科学普及是实现创新发展的两翼，要把科学普及放在与科技创新同等重要的位置。2014 年，中国科学院院士、中国工程院院士路甬祥教授强调，科普工作跟科技创新一样重要。

科普期刊是科普工作的重要组成部分，对江苏省科普期刊的发展状况进行总结分析，可以从一个侧面了解江苏省科普工作的进展情况。为此，本章通过对江苏省期刊年检数据和重庆维普数据库等相关数据分析，对江苏省科普期刊现状进行量化描述，旨在发现"十二五"期间江苏省科普期刊发展过程中存在的问题，并结合江苏省实际提出相应的发展对策；与此同时，充分考虑互联网＋和大数据给期刊出版和传播带来的极好发展机遇，提出江苏省科普期刊未来发展的建议，从而为江苏省科普期刊的健康发展提供参考。

第一节　江苏省科普期刊发展现状分析

"十二五"期间，江苏省出版科普期刊 21 种。本节将从办刊规模、出版队伍、数字化与网络平台建设和出版发行与经营 4 个方面对这 21 种期刊进行量化分析，以期总体上描绘江苏省科普期刊发展态势，为江苏省科普期刊发展对策提供依据。需要说明的是，本章的 21 种科普期刊除前面章节中提到的 18 种期刊外，另外将《初中数学教与学》《高中数学教与学》和《化学教与学》3 种期刊也纳入科普类，相关数据也涵盖这 3 种期刊。这 3 种期刊作为教辅类期刊，以解题技巧为重点向中学生提供学习方法类科学知识，本质上符合科普期刊传播的要求。

一、江苏省科普期刊办刊规模分析

1. 江苏省科普期刊基本信息

长期以来，江苏省科技期刊界十分重视科普期刊的出版和发行工作，早在 1937 年，江苏省第一种科普期刊《科学大众》诞生，它是我国创刊最早、影响最大的科普刊物之一，该刊经历了 20 世纪 50 年代的主办机构变更、60 年代的停刊和 90 年代在南京复刊，至今已形成了科普期刊群建设模式，包括《科学大众·小诺贝尔》和《科学大众·中学生》两种面向不同读者对象的科普类期刊，这也是该刊发行量在所有科普期刊中遥遥领先的重要原因。《生物进化》是目前江苏省科普期刊中创办时间最晚的期刊，2007年由《古生物学文摘》改名而来，作为季刊，该刊发行量在所有科普期刊中发行量最小。为了对江苏省科普期刊有一个大概了解，表 7-1 给出了江苏省 21 种科普期刊的基本信息。

表 7-1　江苏省 21 种科普期刊基本信息

序号	期刊名称	出版频率	主办机构	创刊年	备注
1	初中数学教与学	半月刊	扬州大学	1994	曾用名：《中学数学教与学》，2000 年更为现名
2	电动自行车	月刊	江苏省轻工科技情报总站、中国自行车协会助力自行车专业委员会	2003	
3	高中数学教与学	半月刊	扬州大学	1992	曾用名：《中学数学教与学》，2000 年更为现名
4	华人时刊	半月刊	江苏省人民政府侨务办公室、江苏省海外交流协会	1989	曾用名：《江海侨声》
5	化学教与学	半月刊	南京师范大学	1998	
6	江苏安全生产	月刊	江苏省安全生产宣教中心	1984	
7	江苏卫生保健	半月刊	江苏省疾病预防控制中心	1999	现用名：《江苏卫生保健:今日保健》

续表

序号	期刊名称	出版频率	主办机构	创刊年	备注
8	科学大众	周刊	江苏省科学技术协会	1937	1966 年停刊；1994 年复刊
9	科学养鱼	月刊	中国水产学会、全国水产技术推广总站、中国水产科学研究院、淡水渔业研究中心	1985	
10	美食	半月刊	江苏苏豪有限公司	1989	
11	农家致富	半月刊	江苏省农村经济杂志社	1965	曾用名：《当代农业》
12	生物进化	季刊	中国科学院南京地质古生物研究所	2007	由《古生物学文摘》更名而来
13	数学之友	半月刊	南京师范大学、南京数学学会	2002	
14	未来科学家	旬刊	江苏教育电视台	1998	曾用名：《江苏电视教育》
15	物理教师	月刊	苏州大学	1980	曾用名：《物理教师：高中版》《物理教师：教学研究版》
16	物理之友	月刊	南京师范大学、南京物理学会	1985	
17	中国禽业导刊	半月刊	中国家畜业协会、江苏省农林厅、江苏省家禽科学研究所	1985	曾用名：《家禽辑要》《禽业科技》《中国禽业科技》
18	中国养兔杂志	双月刊	中国畜牧业协会兔业分会、全国畜牧兽医总站	1982	现用名：《中国养兔》

续表

序号	期刊名称	出版频率	主办机构	创刊年	备注
19	中学生物学	月刊	南京师范大学	1985	
20	中学数学月刊	月刊	苏州大学、江苏省数学学会	1978	
21	祝您健康	旬刊	江苏凤凰科学技术出版社有限公司	1980	

由表 7-1 可见，江苏省科普期刊创办时间集中于 20 世纪 80—90 年代，这类期刊占期刊总数的 71.4%。70 年代末期到 80 年代中期，江苏省科普期刊迎来了发展的高潮，主要得益于改革开放后，党中央对科学技术的高度重视，极大地促进了我国科普事业的发展。科普期刊在这一阶段得以复苏和发展，迎来了新中国成立后的重大辉煌。80 年代左右一些老科普期刊纷纷复刊和正名，更多的是新的科普期刊相继创办。90 年代后，我国科普工作的转型与发展，也在一定程度上推动了科普期刊发展。从出版频率上看，江苏省科普期刊以半月刊和月刊为主，其中半月刊居多，占全部科普期刊的 42.9%，出版频率高是科普期刊的显著特征。值得一提的是，江苏省科普期刊有接近一半的期刊有更名历史，从更名取向上看大致与社会对科普的需求及科学技术发展带来的新的科学知识急需普及有关。

2. 江苏省科普期刊发文分析

"十二五"期间，江苏省 20 种[①]科普期刊共计发文 52 146 篇，发文作者总数为 28 401 位；年均发文 10 430 篇，年均作者 5680 位。表 7-2 列出了 20 种科普期刊发文量与作者数分布。

表 7-2　江苏省 20 种科普期刊发文及作者数分布（2011—2015 年）

期刊名称	发文量/篇	年均发文量/篇	作者总数/人	年均作者数/人	篇均作者数/人	无作者论文数/篇	无作者论文占比
农家致富	8851	1770	2347	469	0.27	4422	49.96%
科学养鱼	4767	953	4198	840	0.88	1557	32.66%

① 发文量相关数据来源于重庆维普科技期刊数据库。因《未来科学家》未被维普、中国知网和万方三大数据库收录，凡涉及发文量相关数据均不包括此刊。

续表

期刊名称	发文量/篇	年均发文量/篇	作者总数/人	年均作者数/人	篇均作者数/人	无作者论文数/篇	无作者论文占比
中国禽业导刊	3980	796	2397	479	0.60	927	23.29%
祝您健康	3690	738	1627	325	0.44	474	12.85%
江苏安全生产	3371	674	1412	282	0.42	1077	31.95%
华人时刊	3369	674	1116	223	0.33	1093	32.44%
美食	2623	525	570	114	0.22	1689	64.39%
高中数学教与学	2598	520	1867	373	0.72	273	10.51%
化学教与学	2490	498	1959	392	0.79	43	1.73%
初中数学教与学	2425	485	1798	360	0.74	113	4.66%
江苏卫生保健	2207	441	1145	229	0.52	430	19.48%
物理教师	2029	406	1726	345	0.85	12	0.59%
科学大众	1876	376	685	137	0.37	761	40.57%
中学生物学	1848	370	1363	273	0.74	171	9.25%
中学数学月刊	1492	298	1145	229	0.77	26	1.74%
电动自行车	1414	283	668	134	0.47	243	17.19%
数学之友	1239	248	1000	200	0.81	30	2.42%
中国养兔杂志	950	190	848	170	0.89	158	16.63%
生物进化	471	94	105	21	0.22	300	63.69%
物理之友	456	91	425	85	0.93	29	6.36%

　　由表7-2可见，除征稿告示等不具有科普意义文章外，无作者文章在各科普期刊中所占比重较高，其中有7种期刊无作者论文数占总论文比例达30%以上，最高者占64.39%。这种无作者比例高的现象符合科普期刊文章规律，这些无作者文章多数来自于期刊编辑部的采集汇编，这无形中对期刊编辑部增添了很大压力，同时也对文章内容是一个极大的考验；不仅如此，作者集中现象也较为突出，涌现出了一批热衷科普并发表多篇文章的作者，但也暴露了科普作者群体不够庞大的缺陷。

　　表7-3列出了江苏省科普期刊年均发文分布情况。

表7-3 江苏省科普期刊年均发文分布

发文篇数/篇	1000 及以上	[500，1000)	[300，500)	[100，300)	100 以下
期刊种数/种	1	7	6	4	2

由 7-3 可见，江苏省科普期刊年均发文量集中于 300～1000 篇，这类期刊占总数的 65%。半月刊《农家致富》发文量最高，是唯一年均发文量超过千篇的期刊。月刊《物理之友》和季刊《生物进化》发文量偏少，年均发文在百篇以下。总体上看，除周刊《科学大众》年均发文量较低外，其他 19 种期刊基本符合出版频率与发文量成正比的规律：年均发文量旬刊 738 篇，半月刊 662 篇，月刊 439 篇，双月刊 190 篇，季刊 94 篇。

根据期刊内容所涉及的专业，江苏省科普期刊可以分为综合科普期刊和专业科普期刊两大类。综合科普期刊主要以综合类和百科类为主，还有少量科幻类期刊也归入此类中；专业科普期刊根据学科分类可分为数理科学和化学、农业科学、生物科学、环境科学、安全科学、医学卫生和其他共 6 类。表 7-4 列出了不同学科类别的江苏省科普期刊发文分布。

表7-4 江苏省科普期刊发文分析（分学科）

学科类别	期刊种数/种	年均发文量/篇	刊均发文量/篇	年均作者数/人	刊均作者数/人
综合科普①	1	376	376	137	137
数理科学和化学	7	2546	364	1984	283
农业科学	4	3710	978	1958	490
生物科学	2	464	232	294	147
环境科学、安全科学	1	674	674	282	282
医学、卫生	2	1179	590	554	277
其他	3	1481	494	471	157

由表7-4 可见，在发文量可统计范围内，综合科普只有一种（即《科学大众》），其发文内容覆盖范围较广，但从发文统计数据看，该刊年均发文量、年均作者数和刊均发文量、刊均作者数均十分靠后，显示出江苏省综合性科普期刊的弱势；而专业科普期刊中，农业科学类的这 4 项统计指标均

① 江苏省实际综合科普期刊应为两种，此处只有一种是因为未含《未来科学家》。

十分靠前（除年均作者排名第二外，其他三项指标均排名第一），反映了江苏省农业科普期刊的显著优势。此外，数理科学和化学类科普期刊种类最多，发文量和作者数各项指标也较为靠前。

根据科普期刊面向的读者不同，又可以将科普期刊分为少儿科普期刊和一般科普期刊。少儿科普期刊的目标读者是 18 岁以下的青少年及儿童，一般科普期刊的读者面向大众群体，没有明显的年龄界限。表 7-5 列出了不同读者对象的江苏省科普期刊发文分布。

表 7-5　江苏省科普期刊发文分析（分读者对象）

读者对象	期刊种数/种	年均发文量/篇	刊均发文量/篇	年均作者数/人	刊均作者数/人
少儿	3	1159	386	726	242
大众群体	17	9271	545	4955	291

由表 7-5 可见，江苏省少儿科普期刊共计有 3 种，无论从期刊种数还是年均发文量、刊均发文量、年均作者数和刊均作者数 4 项指标均显著低于面向大众群体的科普期刊。

3. 江苏省科普期刊主办机构分析

总体来看，26 家单位（包括联合主办机构）共主办了江苏省 21 种科普期刊（参见表 7-1）。绝大多数期刊为 1 家主办机构，这类期刊占期刊总数的 61.90%，由 2 家机构主办的期刊占 28.57%，由 3 家和 4 家机构主办的期刊各有 1 种。在合作主办科普期刊中，协会、学会最为活跃，所有 2 家以上单位的合作中，协会、学会均有所参与。以第一主办机构为依据统计江苏省科普期刊主办机构类型（表 7-6）。

表 7-6　江苏省科普期刊主办机构分布

主办机构类型	高等院校	协会、学会	企业	科研院所	政府机构
期刊种数/种	8	5	2	2	4

由表 7-6 可见，高等院校是江苏省科普期刊最为重要的主办机构类型，共有 8 种期刊由其主办，尤其是 7 种数理科学和化学类期刊均由高等院校所主办；协会、学会以 5 种期刊排在第二位，特别是 4 种农业科学类期刊的第一主办机构均为农业相关类协会、学会；排名第三的政府机构主办的期刊更倾向于公共服务类（如《江苏安全生产》《江苏卫生保健》）。3 种类型主办

机构占据总数的 80.95%，是江苏省科普期刊的主导；进一步地，不限于第一主办机构的统计发现，协会、学会参与主办的期刊最多，为 9 种。上述种种迹象表明，各主办机构根据自身特长在科普期刊建设中发挥了各自的优势，这其中，协会、学会和高等院校作用最大，而作为研究实力雄厚的科研院所类单位表现一般。

图 7-1 给出了主办机构的地址分布。可见，江苏省 13 个地级市中，只有 4 个地区有科普期刊出版，这 4 个地区有 3 个位于苏南地区。而这其中，作为省会城市的南京市以绝对的优势占据主导，共有 16 种期刊来自于此。

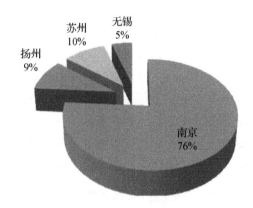

图 7-1　主办机构地址

4. 江苏省科普期刊刊载容量分析

由于科普期刊通常出版频率快，文章篇幅小，期刊页码信息反映了期刊的信息容载能力。同时，对于不同类型的期刊主办机构在期刊的页码方面也有着不同的特征，所以本小节特别统计了不同类型主办机构的科普期刊页码分布，表 7-7 给出了江苏省科普期刊页码分布情况。

表 7-7　江苏省科普期刊页码分布

页码范围	各类主办机构主办期刊的不同页码分段的种数					
	高等院校	协会、学会	政府机构	科研院所	企业	总计
30～40	1	0	1	0	0	2
41～50	2	1	0	0	0	3
51～60	0	1	2	1	0	4
61～70	2	2	0	1	1	6

页码范围	各类主办机构主办期刊的不同页码分段的种数					
	高等院校	协会、学会	政府机构	科研院所	企业	总计
71～80	0	0	1	0	1	2
91～100	2	1	0	0	0	3
100 以上	1	0	0	0	0	1
平均页码	74	65.6	57	58	72	67

总体上看，大多数期刊页码在 51～70 页，这样的期刊占期刊总数的 47.6%。页码最少的期刊为《初中数学教与学》为 36 页，页码最多的期刊为《祝您健康》，达到 136 页。高等院校主办的期刊是高页码数期刊的主体，4 种 90 页以上的期刊中，有 3 种是高等院校主办，还有一种是协会学会主办。而从平均页码数来看，高等学校主办的期刊平均页码数也是最高；而政府机构和科研院所主办的期刊页码数靠后。

进一步地，考虑到出版周期对刊载容量的决定性作用，以 2015 年为例，将期刊页码与出版周期结构相关联，形成年度总页码（表7-8）。

表7-8　江苏省科普期刊各出版周期页码分布（2015 年）

出版周期		高等院校			协会、学会			政府机构			科研院所			企业			平均页码
周期	种数	期刊种数	年度页码	刊均页码	期刊种数	年度页码	刊均页码	期刊种数	年度页码	刊均页码	期刊种数	年度页码	刊均页码	期刊种数	年度页码	刊均页码	
周刊	1	0	0	0	1	2688	2688	0	0	0	0	0	0	0	0	0	2688
旬刊	2	0	0	0	0	0	0	1	1296	1296	0	0	0	1	2304	2304	1800
半月	9	4	7680	1920	2	3072	1536	2	3264	1632	0	0	0	1	1920	1920	1771
月刊	7	4	3264	816	1	1152	1152	1	672	672	1	624	624	0	0	0	816
双月	1	0	0	0	1	288	288	0	0	0	0	0	0	0	0	0	288
季刊	1	0	0	0	0	0	0	0	0	0	1	256	256	0	0	0	256
总计	21	8	10 944	1368	5	7200	1440	4	5232	1308	2	880	440	2	4224	2112	1356

由表7-8 可见，高等院校主办的 8 种刊物中半月刊和双月刊各占一半。在所有半月刊中，高等院校主办的期刊刊均页面数最多，月刊也显示同样的特征。不仅如此，高等院校主办期刊的总页码数也最多，但刊均页码数中，

企业主办的期刊最多。以上诸数据最终表明：总体上，高等院校、协会学会和政府机构刊载容量依次排在前三甲，当然这是由这3种单位主办期刊种数决定的。消除主办期刊种数的影响，从刊均页码上看，企业主办的期刊刊均页码数最多，协会学会和高等院校依次排在其后。而科研院所在上述各指标中均排在末位。对江苏省科普期刊具体分析结果表明，其页数的多寡与出版周期无关，和学科及社会需求密切相关。

二、出版队伍建设分析

1. 江苏省科普期刊采编人员分析

科普期刊的采编人员与其他学术期刊还有些不同的方面，他们有时需要采集汇编相关科普信息，以组编成稿，所以往往期刊采编人员数较多，但也由于科普期刊出版频率高、发行量大，非采编人员数也较多，所以采编人员的比例并不高。表7-9给出了江苏省科普期刊各年采编人员分布。

表7-9　江苏省科普期刊采编人员分布

年份	1~2人		3~4人		5~8人		>8人	
	期刊数量/种	占期刊数比例	期刊数量/种	占期刊数比例	期刊数量/种	占期刊数比例	期刊数量/种	占期刊数比例
2011	3	14.29%	4	19.05%	13	61.90%	1	4.76%
2012	3	14.29%	3	14.29%	14	66.67%	1	4.76%
2013	2	9.52%	4	19.05%	14	66.67%	1	4.76%
2014	3	14.29%	3	14.29%	14	66.67%	1	4.76%
2015	1	4.76%	6	28.57%	13	61.90%	1	4.76%
总计	12	11.43%	20	19.05%	68	64.76%	5	4.76%

由表7-9可见，江苏省科普期刊采编人数集中于5~8人，这类期刊占期刊总数的2/3左右。与前文所述全省科技期刊的"采编人数在3~4人的编辑部最多"有一定差异，这也是科普期刊出版频率高、内容涉及面较广的性质所决定的。采编人员最多的期刊是《中国禽业导刊》，各年维持在12~14人；采编人员最少的期刊是《生物进化》，各年维持在1~2人。

由于科普期刊邮发形式为主要发行手段，所以相对学术期刊而言，科普期刊在发行、广告、财务等方面的非采编人员的比例相对较小，表7-10列出了不同比例的采编人员占期刊数的比例。

表7-10　江苏省科普期刊不同比例采编人员期刊分布

年份	<20%		[20%，40%)		[40%，60%)		[60%，80%)		≥80%	
	期刊数量/种	占期刊数比例	期刊数量/种	占期刊数比例	期刊数量/种	占期刊数比例	期刊数量/种	占期刊数比例	期刊数量/种	占期刊数比例
2011	1	4.76%	4	19.05%	6	28.57%	10	47.62%	0	0
2012	1	4.76%	3	14.29%	6	28.57%	8	38.10%	3	14.29%
2013	1	4.76%	3	14.29%	7	33.33%	6	28.57%	4	19.05%
2014	0	0	5	23.81%	6	28.57%	8	38.10%	2	9.52%
2015	0	0	3	14.29%	6	28.57%	8	38.10%	4	19.05%
合计	3	2.86%	18	17.14%	31	29.52%	40	38.10%	13	12.38%

由表7-10可见，占比60%～80%的采编人员是期刊种数密集区。总体上大部分期刊采编人员占总人数比在40%～80%。《江苏卫生保健》《中学生物学》和《中学数学月刊》3种期刊在2011—2015年各年采编人员占总人数比例均达到80%以上，是21种科普期刊中采编人员占比相对较高的期刊。

为进一步考察不同类别期刊采编人员分布情况，我们以2015年为例，从主办机构类型（表7-11）、期刊学科类别（表7-12）和读者对象（表7-13）3个方面进行了分析。整体上，江苏省大部分科普期刊将采编人员作为人员配置的核心，即采编人员在各自期刊中占总人数的比例超过50%。

表7-11　江苏省科普期刊不同主办机构采编人员分布（2015年）

主办机构类型	期刊数量/种	平均采编人员/人	总平均人员/人	采编人员占比
高等院校	8	5.25	8.13	64.58%
协会、学会	5	7.40	14.80	50.00%
企业	2	4.00	7.00	57.14%
科研院所	2	3.00	5.50	54.55%
政府机构	4	5.25	8.50	61.76%

由表7-11可见，总体看，各类型单位主办的期刊虽然总平均人员相差较为悬殊，但平均采编人员和采编人员占比差距并不是很大，说明各主办机

构均较重视采编人员的配置。高等院校主办的期刊采编人员占总人数比最高，这其中《中学生物学》和《中学数学月刊》以占比 80% 高居榜首；而《化学教与学》以 45% 垫底。协会、学会平均采编人员数量最多，《中国禽业导刊》以 12 名采编人员排名第一。最终结果显示，高等院校类期刊相比更加重视采编人员配置。

表 7–12　江苏省科普期刊不同学科类别采编人员分布（2015 年）

学科类别	期刊数量/种	平均采编人员/人	总平均人员/人	采编人员占比
综合科普	2	7.50	17.50	42.86%
数理科学和化学	7	5.43	8.57	63.36%
农业科学	4	6.75	12.25	55.10%
生物科学	2	2.50	4.00	62.50%
环境科学、安全科学	1	6.00	10.00	60.00%
医学、卫生	2	4.50	6.50	69.23%
其他	3	4.67	7.67	60.89%

由表 7-12 可见，从绝对值即平均采编人员数量来看，综合科普类期刊最多，其次是农业科学类，但这类期刊采编人员占比却排在靠后。说明在总人数增加的情况下，他们的采编人员配置并没有按比例增长。医学、卫生类期刊总人数较少，但采编人员占比最高，达到 69%。最终结果显示，医学、卫生类期刊更重视采编人员的配置。

表 7–13　江苏省科普期刊不同读者对象采编人员分布（2015 年）

读者对象	期刊数量/种	平均采编人员/人	总平均人员/人	采编人员占比
少儿	3	7.00	13.00	53.85%
大众群体	18	5.17	8.83	58.55%

由表 7-13 可见，两类读者对象的科普期刊采编人员占比并无明显差距，采编人员在两类期刊中均达到了总人数的一半稍多一些。

2. 人员层次结构分析

我们主要从职称和学历两方面来考察科普期刊人员的层次结构。表 7-14 列出了江苏省科普期刊各年人员职称和学历分布情况。

表 7-14　江苏省科普期刊人员结构分布

人数及比例　年份 职称与学历	2011		2012		2013		2014		2015	
	人数/人	占比	人数/人	占比	人数/人	占比	人数/人	占比	人数/人	占比
职称结构　初级及无职称人数	83	36.89%	102	43.04%	107	44.77%	71	35.50%	78	39.39%
中级职称人数	52	23.11%	49	20.68%	44	18.41%	41	20.50%	39	19.70%
副高职称人数	56	24.89%	51	21.52%	50	20.92%	51	25.50%	47	23.74%
正高职称人数	31	13.78%	35	14.77%	38	15.90%	37	18.50%	34	17.17%
学历结构　中专及以下学历人数	14	6.22%	18	7.59%	17	7.11%	7	3.50%	7	3.54%
大专学历人数	47	20.89%	54	22.78%	52	21.76%	43	21.50%	36	18.18%
本科及以上数量	161	71.56%	165	69.62%	170	71.13%	150	75.00%	155	78.28%

　　分析表 7-14 数据，从各年人数变化情况看，各职称并无类似增加或减少这样的特征。说明江苏省科普期刊人员职称结构基本稳定。从静态上看，初级及无职称人数都处在高位，而高级职称人数垫底；不仅如此，高级职称所占比例也较低。这与前面章节分析得出的江苏省科技期刊"初级及无职称人员数量和比例均下降明显""高级职称人员基本保持在 45% 左右的比例"相比，科普类期刊的职称结构上还有待改进。

　　虽然如此，我们也需看到，江苏省科普期刊学历层次普遍较高，本科及以上人员在总人数占比中有个缓慢的增长过程，而中专及以下学历人员人数和大专学历人员人数所占比例下降趋势明显。总体上本科及以上人员数量最大，所占比例也维持在 70% 以上。虽然与江苏省整体科技类期刊相比本科及以上人员数量占比还较低，但差距已经不是十分明显。

表 7-15　江苏省科普期刊不同主办机构人员结构分布（2015 年）

主办机构类型	总人数/人	高级职称			本科及以上学历		
		人数/人	刊均人数/人	占总人数比例	人数/人	刊均人数/人	占总人数比例
高等院校	65	46	5.75	70.77%	54	6.75	83.08%
协会、学会	74	20	4.00	27.03%	47	9.40	63.51%
政府机构	34	11	2.75	32.35%	31	7.75	91.18%
科研院所	11	3	1.50	27.27%	11	5.50	100%
企业	14	1	0.50	7.14%	12	6.00	85.71%

表 7-15 以 2015 年为例，列出了江苏省不同主办机构高层次人员（高级职称和本科及以上学历）分布情况，此处的高级职称含正高和副高两个级别。从中我们可以明显看到，高等院校主办的期刊高级职称人数最多，所占比例最大，而且与其他类型机构主办的期刊拉开了较大距离。高级职称人员是高等院校主办期刊的主力。在本科及以上学历中，科研院所主办的 3 种期刊比例达到 100%。整体上，各类机构主办期刊的本科及以上学历占比均较高，这与整个社会教育发展水平有一定关系；但高级职称人数比例差距较大，高等院校优势显著。

3. 在编人员分布分析

由于科普期刊的出版发行及广告等工作量较大，再加上编辑也需要知识的积累，各期刊又受到人员编制的限制，所以还聘用了大量非在编的临时人员和返聘专家，这类人员大约占据了各期刊人员的 1/3。表 7-16 给出了江苏省科普期刊在编人员各年统计情况。

表 7-16　江苏省科普期刊在编人员分布

人员状态	2011 年		2012 年		2013 年		2014 年		2015 年	
	人数/人	占总人数比例	人数/人	占总人数比例	人数/人	占总人数比例	人数/人	占总人数比例	人数/人	占总人数比例
在编人员	141	62.67%	167	70.46%	173	72.38%	130	65%	124	62.63%

由表 7-16 可以看出，2011—2013 年科普期刊的在编人员数量及比例逐年上升，2013 年以后又呈现出逐年下降的趋势。这是因为，2012 年国家新闻出版署颁布了《关于报刊编辑部体制改革的实施办法》，标志着科技期刊

出版管理体制改革拉开了帷幕，期刊编辑出版发行的企业化运作思路开始影响江苏省科普期刊，表7-16中数据已经反映出了明显的效果。2013年以后江苏省科普期刊的在编人员总数和比例分别由2013年的173人和72.38%下降到2015年的124人和62.63%。同时，不同主办机构的在编人员的比例也有很大的不同。表7-17以2015年为例，给出了不同主办机构在编人员数量和比例。

表7-17　江苏省科普期刊不同主办机构在编人员的数量和比例（2015年）

主办机构类型	平均在编人员/人	总平均人员/人	在编人员占比
高等院校	6	8	75.00%
协会、学会	9	15	60.00%
企业	5	7	71.43%
科研院所	2	6	33.33%
政府机构	5	9	55.56%

由表7-17可以看出，协会、学会主办期刊的平均在编人员数量最多，但所占比例的位次却下滑到第三位，说明协会、学会所有编辑队伍中，非在编人员也较多。高等院校虽然平均在编人员数量屈居第二，但在编人员所占比例却高居榜首，同理说明，高等院校主办期刊大多数为在编人员，非在编人员较少，社会化程度相对较低。表中也显示了科研院所主办的期刊中，非在编人员比例较大，占据2/3的比例。

4. 编务人员分布分析

期刊的编辑、出版、发行过程中，除采编人员外，还包括编务人员（行政服务人员、广告工作人员、发行工作人员和新媒体工作人员等），他们在期刊发展中也起到了非常重要的作用。前文分析中我们已经发现，科普类期刊的编务人员配备要高于学术类期刊，无论刊均人数，还是编务人员所占比重上，江苏省科普期刊的行政服务人员、广告工作人员及发行工作人员等各类编务人员都要远高于学术类期刊，这更加显示了编务人员在科普期刊出版发行中的重要性。

为更加细致地考察江苏省科普期刊编务人员的分布情况，我们以2015年为例，对不同主办机构、不同学科类别、不同读者对象和不同出版周期的编务人员进行比较分析，表7-18给出了江苏省科普期刊编务人员所占比重和分布情况。

表7-18　江苏省科普期刊编务人员占比及分布（2015年）

类别		总人数	行政服务人员		广告工作人员		发行工作人员		新媒体工作人员	
			刊均人数/人	占总人数比例	刊均人数/人	占总人数比例	刊均人数/人	占总人数比例	刊均人数/人	占总人数比例
主办机构	高等院校	65	1.38	16.92%	0.25	3.08%	1.00	12.31%	0.13	1.23%
	协会、学会	74	2.20	14.86%	1.40	9.46%	2.40	16.22%	1.40	9.46%
	科研院所	34	0.50	18.18%	0	0	0	0	1.00	18.18%
	政府机构	11	1.25	14.71%	0.25	2.94%	1.00	11.76%	0.75	9.41%
	企业	14	1.00	14.29%	0.50	7.14%	1.50	21.43%	0	0
学科类别	综合科普	35	4.00	22.86%	0	0	5.50	31.43%	0.50	2.86%
	数理科学和化学	60	1.43	16.67%	0.29	3.33%	1.14	13.33%	0.14	1.67%
	农业科学	49	1.00	8.16%	1.75	14.29%	1.00	8.16%	1.75	14.29%
	生物科学	8	1.00	25%	0	0	0	0	0	0
	环境科学、安全科学	10	1.00	10%	1.00	10%	1.00	10%	1.00	10%
	医学、卫生	13	0.50	7.69%	0.50	7.69%	1.00	15.38%	0	0
	其他	23	1.67	21.74%	0	0	0.33	4.35%	1	13.04%
读者对象	少儿	159	3.00	23.08%	0	0	3.00	23.08%	0	0
	大众群体	39	1.22	13.84%	0.61	6.92%	1.00	11.32%	0.72	8.18%
出版周期	周刊	25	7.00	28%	0	0	8.00	32%	0	0
	旬刊	17	1.00	11.77%	0.5	5.88%	2.5	29.41%	0.5	5.88%
	半月	97	1.56	14.43%	0.67	6.19%	1.11	10.31%	0.89	8.25%
	月刊	51	0.85	11.77%	0.57	7.84%	0.57	7.84%	0.57	7.84%
	双月	5	1.00	20%	0	0	0	0	0	0
	季刊	3	1.00	33.33%	0	0	0	0	0	0

　　由表7-18可见，总体上看，除出版周期差异导致的各编务人员人数差距较显著外，其他各类期刊编务人员数量差距均不够明显。在主办机构中可以看出的较明显特征是：科研院所配备广告和发行工作人员较少，企业主办

的期刊较重视发行工作人员配置；在不同学科的期刊中：综合科普重视行政服务人员和发行工作人员，需要指出的是综合性科普期刊《科学大众》发行是面向中小学校，所以实际工作中发行人员同时兼任广告人员，因此年检数据中的专职广告人员数量为 0；在面向不同读者对象的期刊中：少儿类期刊更重视行政服务人员和发行人员；在不同出版周期的期刊中可以发现一个明显的规律：编务人员刊均人数和占比会随着出版周期的缩短而提高。

值得一提的是，各刊新媒体工作人员普遍偏低，大体可能存在两方面决定因素：一是新媒体工作人员为兼职人员，主要是新媒体作为新的出版形式，尚在初期尝试阶段，所以开始以兼职为主；二是确实没有布置新媒体相关工作。无论是出于什么原因，在新媒体给出版行业带来重大机遇面前，上述两种原因隐含的对新媒体工作的重视程度较低都需要得到纠正。

三、数字化与网络平台建设分析

根据 2015 年年检信息，江苏省科普期刊有网站的为 17 种，有微博的为 11 种，详细数据参见表 7-19。

表 7-19　江苏省科普期刊数字化与网络平台分布（2015 年）

平台	期刊总数	高等院校	协会、学会	科研院所	政府机构	企业
有网站	17	6	5	2	3	1
有微博	11	5	2	1	2	1

由表 7-19 可见，建立了网站的期刊中，高校和协会、学会主办的期刊占六成以上；有微博的期刊中，高校主办的期刊占接近一半。可见，高校在数字化和网络平台建设中处于优势地位。通过对网站和微博的访问考察分析发现，有接近 1/3 网站无法登陆访问；有个别网站提供的链接有误；有接近 1/3 网站链接的是主办机构，而且有些在网站上找不到期刊所在链接，有的即使有链接，其内容也仅是简单的介绍（如刊期文章列表等）；仅有 4 种期刊有独自的采编系统（《科学养鱼》《农家致富》《物理教师》《物理之友》）。而对于微博，大部分期刊微博更新至两三年前，而且微博文章数量和粉丝数量均有限。江苏省科普期刊数字化与网络化建设需要进一步提升。

四、出版发行与经营分析

1. 发行量分析

总体上看，21 种科普期刊各年发行量基本保持平稳，维持在 2000 万份左右。表7-20给出了江苏省科普期刊年均发行量分布。

表7-20　江苏省科普期刊年均发行量分布

年均发行量/万份	5及以下	(5,10]	(10,20]	(20,50]	(50,100]	(100,300]	(300,500]	500以上
期刊种数/种	3	4	3	6	1	1	1	2

由表7-20可见，江苏省科普期刊年均发行量集中于50万份以下，尤其是5万~50万份居多，这类期刊占期刊总数的76.2%。所有期刊中，发行量最少的期刊是季刊《生物进化》，年均发行量0.63万份；发行量在500万份以上的期刊有两种，分别为《农家致富》(503万份)、《科学大众》(746万份)。表7-21给出了各类型期刊年均发行量。

表7-21　江苏省各类型科普期刊年均发行量分布

分类	发行量/万份	五年总发行量	年均发行量
主办机构类别	高等院校	490.68	98.14
	协会、学会	6655.73	1331.15
	科研院所	14.08	2.82
	政府机构	1198.92	239.78
	企业	1015.32	203.06
学科类别	综合科普	5520.48	1104.10
	数理科学和化学	459.30	91.86
	农业科学	2923.02	584.60
	生物科学	34.54	6.91
	环境科学、安全科学	215.4	43.08
	医学、卫生	1051.92	210.38
	其他	550.68	110.14
读者对象	少儿	3818.40	763.68
	大众群体	6936.93	1387.39
出版周期	周刊	3732.72	746.54
	旬刊	2683.08	536.62

续表

分类	发行量/万份	五年总发行量	年均发行量
出版周期	半月	3776.23	755.24
	月刊	549.95	109.99
	双月	10.2	2.04
	季刊	3.16	0.63

由表7-21可见，在不同机构主办的期刊中，协会学会主办期刊的五年总发行量最高，尤其是年均发行量远远高于其他类型期刊；科研院所总发行量最低，年均发行量也与其他期刊拉开显著差距。在学科类别中，综合科普期刊无论是总发行量还是年均发行量均遥遥领先，垫底的是生物科学类期刊。在读者对象中，面向大众群体的期刊两项指标远高于少儿类期刊。在不同出版周期中，半月刊以微弱优势超过周刊两项指标，排在第一位，周刊屈居第二。总体上看，各类型期刊发行量存在显著差距。

为进一步细致考察年发行量随时间变化情况，表7-22给出了江苏省各类型科普期刊发行量时间分布。

从表7-22中可以看出，在不同机构主办的期刊中，高等院校和政府机构主办的期刊年发行量有一个较为明显的下降趋势，而协会学会主办的期刊不仅年发行量增长，而且占总发行量的比例也在增加。在不同学科的期刊中，综合性科普期刊年发行量有一个缓慢的增长过程，而数理科学和化学、农业科学存在不同程度的下降。在不同读者对象中，少儿类科普期刊有一定的增长，而大众群体类期刊呈微弱下降趋势。在不同出版周期的期刊中，周刊呈上升态势，而旬刊有一定程度的下降。总体上看，各期刊变化态势并不十分显著，而与本章前文所述发行工作人员相关联可见，发行量大的或者呈现增长趋势的发行工作人员也较多或呈一定增长态势。

2. 江苏省科普期刊收入分析

期刊收入来源于主营收入，即期刊发行；副营收入主要为广告及培训、会议等其他收入。表7-23给出了2011—2015年江苏省科普期刊的收入分布。

表7-22 江苏省各类型科普期刊年发行量时间分布

	分类	2011 年		2012 年		2013 年		2014 年		2015 年	
		发行量/万份	占比	发行量/万份	占比	发行量/万份	占比	发行量/万份	占比	发行量/万份	占比
主办机构	高等院校	105.05	5.06%	112.97	4.63%	99.30	4.96%	90.11	4.22%	83.25	3.96%
	协会、学会	1271.28	61.18%	1281.18	52.52%	1244.04	62.15%	1459.4	68.40%	1399.86	66.57%
	科研院所	2.24	0.11%	2.76	0.11%	2.88	0.14%	2.8	0.13%	3.4	0.16%
	政府机构	495.12	23.83%	369	15.13%	101.4	5.07%	116.4	5.46%	117	5.56%
	企业	203.64	9.80%	277.44	11.37%	172.32	8.61%	141	6.61%	220.92	10.51%
学科类别	综合科普	1086.48	52.28%	1047.24	42.93%	1035.36	51.73%	1198.6	56.17%	1152.84	54.83%
	数理科学和化学	98.45	4.74%	106.73	4.38%	93.12	4.65%	83.93	3.93%	77.07	3.67%
	农业科学	592.68	28.52%	629.94	25.82%	590.28	29.49%	584.82	27.41%	525.3	24.98%
	生物科学	7.40	0.36%	6.84	0.28%	6.90	0.34%	6.82	0.32%	6.58	0.31%
	环境科学、安全科学	38.4	1.85%	38.4	1.57%	51.6	2.58%	43.2	2.02%	43.80	2.08%
	医学、卫生	198.24	9.54%	274.44	11.25%	169.32	8.46%	165	7.73%	244.92	11.65%
	其他	56.40	2.71%	335.76	13.76%	54.96	2.75%	51.36	2.41%	52.20	2.48%
对象	少儿	694.31	33.41%	673.03	27.59%	673.714	33.66%	888.94	41.66%	888.41	42.25%
	大众群体	1383.74	66.59%	1766.31	72.41%	1327.84	66.34%	1244.7	58.34%	1214.3	57.75%
出版周期	周刊	678.6	32.66%	651.24	26.70%	653.76	32.66%	874.56	40.99%	874.56	41.59%
	旬刊	587.52	28.27%	649.44	26.62%	529.92	26.48%	441	20.67%	475.20	22.60%
	半月	706.43	33.99%	1023.66	41.96%	690.89	34.52%	707.42	33.15%	647.82	30.81%
	月刊	103.50	4.98%	110.81	4.54%	122.65	6.13%	109.16	5.12%	103.82	4.94%
	双月	1.20	0.06%	3.60	0.15%	3.60	0.18%	0.90	0.04%	0.90	0.04%
	季刊	0.80	0.04%	0.60	0.02%	0.72	0.04%	0.64	0.03%	0.40	0.02%

表7-23　江苏省科普期刊各年收入分布

收入（万元）及占比 \ 收入类型	2011年	2012年	2013年	2014年	2015年	年均收入	占比
发行收入	4997.63	5043.67	5024.3	5595.58	5432.60	5218.76	71.98%
广告收入	900.06	1337.66	1516.06	926.54	797.43	1095.55	15.11%
其他收入	507.37	667.63	1364.18	1391.11	747.26	935.51	12.91%
总计	6405.06	7048.96	7904.54	7913.23	6977.29	7249.82	100%

由表7-23可见，总收入随时间变化有一定程度的增长，但2015年有所下降，下降近1000万元；发行收入有些许增长，而广告收入具有显著的不稳定性。发行收入是江苏省科普期刊的主要收入来源。为总体上观察江苏省科普期刊收入情况，表7-24给出了江苏省科普期刊收入分布。

表7-24　江苏省科普期刊收入分布

年均发行收入/万元	20及以下	(20,50]	(50,100]	(100,500]	(500,1000]	1000以上
期刊种数/种	3	6	4	5	1	2
年均广告收入/万元	0	(0,1]	(1,10]	(10,50]	(50,200]	200以上
期刊种数/种	8	2	2	5	2	2
年均总收入/万元	20及以下	(20,50]	(50,100]	(100,500]	(500,1000]	1000以上
期刊种数/种	2	5	3	7	2	2

由表7-24可见，江苏省科普期刊年均发行收入在20万～50万元者居多，这类期刊占期刊总数的28.57%。年均发行收入最低的期刊为《电动自行车》（1.96万元），最高的为《科学大众》（1320.6万元），而《农家致富》年均发行、收入也超过了1000万元。可见，作为江苏省科普期刊主要收入来源的发行收入，在各类期刊中的差距十分明显。

江苏省科普期刊广告收入不尽如人意，表现在两方面：一是有1/3的期刊无广告收入；二是各期刊广告收入差距十分显著。广告收入最高者达200万以上，其中，《科学养鱼》广告收入216.80万元，《中国禽业导刊》更是高达492.02万元。

江苏省科普期刊年均总收入以100万～500万元为集中区，这类期刊占期刊总数的33.33%。与上述两种收入存在同样的规律，各刊收入分布差距

显著，例如，总收入最高者，收入可达 1000 万元以上，包括《科学大众》
（1501 万元）和《农家致富》（1675 万元）；而收入最低者总收入不足 20 万
元，包括《中国养兔杂志》（16.84 万元）和《生物进化》（17 万元）。

　　为进一步考察江苏省各类科普期刊收入特征，表 7-25 给出了本章上述
统计发行量变化最为明显的不同主办机构和不同出版周期科普期刊收入
分布。

表 7-25　江苏省各类科普期刊收入分布

分类依据		期刊种数/种	发行收入/万元			广告收入/万元			年均总收入/万元	刊均总收入/万元
			年均收入	刊均收入	收入比例	年均收入	刊均收入	收入比例		
主办机构	高等院校	8	754.53	94.32	92.04%	0.86	0.11	0.10%	819.78	102.47
	协会学会	5	2601.78	520.36	64.63%	756.97	151.39	18.80%	4025.69	805.14
	科研院所	2	5.96	2.98	9.10%	40.54	20.27	61.89%	65.50	32.75
	政府机构	4	1394.16	348.54	85.69%	87.48	21.87	5.38%	1627.02	406.76
	企业	2	462.32	231.16	64.95%	209.70	104.85	29.46%	711.82	355.91
出版周期	周刊	1	1320.60	1320.60	87.98%	12.40	12.40	0.83%	1501.00	1501.00
	旬刊	2	1163.13	581.57	90.64%	49.50	24.75	3.86%	1283.28	641.64
	半月	9	2079.83	231.09	60.04%	752.36	83.60	21.72%	3463.93	384.88
	月刊	7	644.36	92.05	66.58%	278.89	39.84	28.82%	967.77	138.25
	双月	1	6.84	6.84	40.62%	2.40	2.40	14.25%	16.84	16.84
	季刊	1	4.00	4.00	23.53%	0	0	0	17.00	17.00

　　由表 7-25 可见，就主办机构而言，协会学会主办期刊各项指标均最高
并遥遥领先于其他期刊，这其中起决定因素的是发行收入。高等院校主办期
刊的发行收入是总收入的绝对核心，占总收入高达 90% 以上；而此类期刊
的广告收入占比最低，仅为 0.1%；广告收入比较低的还有政府机构主办的
期刊，与高等院校类似，政府机构主办的期刊发行收入占总收入的比例也相
当高，超过了 80%。通常情况下，各类期刊发行收入均远高于广告收入，
然而科研院所主办的期刊广告收入却占总收入的一半以上，成为收入的主
导。查看细节信息发现，年均 40.54 万元的广告收入均来自于《电动自行
车》，而另一种期刊《生物进化》广告收入为 0。

　　从出版周期结构来看，与本章前述半月刊发行量最大相一致，半月刊发

行收入最高；不仅如此，该类期刊广告收入也最高，这直接导致了其总收入排在第一位。但这些"第一"是由 9 种期刊共同贡献的，因此，从刊均来看，周刊的刊均发行收入和总收入两项指标均远高于它。周刊的各项收入均来自于唯一的周刊《科学大众》。旬刊的发行收入占总收入比例最高。这其中，比较特殊的是季刊《生物进化》，该刊发行收入仅占总收入的不到 1/4，也无广告收入，另外的 3/4 左右的收入均来自"其他收入"，收入结构稳定性存在一定风险。

上述种种迹象表明：江苏省各类期刊收入存在显著差距，即使是同一类型单位主办期刊也存在较为显著的差距。除个别期刊（《电动自行车》和《生物进化》）外，绝大部分期刊，无论是各类主办机构还是各不同出版周期结构的期刊，其发行收入占据总收入的核心。

3. 江苏省科普期刊利润分析

期刊利润取自于收入与支出之差，因此收入最高者也不能保证利润也最多，它需要在收入与支出之间保持一个平衡。表 7-26 给出了江苏省科普期刊利润分布。

表 7-26　江苏省科普期刊利润分布

年均利润/ 万元	持平与 亏损	(0, 2]	(2, 5]	(5, 10]	(10, 20]	(20, 50]	(50, 100]	(100, 200]	200 以上
期刊 种数/种	4	?	1	3	4	3	0	3	1

由表 7-26 可见，江苏省科普期刊利润集中分布于 5 万 ~ 50 万元，这类期刊共有 10 种，占期刊总数的 47.62%。此外，有 4 种期刊为亏损状态，亏损最为严重的是政府机构主办的期刊《华人时刊》，年均亏损 3 万元左右。当然也有部分期刊利润值较高，如《祝您健康》《科学大众》和《江苏安全生产》3 种期刊年均利润均达到了 120 万以上，而《农家致富》更是以 229 万高居利润榜首。

为进一步识别期刊类型在利润中的角色，以及利润的发展阶段性特征，表 7-27 给出了江苏省各类科普期刊利润时间分布。

由表 7-27 可见，年均利润最高者为协会学会主办的期刊，发行收入占其中的主要部分。但从各年利润来看，该类期刊利润十分不稳定，忽高忽低。不仅如此，其他类期刊也大体存在这样的现象。刊均利润增长最快的是

表7-27　江苏省各类科普期刊利润时间分布

（单位：万元）

分类依据		2011年		2012年		2013年		2014年		2015年	
		利润额	刊均利润	利润额	刊均利润	利润额	刊均利润	利润额	刊均利润	利润额	刊均利润
主办机构	高等院校	59.68	7.46	46.8	5.85	26.03	3.25	37.31	4.66	36.82	4.60
	协会、学会	414.72	82.94	113.47	22.69	446.5	89.30	805.1066	161.02	226.201	45.24
	科研院所	6.3	3.15	12.6	6.30	12.6	6.30	13.4	6.70	2	1.00
	政府机构	92.08	23.02	87.27	21.82	124.08	31.02	116.79	29.20	506.39	126.60
	企业	102.61	51.31	148.14	74.07	145.66	72.83	115.71	57.86	165.37	82.69
出版周期	周刊	29	29.00	5	5.00	57	57.00	312	312.00	225	225.00
	旬刊	167.49	83.75	164.3	82.15	144.68	72.34	126.12	63.06	196.8	98.40
	半月	420.2	46.69	101.11	11.23	396.22	44.02	510.41	56.71	38.83	4.31
	月刊	68.08	9.73	137.87	19.70	156.97	22.42	140.96	20.14	475.54	67.93
	双月	-9.38	-9.38	0	0	0	0.00	-1.9734	-1.97	-0.389	-0.39
	季刊	0	0.00	0	0	0	0.00	0.8	0.80	1	1.00
对象	少儿	38.42	12.81	15.61	5.20	68.57	22.86	318.8	106.27	233.34	77.78
	大众群体	636.97	35.39	392.67	21.82	686.3	38.13	769.52	42.75	703.44	39.08
经费来源	自筹	169.61	24.23	207.57	29.65	199.63	28.52	161.21	23.03	222.49	31.78
	主办机构拨付	37.57	4.17	101.88	11.32	128.62	14.29	127.9166	14.21	474.271	52.70
	差额拨款	104.33	52.17	-15.73	-7.87	-16.98	-8.49	4.15	2.08	2.77	1.39
	自收自支	363.88	121.29	114.56	38.19	443.6	147.87	795.04	265.01	237.25	79.08

政府机构主办的期刊，虽然此类期刊《华人时刊》亏损，并未改变其刊均利润增长迅速的事实，这其中起决定性作用的是《江苏安全生产》，该刊5年来利润增长了近7.5倍。此外，企业主办的期刊刊均利润也存在一定的增长态势。而高等院校主办的期刊刊均利润呈现微弱的下降趋势。

　　不同出版周期的期刊中，半月刊年均利润最高，旬刊的刊均利润最高，双月刊和季刊利润值较低，在盈利和亏损的周围徘徊。从周刊、旬刊和半月刊来看，出版周期对其利润的影响不是很大，由此一定程度上表明，期刊利润除受发行量影响外，还受其他收入和支出等多方面因素影响。

　　不同读者对象期刊中，面向大众群体的期刊，绝大多数指标值均高于少儿期刊，但值得注意的是，少儿期刊的刊均利润增长速度要显著高于大众群体期刊。

　　至于不同经费来源期刊，年均利润最高的是自收自支型期刊，最低的是差额拨款型期刊。而主办机构拨付型期刊，刊均利润增长较为迅速。

第二节　江苏省科普期刊发展存在的问题与分析

　　"十二五"期间，江苏省科普期刊发展取得了一定成就，已具备一定发展规模（包括发文、作者、办刊资源等）、发行量和可观的发行收入等。在江苏省整体科技期刊发展中，通过与学术期刊对比，某些特定指标表现出来的良好发展势头看起来显得更为突出。例如，发行量100万份以上的期刊基本全部来自于科普期刊；与之相对应地，发行收入超过500万元的期刊也来自于科普期刊。这与网络环境下，几大中文数据库（CNKI、维普和万方）对印刷版学术期刊的冲击，以及科普期刊运营管理有关。又如，科普期刊高学历、高级职称人数要高于学术类期刊，这是由于科普期刊编辑部平均人员远多于学术类期刊；科普期刊行政服务人员、发行工作人员和广告人员的配备也要高于学术期刊，不仅是绝对数量的高出，占期刊总人数的比重也同样高，说明科普期刊较为重视运营管理和发行；此外，科普期刊出版频率较高，在江苏省科技期刊中，周刊、旬刊和半月刊大部分为科普期刊。但鉴于科普期刊与学术期刊在目标、内容、服务对象与运营管理等方面的显著差异，以与学术期刊对比来总结发展成绩，虽然也能够看出一些端倪，但存在某种程度的偏颇冒险。总结科普期刊的发展现状还需以科普期刊本身发展过程中客观呈现出来的数据为依据。

　　上一节通过"十二五"期间，江苏省对科技期刊年检信息等数据的分析，我们描绘了江苏省科普期刊发展的大致轮廓。本节以上一节数据分析为基础，对江苏省科普期刊发展中存在的显著问题进行分析与思考，为下一节发展对策和未来发展建议提供依据。

一、知识传播内容存在偏差

科普究竟应该"普什么"？科普应是告诉人们科学知识是什么，有什么作用，以及这些作用是怎样发生的，其最终目的是提高人们的科学素养，即使公众能够接受系统的科学知识，提高公众综合能力和获得文化教养与社会教养。这就要求，好的科普期刊传播的应该是集科学性、思想性、通俗化、系统性和完整性为一体的科学知识。科普文章的表现形式应该是科学性、艺术性、趣味性的融合，而不是生硬的公式、定理和与学术文章无显著差别的科学研究过程呈现。

在统计江苏省科普期刊发文情况时，我们至少发现两种类型的内容偏差：一是有些科普文章过于偏重"研究"，与学术期刊已经没有太多差别，它们呈现了太多的科学研究的过程、方法，即使得出了一定结论，也不是以科普为目的，完全是科学研究的一个过程而已。这类文章内容对科普的理解和看待的视角过于狭隘、甚至偏颇，同时也淡化了科普应是科学与艺术的融合这一重要特征。二是部分科普期刊用极少的篇幅刊载了一些常识性报道内容（如农业类科普期刊），这些内容甚至是摘抄，谈不上是创作。上述发文统计中，篇均作者数0.5人，以及大量无作者论文数是一个重要佐证。更为严重的是，这类文章只提供了"是什么"（如南瓜可以降血糖），对于依据什么、为什么、如何做等进一步的知识只字不提，这很容易导致对科学知识认识的偏差和应用的误导。

二、期刊布局不合理

其一，不同类别期刊发展不平衡。前文我们将江苏省21种科普期刊按学科类别和读者对象分成了两类。从学科类别来看，江苏省21种期刊主要集中于数理科学和化学及农业科学类，这两类期刊占期刊种数的一半以上，而其他六类期刊占不到一半，而且这两类期刊年均发文量也最高，占20种期刊年均发文总量的接近六成。不仅如此，从总体学科上看，江苏省科普期刊学科种类也不够丰富，尤其是对于社会紧缺学科内容（如媒体素养类、公共安全类、国家发展类等）重视不够。仅有的两种综合性科普期刊实际上面向的读者对象聚焦于儿童或者中学生，对于普通大众的价值不大。学科类别的缺失使江苏省科普期刊无法适应社会与公众对科普知识的诉求，也无法回应国家对公众科普知识传播的重视。从读者对象上来看，面向普通大众的科普期刊是少儿科普类期刊的 3 倍，少儿科普期刊处于显著的弱势地位，显示了对少儿科学知识传播的轻视。

其二，地区发展不平衡。江苏省 13 个地级市中，只有 4 个地区有科普期刊出版，而且这 4 个地区中，南京市占主导，七成以上期刊来自于此。不可否认，南京市在经济、社会、教育等发展上优势显著，但也不能否认各地区的独特优势和特色，以各地区本身所具有的特征和资源来发展科普期刊，无疑对于江苏省科普期刊的健康发展、对于满足公众广泛而又具有特色性科学知识的需求十分有利。因此，江苏省应在科普期刊统筹管理及办刊机制上（不仅包括办刊资源的倾斜，还可以包括合办单位的激励等）多下功夫。

三、运营管理发展不平衡

其一，人员配置结构不够完善。值得肯定的是，江苏省科普期刊均十分重视采编人员的配置，各类期刊采编人员占比均超过了一半。但是，江苏省绝大部分科普期刊轻视广告工作人员和新媒体工作人员的配置。除协会学会主办的期刊和农业类期刊刊均广告工作人员超过 1 人外，其他类型期刊刊均广告工作人员均不足 1 人，广告收入作为科普期刊的重要收入来源之一，在大部分期刊广告自主经营模式下，对专门广告工作人员设置的轻视显然有碍于期刊盈利和社会影响力的提升。同时，很多期刊没有设置新媒体工作人员，所有期刊新媒体工作刊均不足 2 人，绝大部分期刊新媒体工作人员不足 1 人。在新媒体给出版与传播行业带来巨大发展机遇的当头，无视新媒体工作人员在期刊发展中的重要作用，对期刊未来发展极其不利。

同样值得肯定的是，江苏省科普期刊本科及以上人员均超过了总人数的七成。但是，在职称结构上还需进一步完善。初级及无职称人员在各刊中均达到了 1/3 以上，正高职称人员仅不到 1/10。

其二，发行量的不平衡。科研院所和高等院校主办的期刊与其他类型单位主办期刊发行量相去甚远。这严重阻碍了相关期刊的社会影响力和公众知识需求的满足。不仅如此，有些期刊发行量随着时间的推移在下降，有些期刊发行量忽高忽低，这些现象某种程度上说明了江苏省部分科普期刊还没有真正找到科学的发行方式和稳定的发行途径。

其三，收入与利润的不平衡。江苏省科普期刊收入与利润主要来自于发行收入，大部分期刊发行收入达到了总收入的一半以上，个别期刊甚至达到了八至九成（以高等院校主办的刊物为代表）。然而，大部分期刊广告收入不高。高等院校和科研院所主办的期刊利润相比其他期刊低了很多。仍有部分期刊处于盈利与亏损的边缘，甚至完全陷入亏损状态。从时间上来看，大部分期刊利润发展不够稳定，时上时下，说明江苏省科普期刊获取利润的途径尚待进一步开发与规划管理。

四、数字化出版、新媒体应用与开放获取重视不够

其一，江苏省 21 种科普期刊，除《未来科学家》外，其余 20 种期刊至少被我国三大期刊数据库（知网、万方、维普）之一收录，有的还被三大数据库同时收录。但是，各期刊较忽略自身网络化建设，绝大部分期刊或者没有独立的网络平台，或者网络平台功能简陋，无法通过网络平台获取期刊内容全文、甚至题录信息。有采编系统的期刊只有 4 种，这对于期刊采编的发展构成了显著障碍。

其二，江苏省科普期刊对新媒体应用意识不强、手段不够丰富。个别期刊开通了微博和微信平台，但是有的几乎已经荒废，没有及时持续地维护，发挥的效率较小；微博文章的数量和粉丝数量也十分有限。

其三，江苏省科普期刊对开放获取重视不够。科普期刊的职责就是尽可能广泛地向公众传播科学知识，而开放获取是目前网络环境下公众获取期刊内容最为重要的途径之一，显然江苏省科普期刊在此方面做的还十分不够。

第三节 江苏省科普期刊发展对策与建议

江苏省科普期刊存在上述问题是综合作用的结果，具体而言大体可归纳为以下五方面的原因：一是质量观不够深刻，对全面质量管理不够重视，尤其是采编环节（包括选题策划、过程管理等）缺乏必要的管控；二是办刊理念与思维存在惯性，江苏省科普期刊创办时间较早，不少期刊是 20 世纪 80 年代以前所创办，这些期刊传统发展理念浓厚，缺乏"旧貌换新颜"的眼光和魄力。此外，各主办机构期刊受自身传统影响显著，表现最为突出的是高校和科研院所，他们主办的期刊运营管理（尤其是广告管理、盈利与创收意识等）受学术性期刊办刊思维的局限；三是期刊发展的现代观不强，不具备与时俱进的精神，对互联网、大数据、新媒介带来的对出版与传播模式的冲击不够敏感，也没有采取有效的措施加以利用；四是整体观与系统观不强，整体上期刊的统筹管理还有待加强，期刊布局的整体性考虑欠佳；五

是读者与服务观贯彻不到位，江苏省科普期刊还是以宣传为导向，没有将读者和服务放在首位，没有对读者与服务加以细分，对读者的服务需求分析，尤其是主动性服务管理还不到位。

科普期刊应审时度势，充分分析自身生存环境的变化：社会环境复杂化变化中公众科学知识需求随之发生着显著变化；新媒介、数字化等信息技术、网络技术和数据技术为科普期刊的出版与传播创造了重要的发展契机；大数据思维与方法为公众知识需求的深度分析提供了极好的发展机遇。

基于以上发展中存在的问题，以及综合考虑发展机遇与现实变革需求，特提出以下发展对策与建议，为科普期刊"如何普"提供现实解决方案和前瞻性发展策略。

一、江苏省科普期刊发展对策

1. 提升编辑人员综合素养

编辑人员是期刊质量的主导。科普期刊与学术期刊在内容上具有显著差别，这就要求科普期刊不仅要担任科学知识的"把关者"和科普信息的"狩猎者"，还应是科学知识组织的"美容师""艺术设计者"。此外，出版与传播新媒体融合模式下，要求编辑人员要具有互联网思维、懂互联网传播特征，能够将科普特性与互联网相结合。凡此种种要求科普期刊必须加强对复合型人才的培养。复合型人才是指能够适应期刊数字化和多媒体融合传播发展的，在以期刊运营管理和用户分析为核心的能力及其相对应的角色承担上具有多样性和融合性特征的人才。复合型人才是保障期刊适应新时代媒体特征、大众需求特征的基础，有助于快速、高质量实现期刊发展目标。

2. 加强全过程质量管理

科普期刊全过程质量管理，是从选题规划、栏目策划、文章采编、文章表现形态设计，到文章传播、传播效果评估等各个环节重视全面质量管理理念。这其中，针对目前江苏省科普期刊存在的问题，我们至少要明确四点：一是加强科普期刊作者的稳定性建设，激发作者的创作激情；二是深刻认知科普工作的本质与核心，需充分认识到普及系统化科学知识是科普工作的核心，但不是唯一的工作，还要在普及科学知识的同时，宣传科学精神、科学方法和科学态度，培育创新文化和创新土壤，最终提高大众的综合性科学素养；三是加强科学知识的包装，将趣味性、艺术性融合进科学知识的组织中，以公众喜爱的方式"拉近科学知识与大众的距离"。同时，也要有"新瓶装旧酒"的思维，将耳熟能详的知识，以不同的视角、不同的方式来进行表达和包装，给公众耳目一新的感觉，使科学知识更乐于被接受；四是要与时俱进地拓展科普内容，科普期刊要担负起跟踪社会热点、社会重大事件相关知识、并引导舆情的责任。同时，科普期刊也要跟随时代的变化，适时调整对社会各领域的认识，如当前，农业向都市农业、城郊农业和观光农业发展，以及城市居民对食品安全和农耕生活的向往，农业科普期刊在选题策划上要据此大范围拓展眼光。

3. 创新办刊理念与思维

全媒体时代，科普期刊要摒弃以往的传统发展思维，为此，科普期刊需重点做到以下六方面：一是要具有强烈的现代化意识，准确把握新时代下出版和传播发展模式的脉搏。充分利用大数据、互联网创新期刊编辑加工手段，变革期刊出版与传播模式，加强全媒体盈利模式开发；二是要具有开放性思维，加强与外界各种资源的交流互动，促进科学知识资源的有序流动。如加强与高等院校和科研院所的合作，吸收他们第一手科学知识，并根据科普传播特征，将科学知识向科普化转化；三是要具有责任意识和使命意识，以提高大众科学素养为己任，使社会效益真正落到实处。将科普期刊作为科普知识资源的重要组成部分，甚至引导科普知识资源建设；四是要有强烈的市场意识，将读者作为客户，加强"客户关系管理"。运用市场化手段开展营销和运营管理，在逐步深化社会效益的同时，努力提高经济效益，为期刊的更好发展提供资金保障；五是提高主动服务意识，从被动科普到主动科普，满足大众知识需求的同时，根据社会环境和国家政策，向读者提供主动服务；六是将读者始终摆在首位，提高为读者服务的意识。要细分读者，根据年龄层次、工作类别、学历层次等不同线索将大众分为不同层次和类别的读者，结合生存、生活和工作环境分析，深刻洞察他们对科学知识的现实性需求、潜在性需求，构建面向不同读者的科普内容。甚至通过主动性服务，引导读者未来需求。同时要通过传播手段和内容包装设计创新等方式，增强读者的体验性，切实增强读者黏性。

4. 加强全省科普期刊的统筹管理

期刊相关管理部门，尤其是期刊协会，要加强全省科普期刊的统筹管理，一方面有利于科普期刊的平衡发展；另一方面也有助于实现强强联手、资源互补，更好地为公众传播科学知识。为此，需着重做好以下四方面的工作：一是充分发挥期刊协会的协调作用，加强各期刊的合作与资源共享，以此促进期刊的良性竞争、优势互补，并避免资源的重复性浪费。在此基础上，应充分调研部分学术期刊的期刊群建设经验，以学科、地域等为基本组织线索，逐步开展科普期刊的集群建设。同时，应加强科普期刊与学术期刊的合作，在知识产权允许的范畴下，甄选学术期刊的适当内容，进行科普化制作；二是加强地域间交流，以政府相关主管部门引导为切入点，从期刊、学者、机构各个层面加强地域间的知识交流与共享机制建设，充分发挥江苏省13个地区各自的优势，开发特色性期刊、特色性栏目，满足泛化科学知识的同时，也重视对特色性科学知识的传播；三是进一步强化科普期刊的层次化、类别化管理，重视对读者和社会环境的研究，并以此为依据，对江苏省21种科普期刊进行明确的层次化划分和分类管理，甚至在各刊内部栏目策划设计上也要具有层次性，明确内容的有效读者范围。尤其是对于综合性科普期刊，要充分考虑"综合性"特征，在内容和读者对象上均体现综合性；四是构建科普创作合作机制。加强高校、科研院所、企业、政府等社会各界的有机合作，整合多方创作力量，保证科普内容的科学性、创新性和系统性，发挥科普创作的科学家团队、科普制作团队、科普传播团队集体力量，培育跨界融合的科普内容创作团队。

二、江苏省科普期刊发展建议

1. 强化互联网＋思维，创新出版与传播模式

2016年3月国务院办公厅印发的《全民科学素质行动计划纲要实施方案（2016—2020年)》中，明确鼓励实施"互联网＋科普"建设工程；中国科普作家协会理事长、中科院院士刘嘉麒提出，要把互联网的冲击变为洗礼，努力运用互联网这个工具，做好优秀科普内容的创作传播。网络环境下，读者阅读习惯和方式发生着前所未有的变化，科普期刊的互联网＋时代已经到来。

把握互联网＋带来的发展机遇，科普期刊必须变革出版与传播模式，并形成网络化出版，延伸型、互动型、平台型和社群化传播的传播生态体系。首先，实现科普期刊的数字化出版和开放获取。通过数字化出版实现科普期刊出版、发行、传播各个环节的数字化建设，特别强调对期刊内容的数字化组织，通过数字化组织提供平台化服务，提高期刊采编自动化和服务智能化水平；通过开放获取将科普期刊全文提供互联网发布，使读者能够随时随地方便地获取期刊内容，增强期刊的可获取性。其次，加强期刊网络平台建设，将期刊独立网络平台建设成为科普期刊沟通读者的重要窗口，丰富网站的交互功能和采编功能。最后，实现期刊的全媒体运营，尤其是通过门户网站、博客、播客、微博、微信公众号、APP等新媒体途径加强期刊服务的横

向延伸。同时，实现科普期刊的全媒体营销模式，站在读者行为和消费路径的角度，不仅继续加强传统营销，而且需十分重视 O2O、APP 和社交网络等读者可能的消费模式开发，注重品牌营销、口碑营销，加强会员营收、服务营收和流量营收等盈利模式的建立。

2. 拥抱大数据，加强资源挖掘分析

大数据分析为科普期刊的读者需求分析、科普资源组织和科普舆情监测提供了重要手段。首先，大数据环境下，为更加精确、全面地分析读者需求提供了可能性。应用大数据相关技术采集来自各方读者信息，深刻洞察他们的知识需求。如可利用网络爬虫技术对社交媒体数据进行爬取并分析，了解读者的行为信息；利用网络搜索行为数据（如百度搜索指数）分析，获取读者科学知识的现实需求。

其次，大数据思维下，科普信息资源组织发生了显著变革。知识经济时代，知识资源以各种形式、各种类型呈现在各种网络媒体中，对这些资源进行有效整合和集成，为科普期刊内容创作提供了重要保障。尤其是各个专业和学科均存在服务于自身的专业性数据库、网站和网络社区等，对这些资源获取并整合化组织，可以为专业性科普期刊提供源源不断且十分专业的知识资源。

最后，大数据为科普舆情监测提供了强大的技术保障。科普舆情监测一方面可以明确读者的科普需求，另一方面也有助于澄清科学领域谣言，并进行舆论引导。2015 年中国科协与中国科普研究所和新华网合作，共同建设了科普舆情数据监测系统——科普中国实时探针，通过该平台可以实现对数据的实时获取，从而为后续数据分析服务，这为科普舆情监测提供了重要平台。大数据环境下，通过文本挖掘技术、数据关联技术、语义分析技术等，对来自不同网络平台和媒介的网络用户关注的热点、焦点和对社会事件的看法等进行挖掘与分析，可以精细、精确地发现当前网络用户的基本状态。

江苏省科普期刊的后续发展应围绕我国科普工作的相关指导方针，在充分借鉴国内外先进经验基础上，根据江苏省实际，加强顶层规划设计、底层队伍与资源建设，尤其是强化使命感、责任感，注重全面质量管理，以读者需求引领内容设计，以互联网＋理念和大数据思维创新办刊模式，以跨界融合主导内容创作，从而加速科普期刊从宣传向服务转向、传统运营管理向全媒体融合、线上线下对接转向，最终将科普期刊建设成为江苏省乃至全国科普知识资源的重要组成部分，在促进科普工作与科普产业发展中发挥重要作用。

科普期刊是"拉近公众与科学的距离"的重要传播媒介，在提高公众科学素养中具有举足轻重的作用，科普期刊的发展任重道远。"十二五"期间江苏省科普期刊发展过程中确实存在一些问题，只要我们正视自己，加强反思，这些问题会成为我们发展的切入点和向前进发的动力，从而必将促进我们在反思中成长。

第八章 江苏省科技期刊发展趋势与对策

一个地区的科技期刊水平与该地区的科学技术发展水平密切相关，强大的科技期刊影响力将会促进本地区科学技术水平的提升。同样，高速发展的地区科学技术水平也将推动着本地区科技期刊学术影响力的扩大。为了促进江苏省科技期刊的发展，加快江苏省科学技术进步，我们需要清楚地了解江苏省科技期刊的发展现状、存在的问题，切合实际地制订江苏省科技期刊未来发展规划和对策，确保江苏省科技期刊水平始终处在国内的前端，并使之成为名副其实的科学技术及科技期刊强省。

第一节 科技期刊发展未来趋势与存在问题

互联网时代、大数据环境给各行各业都带来了新的挑战，同时也提供了无限机遇。新的环境对传统期刊的发展也提出了严峻的挑战，同时也向我们预示着期刊发展凸显出新的趋势。在这样一种背景下，江苏省科技期刊未来如何发展？目前存在什么问题？这些都需要我们在制订规划与策略之前必须要把握的。

一、科技期刊发展趋势

科技期刊的发展趋势受时代背景、科学发展、技术进步等多方面的影响。如网络的发展促进了新媒体传播，计算机技术的发展为期刊数字出版和稿件自动化处理奠定了基础，科学的交叉融合、不断创新迫切需要期刊联合发展，国家科学发展需要走出去引进来，这就需要期刊走国际化的发展道路。因此，未来科技期刊主要呈现如下发展趋势。

1. 期刊集群化

集群主要指通过一定的机制，将独立的个体或实体组成一个整体，并以整体加以运作。期刊集群主要是以学科或某个研究领域相关的期刊进行办刊资源整合，统一资源配置，走集约化办刊的道路，以提高集群内期刊整体质量和学术影响力为目标，实现共赢目的。因此，全省或地区甚至国家范围内的期刊集群化建设，将成为我国科技期刊建设的未来发展趋势之一。

期刊集群化建设有两种模式，一种是实体集群，即以学科聚类协同、主管/主办单位联盟或集团化运作为主要形式，实现期刊实体机构运筹规划的规模化、整体化甚至一体化发展，国外一些大型出版集团就是一个模板，如荷兰的爱思唯尔（Elsevier）出版社、德国的施普林格出版集团（Springer-Verlag GmbH & Co. KG）、美国学术出版社（American Academic Press）等，这些公司出版期刊少则数百种，多则上千种。实体集群是期刊集群化建设的本质。另外一种模式是虚拟集群，确切地说，虚拟集群是在一个个单体期刊实体或数种期刊合体的延伸或表现形式，即通过网络空间建设，实现各期刊在采编、开放存取、文献检索与导航、互动建设及其他各种在线服务的协同化、可互操作性发展，这种集群通常由学科或相关领域期刊构成。

期刊集群建设将期刊带入以知识集成和规模性推进为主要特征的发展模式。"集团化"运作的集群建设颠覆了以往单刊独立办刊模式，市场化导向将深入骨髓，用户的中心地位将进一步得到强化，协同化发展与利益平衡性治理将成为管理的主线。实现了以科学定位与体制机制建设为前提，以学科为主导的整体化、规模性发展。借助"互联网＋"理念，将实体集群与虚拟集群相结合，对相同、相近、交叉甚至以某一特定学科为中心的上下游学科期刊资源进行整合。并实现各范围和类型的集群在资源和服务上的互操作。同时，将开发一站式、协同化的稿件处理平台，一次注册多种期刊同时授权。在运营管理上，会采取"编营"分离模式，编营自治并相互制约与引导，优化治理机制。并加强集群品牌建设，以品牌化运作深化内容建设和提高辨识度，重视内部文化和标准化工作流程建设。

2. 期刊数字化与数字出版

期刊数字化是指在期刊内容数字化编辑加工前提下，期刊传播的平台化及服务功能的个性化、按需性。期刊数字化不仅在于纸质期刊数字化呈现，而且也需重视期刊出版发行中各个环节全方位和多元化的数字化内容组织、网络平台化服务和多模式营利。数字出版是数字化期刊的最终形态，更具体地说，是期刊数字化过程中带来的期刊出版形态的变革，是以产品为核心，实现期刊服务模式与市场传播模式的创新。期刊数字化和数字出版有助于资源的广泛共享，增强期刊运营、管理、服务过程中的体验性，促进作者、编者和用户之间的互动，深化期刊内容挖掘，促进期刊国际化发展和期刊集群的形成。期刊的数字化与数字出版已成为未来科技期刊发展主流方向。

期刊数字化和数字出版将期刊带入更为深化、更具个性化的内容服务功能和更加多元化营利的发展模式。内容组织结构的创新，使期刊内容的结构化、语义关联化组织成为重点建设方向；颠覆传统服务方式与内容，使个性化、平台化及交互性服务获得重视。基于语义关联的论文内容检索、推荐服务成为可能；多元化营利模式的开发，使收费服务甚至更深层次商业化服务模式的开发成为期刊收益的重点。

3. 期刊的国际化发展

学术无国界，科技期刊更应无国界。期刊国际化是本土期刊通过国际视野建构、凝聚了一批由学科领域知名专家学者组成的国际化编委会、持续刊发高质量的内容，以及外在形式与规范的国际标准执行，使期刊在国际学术同行中具有不断提高的关注度和影响力，促进我国科技借助期刊的传播和引领走出国门，最终实现本国文化软实力的国际彰显和话语权强化之目标。科技期刊国际化发展是相关管理层思想意识、运营管理目标、能力、规范与表现形式的综合体现。实现这一发展目标，不仅可以促进办刊质量与能力的提升、拓展期刊影响力、吸收国际高质量研究成果、提升国际竞争力，而且也有助于提高国家文献资源保障效率，缓解优秀成果外流趋势，强化学术话语权，提升国际学术地位。众所共识，科技期刊国际化发展已成为国家科技战略的必然趋势。

期刊国际化将期刊带入更宏观的办刊理念与视野、更适应国际标准的办刊模式、更具本土特色的栏目设计和更重大的责任担当发展模式。办刊视野由国内放大到国际，推进了国际化人才队伍发展战略，同时也显著增强管理机制与办刊模式的国际化取向，管理机制上重视集群内期刊的强强合作和特色融合，高质量英文期刊的打造，多媒体融合平台的推广，与国外重要出版集团的深度合作，面向国际化发展的大型自主传播机构的搭建和出版集团的组建；办刊模式上，强调将语言、稿源、编委及传播、营销国际化作为组织线索，将与国际重要出版集团合作、差异化和特色性栏目设计作为主要手段，将面向国际用户的内容设计和国际影响力深化作为基本目标。

4. 期刊的开放存取

期刊的开放存取是指期刊通过互联网公共平台发布，在版权许可范围内允许任何用户、任何时间、任何地点阅读、下载、复制、传递、引用该期刊中的论文。从而有效推动了学术信息交流与共享，提升了科技成果的传播速度，加速了期刊影响力拓展，并由此缓解了资源分配不平衡现状，弥合了数字鸿沟，有力地支撑了国家科教兴国和创新型国家战略。因此，学术期刊的开放存取是未来科技期刊发展的必然。

开放存取将期刊带入开放性发展模式。由此带来的不仅是办刊意识的开放，编辑加工流程的重构，而且增加了版权保护的复杂性，提高了技术平台的依赖性，并有必要重新思考期刊的营利模式和经费争取方式。开放存取应是一种有计划、有步骤的发展战略：以数字出版为前提，以开放仓储为过渡，以平台支撑下的全面开发存取运动为旨归。在此过程中，主管/主办单位的开放性意识建构是前提，技术平台的开发，政策安排和制度保障，面向多方的经费争取，以及各种学会、协会等学术组织的推动是保障，期刊成果的广泛共享、期刊影响力的逐步提升和研究成果价值发挥是最终目标。

5. 稿件处理自动化和专业化

稿件处理自动化涵盖了稿件采编流程自动化，与作者交互的智能化和稿件内容元数据处理与知识单元分解、关联自动化；稿件处理专业化是指稿件处理过程中符合专业标准与规范、编辑与审稿人员具有高尚的职业道德和专业化素养、稿件内容符合期刊发展规划和科学发展规律，期刊栏目设计具有层次性和特色性，稿件存档科学化。稿件处理自动化和专业化不仅能够节省大量时间和人力成本，而且保证了稿件处理的客观性、科学性，有助于实现稿件的精细化管理。随着信息技术对期刊编辑的深入应用和期刊数字化进程的加速，对稿件自动化和专业化的处理将成为科技期刊的迫切需要。

稿件处理自动化和专业化将期刊带入智慧型发展模式。在此模式下，稿件可以在期刊集群内自动流转，可以按内容主题二次匹配期刊，并可实现稿件内容的深度挖掘。但与此同时，稿件处理自动化增强了对技术的依赖性，增加了技术开发、维护与信息安全保障成本，提高了技术缺陷和信息安全带来的风险；稿件处理专业化对期刊人才队伍的专业化素养提出了更高的要求。

6. 新媒体传播平台的广泛采用

新媒体传播平台是指在期刊数字化组织基础上，借助微信、微博等相关媒体优势，拓展编辑加工流程、深化知识服务功能、支持碎片化和移动化阅读、创新宣传营销模式，并提供用户行为分析。新媒体传播平台不仅有助于实现立体化传播、多视角报道，从而可以优化期刊传播生态；而且有助于实现知识服务的定制化、实时性和互动性，从而可以对外部环境和需求进行快速响应，增强用户体验、提高用户黏性和深化期刊影响力。

新媒体传播平台将期刊带入用户分析大数据化与期刊品牌化运营管理实际应用的发展模式。通过对用户阅读、下载、转载、评论和互动行为数据分析，挖掘用户需求，通过后编辑过程开发丰富多样的信息产品和知识服务功能，从而进一步强化了市场导向和用户中心的发展模式。同时，通过多种新媒体的融合应用，突出了多平台联动的运营模式和品牌化营销，科技期刊的发行革命将会由新媒体平台来承担。因此，定制化、互动性和碎片化服务模式成为可能，用户知识管理，危机管理和期刊传播监管等管理内容增加了管理的复杂性和风险性。

7. 复合型人才的培养

期刊复合型人才是指能够适应期刊国际化、数字化和多媒体融合传播发展的，在以期刊运营管理和用户分析为核心的能力及其相对应的角色承担上具有多样性和融合性特征的人才。复合型人才是保障上述期刊发展趋势得以实现的基础，有助于快速、高质量实现期刊发展目标。因此，未来科技期刊的人才需求尤为关注复合型人才。

复合型人才培养将期刊带入人力资源开发为本的发展模式。带来的是期刊人力资源管理的重大变革，从根本上改变了期刊人才培养的导向，重视人才队伍结构设计在能力、专业背景等方面的层次性和多样性。人力资源结构优化、能力复合性和配置效率提高成为期刊发展的目标。通过创新培养模式、科学分析人力资源能力、人力资源优化配置、合理规划设计人力资源发展战略，实现以复合型人才培养推动期刊健康发展。

二、江苏省科技期刊发展存在的问题

江苏省是我国科技期刊大省，科技期刊数量仅次于北京、上海，名列全国各省市第三。整体而言，江苏省科技期刊质量位于全国前列，国内各重要数据库收录的江苏省期刊数量也处在全国较前的位置。但与同样处在全国前列的江苏省科技力量、科技发展及基础研究领域等相比较，江苏省科技期刊的建设与发展仍有与之不匹配的地方，许多方面有待提升和改进，这些是我们必须正视的问题。

1. 期刊布局不合理

"十二五"期间，江苏省拥有科技期刊250多种（以参加年检学术期刊为准），学术性期刊相对较多，约180种，占全省科技期刊的72%左右，技术类科普类期刊仅有70种左右，约占28%。另外，与新兴产业、新技术匹配的专业期刊更少，尤其是新的研究领域和新兴技术领域期刊几乎空白，如大数据、云计算、物联网、高端装备制造、软件业等，有的领域即使也有期刊，但其影响力几乎可以忽略。造成这种情况的原因：其一，新领域期刊创刊没有得到特别的重视，江苏省已有10多年没有增加新创期刊了；其二，部分传统领域期刊发展缓慢或已落后于科技时代的期刊，不能与时俱进，缺乏"旧貌换新颜"的魄力。如此下来，造成江苏省科技期刊的布局不合理的状况愈演愈烈。

2. 优势学科缺少与之匹配的高水平期刊

"十二五"期间，江苏省在自然科学和工程学科领域建设了 100 多个优势学科，许多优势学科没有与之相近的科技期刊，更有许多学科缺少与之水准相当的高质量期刊。例如，六所高校拥有"材料科学与工程"优势学科，但直接研究材料科学的期刊却没有，甚至连相近的期刊都少之又少；同样多所高校拥有"安全科学与工程""测绘科学与技术""高端装备与维纳器械设计制造"等，也都没有相近的期刊；另外，有三所高校拥有"控制科学与工程"、四所高校拥有"食品科学与工程"及相关学科、两所高校拥有的"计算机科学与技术"，五所高校拥有新能源方面等优势学科，虽然江苏省拥有与这些学科相关的期刊，但这些期刊的水平和影响力远远不能与这些学科的地位匹配，几乎没有一本期刊进入核心期刊。可见，没有相关学科期刊或相关高水平期刊，这些学科在省内就缺少了发展平台，这些优势学科的发展缺少了一个根基。

3. 期刊发展与产业发展不平衡

"十二五"期间，江苏省政府制定的《"十二五"培育和发展战略性新兴产业规划》中提出，要着力发展一批引领省内乃至全国产业结构调整的高端产业。即：新能源产业（江苏省优势产业）、新材料产业（江苏省优势产业）、生物技术和新医药产业、节能环保产业、物联网和云计算产业（江苏省优势产业）、新一代信息技术和软件产业、高端装备制造产业、新能源汽车产业、智能电网产业（江苏省优势产业）、海洋工程装备产业。在这些产业中，除了海洋工程装备、智能电网、生物技术和新医药等具有一些较高水平的相关领域的期刊外，其他产业都还缺少相匹配的高水平、高影响力的科技期刊。江苏省优势产业中大多没有相应的高水平期刊。

4. 期刊集群建设尚未铺开亦缺乏深入

江苏省科技期刊集群建设尚处在初期阶段，目前建立了 4 个分学科集群，其中水利科学类期刊集群进展相对领先，通过建立网站、搭建了集群平台，实现了部分业务的多刊协同合作和交流；医学期刊已组建完成期刊集群，制订了期刊之间的交流合作机制，即将完成集群平台的建设；农林类期刊集群和地学类期刊集群尚处在期刊集聚阶段。可见，江苏省的科技期刊集群建设虽比其他省份起步早，但目前与集群化目标尚有较大距离，即使领先的水科学集群，也遇到瓶颈，需要进一步探讨如何突破有关机制等关键问题，从而推进集群内从稿源、专家资源到出版、服务等实质性的有机协作。

5. 国际化水平低下

期刊的国际化除了期刊刊载论文把握国际前沿，刊登内容与国际学术界接轨，在形式上也在如下方面有所体现：作者的国际化，期刊编委会和专家委员会的国际化，期刊发行的国际化，期刊语言的国际化。然而，我们对100多种江苏省科技期刊编委的调查中，只有22种期刊拥有海外编委，其中一般的期刊海外编委数量占比不到10%（表1-14）；根据江苏省新闻出版广电局的期刊年检数据统计，江苏省"十二五"期间，只有30多种期刊在海外发行（表1-19）；据中国科技信息所提供的数据，2015年江苏省刊载有海外作者的期刊只有47种，占比只有18.7%（表6-2）；正式出版的英文期刊也只有11种，仅占我国出版的300余种英文期刊的4%不到，占江苏省科技期刊的4%左右。综合分析，江苏省科技期刊既没有完全走出去，也没有大量引进来，其国际化整体水平较为低下，这对江苏省科技走向世界是十分不利的。

6. 数字出版与开放存取重视不够

江苏省数字出版在"十二五"期间有了长足的进步，但还处于零散出版或利用一些数据库优先出版，数量占比也只有25%左右。没有形成规模，难以发挥作用。开放存取还没有得到各期刊的重视，只有1/4左右的期刊加入开放存取平台，多数期刊仅在自建网站上提供二次文献的开放。究其原因，一方面是期刊本身重视不够，还没意识到开放存取的重要性和大趋势；另一方面也是由于各期刊缺乏复合型人才所致。

除此以外，江苏省科技期刊在新媒体的利用方面尚显薄弱，只有20多家期刊采用新媒体传播，并且也停留在简单推送，还没有真正做到在线交互和个性化推送。总之，江苏省科技期刊在"十二五"期间发展迅速，但也存在上述需要改进的地方，只有在这些方面全面提升，才能向科技期刊强省迈进一大步。

第二节　江苏省科技期刊发展对策与建议

作为科技大省强省的江苏省，需要有自己强大的科技期刊平台，需要有一批能够引领科技发展方向和瞄准科技战略目标的底蕴深厚、国际顶尖、影响深远的科技期刊。这关系到江苏省科技期刊能否在江苏省科技创新中的成果上具有首发权，关系到江苏省期刊在国际科技舞台上是否具有话语权的问题。我们必须要看清科技期刊发展趋势，认清目前自身存在的问题，制订相关对策，促进江苏省科技期刊的学术影响力全面提升。

如上所述，江苏省科技期刊距期刊强省尚有一定距离，还存在一些问题和不足需要改进，针对存在问题及现实状况，特提出制订如下对策和建议。

1. 围绕江苏省优势学科与新兴产业，调整期刊宏观布局

鉴于江苏省科技期刊在宏观布局上存在的缺陷，以及在优势学科和新兴产业领域存在的期刊缺失，我们应当采取积极应对措施，调整期刊面向学科和产业布局。具体应采取的措施：组织有关部门和专家学者对江苏省科技期刊分类布局现状进行分析，分析期刊缺失的学科领域，全省统筹规划，优先对江苏省的优势学科、优势产业和新兴产业补充期刊。补充期刊可通过两种途径，一是对现有新兴产业和江苏省优势产业努力创办新刊，政府有关部门在各方面给予支持和指导，帮助学界和有关机构积极申报，有关部门应积极为此创造条件；二是针对新刊申请的难度，可对一些陈旧主题的期刊申请更名，使之为江苏省优势学科和优势产业服务。相信通过这样的调整和补充，可使江苏省科技期刊的宏观布局趋于优化。

2. 深化江苏省期刊集群建设，提升期刊整体实力

江苏省科技期刊集群建设虽然取得了不小的成绩，但所建集群还是初步的。从集群范围上考虑，还需覆盖到各个学科；从深度上考虑，还需加强采编组稿协同、期刊内容整合协同、平台交互协同；从形式上考虑，未来江苏省还是应当组建若干实体化的期刊集群，打造一个由学科专家、产业专家、出版专家综合一体的江苏省期刊出版"航母"，这样的集群才能真正在未来的期刊出版中保持竞争力，期刊的整体水平能够获得提升，一流期刊也易于在这样的集群中脱颖而出。因此，建议江苏省科技期刊界将期刊集群拓展到整个科技期刊，实现期刊的采、编、审、传播、服务等协同，并进一步实现期刊间内容、学术的协作。从政府层面，可以考虑以期刊集群为基础的期刊出版实体的运作模式。

3. 拓宽办刊视野，提升期刊国际化水平

正如前文所述，江苏省科技期刊不论是走出去（海外发行），还是引进来（海外作者），抑或非本土语言期刊（英文期刊），这 3 个期刊国际化主要指标都不是非常理想，江苏省科技期刊界要改变这种状况必须做出如下努力：其一，组织国际化的专家团队，期刊编委会增加海外专家，加大海外专家的比重；其二，积极向海外发行，并向海外有关数据库推介自己，这样也可以得到更多的海外作者的关注；其三，将期刊刊载内容与国外研究接轨，同时严格把握发表论文的水平与质量，以引起海外学者的关注，吸引海外作者；其四，大力创办英文科技期刊，让世界更多地了解江苏省及中国的科技成果，同时吸纳国外优秀稿源，全面提升江苏省科技期刊的国际影响力。

4. 有效制定政策，打造国内国际一流期刊

打造国内国际一流期刊不仅仅来自期刊自身的努力，更需要政策导向和广大科技工作者的支持。目前，国内许多评价体系和奖励机制极大地影响了中国国际一流期刊的建设，我们必须制定政策遏制江苏省优秀科技论文的外流，让江苏省优秀科技论文发表在中国期刊、江苏省期刊上，促进更多的中国期刊跨入世界一流期刊行列，打造中国的国际顶级期刊，推出中国的"Nature""Science""Cell"。因此建议，政府不仅给予期刊资金上的支持，也不仅仅是出台若干计划（如精品科技期刊工程）给予支持，还需要有其他政策给予期刊支持。如要求，国家重大项目、本省项目成果对国内期刊、江苏省期刊的首发制，江苏省科技奖申报要求主要成果必须发表在江苏省期刊或国内期刊上，等等。另外，在江苏省选定一些期刊加强国际化建设，瞄准国际学术前沿，以创建国际顶级期刊、一流期刊为目标，提升这些期刊的国际影响力，打造江苏省的国内国际一流科技期刊。

5. 重视数字出版与开放存取，提升期刊传播力与影响力

数字出版与开放存取是科技期刊未来发展趋势，它们以更加方便快速的途径提升了期刊的传播力，由于得到更加快速广泛的传播，其影响力也会得到相应的提升。江苏省的数字出版和开放存取尚处在低水平阶段，我们必须快速赶上，不能输在起跑线上。因此建议，首先，加大期刊数字出版和开放存取的宣传力度，使各期刊充分认识到数字出版与开放存取对期刊发展的影响，促进数字出版与开放存取在江苏省全面铺开；其次，建立江苏省数字出版与开放存取平台，可以江苏省自建，也可以在一个国内大平台中显现江苏省数字期刊开放存取平台。这个平台建好后，同时可促进江苏省期刊集群建设上一个台阶。

6. 加强期刊复合型人才培养，高层次人才引进

高度信息化、数字化、网络化的今天，期刊稿件处理、工作流程的自动化和智能化已成为趋势和必然，期刊编辑与管理人员必须能够适应这种变化，能够驾驭现代管理、信息系统工具。新时代下，不仅要求编辑具有学科知识、编辑专业知识，还需要具有现代信息技术能力。因此，一方面要加强期刊编辑部人员信息技术能力的培训，也就是在过去编辑培训中增加数字化、稿件处理自动化、新媒体技术、信息技术环境下的期刊出版、发行、传播等技能和知识，全面提高编辑人员的信息技术素质，适应信息技术对期刊影响给编辑带来的新的要求。另一方面，江苏省期刊编辑中，高级职称以下人员占据50%以上（表2-7），许多期刊编委会较为薄弱，主编影响力不够，影响了期刊向高层次发展，有的主编虽然影响力较大，但由于兼职主编，更多的时间花在其专业研究上，较少参与期刊的采稿和审稿工作。所以，建议科技期刊主管部门尽快制订有利于科技期刊学术编辑成长和进取的激励政策和待遇，吸引高层次人才全身心投入科技期刊领域工作，期刊杂志社只有具备了高水平学术专业人员，才能确保期刊成为高水平学术期刊。

科技期刊的未来发展与走向决定了各期刊的办刊方针，期刊集群化、出版数字化、运作国际化、编辑自动化、服务开放存取、传播新媒体、人才复合型等发展趋势为江苏省科技期刊未来发展指明了方向，我们应当顺应这种发展态势，认真审视存在的问题与差距，科学调整和优化江苏省科技期刊学科布局，深化江苏省科技期刊集群建设，拓宽江苏省科技期刊办刊视野，打造国内国际一流期刊，重视科技期刊数字出版和复合型人才培养。我们坚信，如果我们在"十三五"期间乃至未来若干年中做到了这些，江苏省的科技期刊一定会获得更加迅速的发展，一定会从期刊大省迈向期刊强省。

附 录

附表 1 江苏省科技期刊被国内核心期刊数据库收录情况①

期刊名称	CN 号	ISSN	文种	出版单位	北大	CSCD	CSTPCD
Analysis in Theory and Applications	CN 32-1631/01	1672-4070	英文	《分析，理论与应用》编辑部	C		
China Ocean Engineering	CN 32-1441/P	0890-5487	英文	《中国海洋工程》（英文版）编辑部	C		√
Chinese Journal of Natural Medicines	CN 32-1845/R	2095-6975	英文	中国科技出版传媒股份有限公司			√②
International Journal of Mining Science and Technology	CN 32-1827/TD	2095-2686	英文	《中国矿业大学学报》编辑部	C		√
Numerical Mathematics: Theory, Methods and Application	CN 32-1348/01	1004-8979	英文	《高等学校计算数学学报》编辑部	C		
PEDOSPHERE	CN 32-1315/P	1002-0160	英文	科学出版社	C		√
The Journal of Biomedical Research	CN 32-1810/R	1674-8301	英文	《南京医科大学学报》编辑部	C		
Transactions of Nanjing University of Aeronautics and Astronautics	CN 32-1389/V	1005-1120	英文	《南京航空航天大学学报》编辑部	C		
Water Science and Engineering	CN 32-1785/TV	1674-2370	英文	《水科学与水工程》编辑部	C		

① 注：本表数据来自北京大学中文核心期刊要目总览（2014年版），中国科学引文数据库CSCD（2015—2016）及中国科学技术信息研究所中国科技核心期刊（2015），"√"表示收录，C表示核心，E表示扩展。部分刊物由于主管单位的特性未参加江苏省期刊年检，因此和正文部分讨论有出入；个别期刊由于改名，和数据库收录名称有差异，所有刊物名称以最新名称为准。

② 收录名称为《中国天然药物》。

续表

期刊名称	CN 号	ISSN	文种	出版单位	北大	CSCD	CSTPCD
爆破器材	CN 32-1163/TJ	1001-8352	中文	南京理工大学《爆破器材》编辑部	√		√
采矿与安全工程学报	CN 32-1760/TD	1673-3363	中文	《采矿与安全工程学报》编辑部	√	E	√
蚕业科学	CN 32-1115/S	0257-4799	中文	《蚕业科学》编辑部	√	E	√
肠外与肠内营养	CN 32-1477/R	1007-810X	中文	南京军区南京总医院	√		√
畜牧与兽医	CN 32-1192/S	0529-5130	中文	《畜牧与兽医》杂志社	√		√
传感技术学报	CN 32-1322/TN	1004-1699	中文	《传感技术学报》编辑部	√	C	√
船舶力学	CN 32-1468/U	1007-7294	中文	《船舶力学》编辑部	√	C	√
大气科学学报	CN 32-1803/P	1674-7097	中文	南京信息工程大学期刊社	√	E	√
弹道学报	CN 32-1343/TJ	1004-499X	中文	《弹道学报》编辑部	√	C	√
地层学杂志	CN 32-1187/P	0253-4959	中文	科学出版社	√	C	√
电加工与模具	CN 32-1589/TH	1009-279X	中文	《电加工与模具》编辑部	√		√
电力系统自动化	CN 32-1180/TP	1000-1026	中文	《电力系统自动化》杂志社	√	C	√
电力需求侧管理	CN 32-1592/TK	1009-1831	中文	《电力需求侧管理》编辑部	√		√
电力自动化设备	CN 32-1318/TM	1006-6047	中文	《电力自动化设备》杂志社	√	E	√
电子器件	CN 32-1416/TN	1005-9490	中文	《电子器件》编辑部	√		√
东南大学学报（医学版）	CN 32-1647/R	1671-6264	中文	《东南大学学报（医学版）》编辑部	√		√
东南大学学报（自然科学版）	CN 32-1178/N	1001-0505	中文	《东南大学学报（自然科学版）》编辑部	√	C	√
东南国防医药	CN 32-1713/R	1672-271X	中文	南京军区医学科学技术委员会			√

续表

期刊名称	CN 号	ISSN	文种	出版单位	北大	CSCD	CSTPCD
防灾减灾工程学报	CN 32-1695/P	1672-2132	中文	《防灾减灾工程学报》编辑部	√	C	
非金属矿	CN 32-1144/TD	1000-8098	中文	《非金属矿》编辑部	√	C	√
高等学校计算数学学报	CN 32-1170/O1	1000-081X	中文	《高等学校计算数学学报》编辑部	√	C	√
高校地质学报	CN 32-1440/P	1006-7493	中文	《高校地质学报》编辑部	√	C	√
工矿自动化	CN 32-1627/TP	1671-251X	中文	《工矿自动化》编辑部	√		√
古生物学报	CN 32-1188/Q	0001-6616	中文	科学出版社	√	C	√
固体电子学研究与进展	CN 32-1110/TN	1000-3819	中文	《固体电子学研究与进展》编辑部	√	E	√
光电子技术	CN 32-1347/TN	1005-488X	中文	《光电子技术》编辑部			√
国际麻醉学与复苏杂志	CN 32-1761/R	1673-4378	中文	中华医学杂志社有限责任公司			√
国际皮肤性病学杂志	CN 32-1763/R	1673-4173	中文	《国际皮肤性病学杂志》编辑部			√
海洋工程	CN 32-1423/P	1005-9865	中文	《海洋工程》编辑部	√	E	√
河海大学学报（自然科学版）	CN 32-1117/TV	1000-1980	中文	《河海大学学报（自然科学版）》编辑部	√	C	√
湖泊科学	CN 32-1331/P	1003-5427	中文	科学出版社	√	C	√
化工矿物与加工	CN 32-1492/TQ	1008-7524	中文	《化工矿物与加工》编辑部	√		
环境监测管理与技术	CN 32-1418/X	1006-2009	中文	《环境监测管理与技术》编辑部		E	√
环境科技	CN 32-1786/X	1674-4829	中文	《环境科技》编辑部			√
机械设计与制造工程	CN 32-1838/TH	2095-509X	中文	南京东南大学出版社有限公司			√
机械制造与自动化	CN 32-1643/TH	1671-5276	中文	《机械制造与自动化》编辑部			√

续表

期刊名称	CN 号	ISSN	文种	出版单位	北大	CSCD	CSTPCD
江南大学学报（自然科学版）	CN 32-1666/N	1671-7147	中文	《江南大学学报（自然科学版）》编辑部			√
江苏大学学报（医学版）	CN 32-1669/R	1671-7783	中文	《江苏大学学报（医学版）》编辑部			√
江苏大学学报（自然科学版）	CN 32-1668/N	1671-7775	中文	《江苏大学学报（自然科学版）》编辑部	√	E	√
江苏科技大学学报（自然科学版）	CN 32-1765/N	1673-4807	中文	《江苏科技大学学报》编辑部	√		√
江苏农业科学	CN 32-1214/S	1002-1302	中文	《江苏农业科学》杂志社	√		√
江苏农业学报	CN 32-1213/S	1000-4440	中文	《江苏农业学报》编辑部	√	E	√
江苏医药	CN 32-1221/R	0253-3685	中文	《江苏医药》编辑部			√
江苏中医药	CN 32-1630/R	1697-397X	中文	《江苏中医药》编辑部			√
解放军理工大学学报（自然科学版）	CN 32-1430/N	1009-3443	中文	解放军理工大学	√		√
聚氨酯工业	CN 32-1275/TQ	1005-1902	中文	《聚氨酯工业》编辑部	√		√
口腔生物医学	CN 32-1813/R	1674-8603	中文	《口腔生物医学》编辑部			√
口腔医学	CN 32-1255/R	1003-9872	中文	《口腔医学》编辑部			√
林产化学与工业	CN 32-1149/S	0253-2417	中文	《林产化学与工业》编辑部	√	C	√
林业科技开发	CN 32-1160/S	1000-8101	中文	《林业科技开发》杂志社	√		√
临床检验杂志	CN 32-1204/R	1001-764X	中文	《临床检验杂志》编辑部		E	√
临床精神医学杂志	CN 32-1391/R	1005-3220	中文	《临床精神医学杂志》编辑部			√
临床麻醉学杂志	CN 32-1211/R	1004-5805	中文	《临床麻醉学杂志》编辑部	√	C	√
临床皮肤科杂志	CN 32-1202/R	1000-4963	中文	《临床皮肤科杂志》编辑部	√	E	√

续表

期刊名称	CN 号	ISSN	文种	出版单位	北大	CSCD	CSTPCD
临床神经病学杂志	CN 32-1337/R	1004-1648	中文	《临床神经病学杂志》编辑部	√		√
临床肿瘤学杂志	CN 32-1577/R	1009-0460	中文	解放军第八一医院			√
美食研究①	CN 32-1854/TS	2095-8730	中文	《美食研究》杂志社	√		
南京大学学报（自然科学版）	CN 32-1169/N	0469-5097	中文	《南京大学学报》编辑部	√	C	√
南京工业大学学报（自然科学版）	CN 32-1670/N	1671-7627	中文	南京工业大学学术期刊部	√		√
南京航空航天大学学报	CN 32-1429/V	1005-2615	中文	《南京航空航天大学学报（自然科学版）》编辑部	√	C	√
南京理工大学学报	CN 32-1397/N	1005-9830	中文	《南京理工大学学报（自然科学版）》编辑部	√	C	√
南京林业大学学报（自然科学版）	CN 32-1161/S	1000-2006	中文	《南京林业大学学报》编辑部	√	C	√
南京农业大学学报	CN 32-1148/S	1000-2030	中文	《南京农业大学学报》编辑部	√	C	√
南京师范大学学报（自然科学版）	CN 32-1239/N	1001-4616	中文	《南京师范大学学报》编辑部	√	E	√
南京医科大学学报（自然科学版）	CN 32-1442/R	1007-4368	中文	《南京医科大学学报》编辑部	√	E	√
南京邮电大学学报（自然科学版）	CN 32-1772/TN	1673-5439	中文	《南京邮电大学学报》编辑部	√		√
南京中医药大学学报	CN 32-1247/R	1672-0482	中文	《南京中医药大学学报》编辑部	√	E	√
能源化工	CN 32-1856/TQ	2095-9834	中文	《能源化工》编辑部			√
排灌机械工程学报	CN 32-1814/TH	1674-8530	中文	《排灌机械工程学报》编辑部	√	E	√
气象科学	CN 32-1243/P	1009-0827	中文	《气象科学》编辑部	√		√

① 由《扬州大学烹饪学报》改名。

续表

期刊名称	CN 号	ISSN	文种	出版单位	北大	CSCD	CSTPCD
染整技术	CN 32-1420/TQ	1005-9350	中文	江苏苏豪传媒有限公司	√		
肾脏病与透析肾移植杂志	CN 32-1425/R	1006-298X	中文	《肾脏病与透析肾移植杂志》编辑部	√	C	√
生态与农村环境学报	CN 32-1766/X	1673-4831	中文	《生态与农村环境学报》编辑部	√	C	√
生物加工过程	CN 32-1706/Q	1672-3618	中文	《生物加工过程》编辑部			√
生物质化学工程	CN 32-1768/S	1673-5854	中文	《生物质化学工程》编辑部	√		
石油实验地质	CN 32-1151/TE	1001-6112	中文	《石油实验地质》编辑部	√	C	√
石油物探	CN 32-1284/TE	1000-1441	中文	《石油物探》编辑部	√	C	√
实用老年医学	CN 32-1338/R	1003-9198	中文	《实用老年医学》编辑部			√
实用临床医药杂志	CN 32-1697/R	1672-2353	中文	《实用临床医药杂志》编辑部			√
食品与生物技术学报	CN 32-1751/TS	1673-1689	中文	《食品与生物技术学报》编辑部	√	C	√
数据采集与处理	CN 32-1367/TN	1004-9037	中文	《数据采集与处理》编辑部	√	C	√
水科学进展	CN 32-1309/P	1001-6791	中文	《水科学进展》编辑部	√	C	√
水利水电科技进展	CN 32-1439/TV	1006-7647	中文	《水利水电科技进展》编辑部	√	C	√
水利水运工程学报	CN 32-1613/TV	1009-640X	中文	《水利水运工程学报》编辑部	√	E	√
水资源保护	CN 32-1356/TV	1004-6933	中文	《水资源保护》编辑部	√	E	√
塑料助剂	CN 32-1717/TQ	1672-6294	中文	《塑料助剂》编辑部			√
天文学报	CN 32-1113/P	0001-5245	中文	中国科技出版传媒股份有限公司	√	C	√
涂料工业	CN 32-1154/TQ	0253-4312	中文	《涂料工业》编辑部	√	E	√

续表

期刊名称	CN 号	ISSN	文种	出版单位	北大	CSCD	CSTPCD
土壤	CN 32-1118/P	0253-9829	中文	《土壤》编辑部	√	C	√
土壤学报	CN 32-1119/P	0564-3929	中文	科学出版社	√	C	√
微波学报	CN 32-1493/TN	1005-6122	中文	《微波学报》编辑部	√	C	√
微体古生物学报	CN 32-1189/Q	1000-0674	中文	科学出版社	√	C	√
无机化学学报	CN 32-1185/O6	1001-4861	中文	《无机化学学报》编辑部	√	C	√
物理学进展	CN 32-1127/O4	1000-0542	中文	《物理学进展》编辑部	√	C	√
现代城市研究	CN 32-1612/TU	1009-6000	中文	《现代城市研究》编辑部	√		√
现代雷达	CN 32-1353/TN	1004-7859	中文	《现代雷达》编辑部	√	E	√
现代农药	CN 32-1639/TQ	1671-5284	中文	《现代农药》编辑部			√
现代塑料加工应用	CN 32-1326/TQ	1004-3055	中文	《现代塑料加工应用》编辑部	√		√
现代医学	CN 32-1659/R	1671-7562	中文	《东南大学学报（医学版）》编辑部			√
徐州工程学院学报（自然科学版）	CN 32-1789/N	1674-358X	中文	《徐州工程学院学报》编辑部			√
徐州医学院学报	CN 32-1248/R	1000-2065	中文	《徐州医学院学报》编辑部			√
岩土工程学报	CN 32-1124/TU	1000-4548	中文	《岩土工程学报》编辑部	√	C	√
扬州大学学报（农业与生命科学版）	CN 32-1648/S	1671-4652	中文	《扬州大学学报》编辑部	√		√
扬州大学学报（自然科学版）	CN 32-1472/N	1007-824X	中文	《扬州大学学报》编辑部	√		√
药物生物技术	CN 32-1488/R	1005-8915	中文	《药物生物技术》编辑部			√
药学与临床研究	CN 32-1773/R	1673-7806	中文	《药学与临床研究》编辑部			√

续表

期刊名称	CN 号	ISSN	文种	出版单位	北大	CSCD	CSTPCD
医学研究生学报	CN 32-1574/R	1008-8199	中文	南京军区南京总医院	√		√
印染助剂	CN 32-1262/TQ	1004-0439	中文	江苏苏豪传媒有限公司	√		√
油气藏评价与开发	CN 32-1825/TE	2095-1426	中文	《油气藏评价与开发》编辑部		C	
杂草科学	CN 32-1217/S	1003-935X	中文	《杂草科学》编辑部			√
振动、测试与诊断	CN 32-1361/V	1004-6801	中文	《振动、测试与诊断》编辑部	√	C	√
振动工程学报	CN 32-1349/TB	1004-4523	中文	《振动工程学报》编辑部	√	C	√
植物资源与环境学报	CN 32-1339/S	1674-7895	中文	《植物资源与环境学报》编辑部	√	C	√
指挥控制与仿真	CN 32-1759/TJ	1673-3819	中文	《指挥控制与仿真》编辑部			√
中国家禽	CN 32-1222/S	1004-6364	中文	中禽传媒（江苏）有限公司	√		
中国矿业大学学报	CN 32-1152/TD	1000-1964	中文	《中国矿业大学学报》编辑部	√	C	√
中国临床研究	CN 32-1811/R	1674-8182	中文	《中国临床研究》编辑部	√		√
中国血吸虫病防治杂志	CN 32-1374/R	1005-6661	中文	《中国血吸虫病防治杂志》编辑部	√	C	√
中国药科大学学报	CN 32-1157/R	1000-5048	中文	《中国药科大学学报》编辑部	√	C	√
中华核医学与分子影像杂志①	CN 32-1828/R	2095-2848	中文	中华医学杂志社有限责任公司	√		√
中华男科学杂志	CN 32-1578/R	1009-3591	中文	南京军区南京总医院	√	C	√
中华皮肤科杂志	CN 32-1138/R	0412-4030	中文	《中华皮肤科杂志》编辑部	√	C	√
中华卫生杀虫药械	CN 32-1637/R	1671-2781	中文	南京军区疾病预防控制中心	√		√
中华消化内镜杂志	CN 32-1463/R	1007-5232	中文	中华医学杂志社有限责任公司	√		√

① 由《中华核医学杂志》改名。

附表 2　江苏省科技期刊国际知名数据库收录情况（2015 年）①

刊名	EI 收录	SCI 收录	Medline
Advances in Water Science	√		
Automation of Electric Power Systems	√		
China Ocean Engineering	√	√	
Chinese Journal of Geotechnical Engineering	√		
Chinese Journal of Inorganic Chemistry		√	
Chinese Journal of Natural Medicines		√	√
Electric Power Automation Equipment	√		
International Journal of Mining Science and Technology	√		
Journal of China University of Mining and Technology	√		
Journal of Lake Sciences	√		
Journal of Mining & Safety Engineering	√		
Journal of Ship Mechanics	√		
Journal of Southeast University（English Edition）	√		
Journal of Vibration Engineering	√		
Journal of Vibration，Measurement and Diagnosis	√		
Numerical Mathematics：Theory，Methods and Applications		√	
Pedosphere		√	
Transactions of Nanjing University of Aeronautics & Astronautics	√		
Water Science and Engineering	√		
东南大学学报（自然科学版）	√		
中国血吸虫病防治杂志			√
中华男科学杂志			√

附表 3　江苏省"中国最具国际影响力学术期刊"（2012—2016 年）②

刊名	2012 年	2013 年	2014 年	2015 年	2016 年
Chinese Journal of Natural Medicines	√	√	√	√	√
International Journal of Mining Science and Technology	√	√		√	√

①　仅罗列有 CN 号的科技期刊，下同。

②　数据来自《中国学术期刊（光盘版）》电子杂志社有限公司各年度统计公告。

续表

刊名	2012 年	2013 年	2014 年	2015 年	2016 年
Pedosphere	√	√	√	√	√
The Journal of Biomedical Research				√	√
电力系统自动化		√	√	√	√
东南大学学报（自然科学版）	√				
高校地质学报	√	√	√		
古生物学报	√	√	√	√	
湖泊科学	√				
土壤学报	√				
无机化学学报	√	√	√	√	√
岩土工程学报		√	√	√	

附表 4　江苏省"中国国际影响力优秀学术期刊"（2012—2016 年）

刊名	2012 年	2013 年	2014 年	2015 年	2016 年
China Ocean Engineering ＊	√	√	√	√	√
International Journal of Mining Science and Technology			√		
Numerical Mathematics: Theory, Methods and Applications		√	√	√	√
The Journal of Biomedical Research			√		
Water Science and Engineering					√
地层学杂志	√	√	√	√	
电力系统自动化	√				
电力自动化设备		√	√	√	√
东南大学学报（自然科学版）		√	√		
高校地质学报				√	√
古生物学报					√
海洋工程	√				
湖泊科学		√	√	√	√
化学传感器	√				

续表

刊名	2012 年	2013 年	2014 年	2015 年	2016 年
南京大学学报（自然科学版）	√				
南京农业大学学报	√				
水科学进展	√	√	√	√	√
土壤学报		√	√	√	√
微体古生物学报	√				
物理学进展		√			√
岩土工程学报	√				√
中国矿业大学学报（自然科学版）	√	√	√	√	√
中国血吸虫病防治杂志	√			√	
中国药科大学学报	√				
中华男科学杂志		√	√	√	